"十二五"职业教育国家规划教材

经全国职业教育教材审定委员会审定

化工DCS 技术与操作

第三版

吴 健 主 编

刘松晖　　陈亚鹏　副主编

U0222845

化学工业出版社

·北京·

内 容 简 介

本教材以党的二十大报告中"实施科教兴国战略，强化现代化建设人才支撑"目标要求为引领，根据行业企业发展需要和完成职业岗位实际工作任务所需要的知识、能力、素质要求，选取教学内容。运用项目教学法的理念，以化工生产过程中常用仪表、常见的控制方案为项目，以生产过程仪表的选用、检修、控制工艺流程图绘制、控制方案的投运等为任务，主要介绍了化工产品生产中生产过程操作与控制相关知识、技术。主要内容包括仪表选型、使用与校准，简单控制系统分析与控制，带控制点的工艺流程图分析，产品生产过程仿真操作，监督计算机控制系统、分布式控制系统及其组态，化工总控工考核项目等。本教材配二维码，扫码可观看动画和视频，有助于读者更加深入理解教材内容。

本教材可供高职高专院校化工技术类及相关专业使用，也可作为化工企业技术人员的培训教材。

图书在版编目（CIP）数据

化工 DCS 技术与操作/吴健主编；刘松晖，陈亚鹏
副主编 . —3 版，—北京：化学工业出版社，2022.10
（2025.3 重印）
"十二五"职业教育国家规划教材
ISBN 978-7-122-41498-4

Ⅰ.①化…　Ⅱ.①吴…②刘…③陈…　Ⅲ.①化工生
产-职业教育-教材　Ⅳ.①TQ06

中国版本图书馆 CIP 数据核字（2022）第 085592 号

责任编辑：窦　臻　林　媛　　　　　　　　装帧设计：王晓宇
责任校对：宋　玮

出版发行：化学工业出版社（北京市东城区青年湖南街 13 号　邮政编码 100011）
印　　装：河北延风印务有限公司
787mm×1092mm　1/16　印张 16¾　字数 411 千字　2025 年 3 月北京第 3 版第 4 次印刷

购书咨询：010-64518888　　　　　　　　　售后服务：010-64518899
网　　址：http://www.cip.com.cn
凡购买本书，如有缺损质量问题，本社销售中心负责调换。

定　　价：46.00 元

前言

本教材第一版是浙江省高等学校重点教材，于 2012 年 7 月出版。第二版于 2016 年 5 月出版，被评为"十二五"职业教育国家规划教材。教材在国内多所高职高专院校使用，在教学过程中发挥了较好的作用。为满足新形势下的教学需求、及时跟进行业企业发展要求，编者对教材进行了第三版修订。

本次修订保持了原来教材体系的基本稳定，经过企业实践和调研，对项目六内容做了调整，把原来的项目六"MCGS 组态软件认识与应用"名称更改为"监督计算机控制系统、分布式控制系统及其组态"，更改后该项目六仍然分为两个任务，任务一为"监督计算机控制系统及其应用系统组态"，任务二为"分布式控制系统（DCS）及其应用系统组态"，分别包含了原来项目六中的任务内容和知识内容。其中任务二的内容做了全部更新，与目前的技术现状相匹配。本次修订对第二版教材中涉及的标准全面核对更新，使教材更具有先进性、实用性。在每个任务环节中增加了思政教学内容，介绍我国 DCS 技术的发展成就、杰出科学家、新时代杰出工匠的典型事迹等，凸显化工行业的"精益求精""开拓创新""安全环保"等理念，以落实党的二十大报告"培养造就大批德才兼备的高素质人才"的要求，实现全程育人、全方位育人的根本育人任务。同时，教材中对一些知识点增加了动画和视频内容，扫描二维码即可观看，以助于读者更加深入地理解。

本教材由杭州职业技术学院吴健担任主编并协调组织修订工作，项目一、项目二、项目三（任务一、任务二）、项目四（任务一、任务二）由吴健负责修订，项目五由河北医药职业技术学院陈亚鹏负责修订，项目三任务三、任务四以及项目四任务三由杭州职业技术学院刘松晖负责修订，项目四任务四、项目七由杭州职业技术学院丁晓民负责修订；项目六（任务一）由吴健负责编写；项目六（任务二）由刘松晖负责编写；附录一至附录四由浙江古越控股集团有限公司曹锦负责修订。吴健、刘松晖、童国通、丁晓民、陈亚鹏参与课程思政及资源的编写和整理工作。本教材由浙江鼎龙科技股份有限公司高级工程师刘文峰主审。

本教材在编写过程中得到杭州格林达电子化学品有限公司尹云舰、杭州电化集团有限公司吴小林、杭州雅露拜尔生物科技有限公司张立发的帮助和指导。在此表示衷心感谢。

由于编者水平有限和时间仓促，书中难免有不妥之处，恳请读者批评指正。

编者

第一版
前言

"化工 DCS 技术与操作"是应用化工技术、精细化学品生产技术、石油化工生产技术等专业的一门专业核心课程，担负着向化工行业提供具有良好设备巡检和生产监控技能的应用型人才的任务。

本教材的特点是运用项目化教学的思想，根据化工行业企业发展需要和完成职业岗位实际工作任务所需要的知识、能力、素质，选取典型仪表、工艺流程控制与操作等为教学内容，突破传统教学方法，以学生认知规律安排、整合教学内容，科学设计学习性工作任务，每一单元内容将知识、技能、素质紧密融入载体，采取边做边学，学做合一，使学生在锻炼技能的同时，内化了知识，提升了素质。本教材的编写便于师生采取工学交替、任务驱动、课堂与实习地点一体化的教学模式开展教学活动。

教材以杭州职业技术学院开设此课程为例，提供了课程设计及教学的相关文件，主要包括教学内容的组织与安排、教学内容的具体表现形式、授课计划等。能够为教材使用者的实验实训条件建设、项目化教学提供经验和指导。选用本教材的学校可以与化学工业出版社联系（cipedu@163.com），免费索取。

本教材适合高等职业教育化工技术类及相关专业（包括应用化工、精细化工、石油化工、轻化工等）作为教材选用。也可作为本科院校实训教材或各企事业单位有关人员的培训教材使用。

本教材由杭州职业技术学院吴健任主编，河北化工医药职业技术学院陈亚鹏，杭州职业技术学院刘松晖任副主编。吴健完成项目一、项目三（任务一、任务二）、项目四（任务一、任务二）、项目六的编写，陈亚鹏完成项目五及附录一～附录四的编写，刘松晖完成项目三任务三及项目四任务三、任务四的编写，金华职业技术学院蒋伟华完成项目二的编写，宁夏工商职业技术学院温艳完成项目七的编写。在编写过程中得到杭州职业技术学院童国通、谢建武，杭州格林达化学有限公司的尹云舰，浙江日华化学有限公司陈樟陆，杭州菲丝凯化妆品有限公司肖炎伟，国际香料香精（浙江）有限公司赵文佳的帮助和指导。在此一并表示衷心感谢。

由于编者水平有限和时间仓促，书中难免有不妥之处，恳请读者批评指正。

编者
2012 年 3 月

　　化工 DCS 技术是现代化工行业所需人才最基本的技术，也是化工总控工及仪表维修工技能大赛中的重要组成部分。本教材第一版是浙江省高等学校重点教材，于 2012 年 7 月出版，至今已有 3 年。这期间，编者根据社会调研、毕业生回访、用户反馈分析，同时结合企业技术的更新发展，确定了本教材第二版的修订方案。本教材根据化工行业专家对化工生产技术专业所涵盖的工作领域进行工作任务和职业能力分析，同时遵循高等职业院校学生的认知规律，紧密结合化工总控工职业资格证书中相关考核要求，确定本教材的任务模块和内容。

　　化工自动化控制系统种类繁多，液位、温度、流量、压力是仪表自动化控制最常见的四个参数，掌握自动控制系统需要同时具备软件与硬件知识，本教材在内容安排上既考虑到学生的认知水平又深入浅出，实现能力的递进，所以内容基本按照学生的认知规律，由简单到复杂，由单元到系统，教学项目的选取均结合企业一线生产实际。以具体的设备、仪表安装使用、化工 DCS 自动控制为线索组织编写内容；以具体设备、仪表结构为基本目标，以设备、仪表操作过程组织教学，能很好地与生产实际任务相匹配。使学生通过对本书的学习，尽快熟悉岗位任务。对化工自动控制系统的学习按照生产控制过程由易到难、由浅入深顺序，逐步实施，使学生知识、能力、素质得到有序提高。在典型控制工艺流程的编排上，先对整体控制工艺流程图进行识读，再讨论相关的控制方案、控制品质，最后通过仿真实训和生产实训进一步实施操作与控制，使学生能够掌握化工自动控制相关的概念与知识。这样以实际生产设备来设计任务与知识、技能的联系，增强了学生的直观体验，激发了学生的学习兴趣。

　　本教材经全国职业教育教材审定委员会审定，被教育部立项为"十二五"职业教育国家规划教材。适合高等职业教育化工技术类及相关专业作为教材选用，本科院校可作为实训教材使用，也可作为各企事业单位有关人员的培训教材使用。

　　本教材由杭州职业技术学院吴健任主编，杭州职业技术学院刘松晖、河北化工医药职业技术学院陈亚鹏任副主编。金华职业技术学院蒋伟华完成项目一的编写，陈亚鹏完成项目四、项目五及附录一～附录四的编写，宁夏工商职业技术学院温艳完成项目六的编写，刘松晖完成项目二任务三、项目三任务三、任务四、项目七的编写。在编写过程中得到杭州格林达化学有限公司的尹云舰、浙江日华化学有限公司陈樟陆、杭州菲丝凯化妆品有限公司肖炎伟、国际香料香精（浙江）有限公司赵文佳、杭州电化集团有限公司胡万明、周有平的帮助和指导。在此一并表示衷心感谢。

　　由于编者水平有限和时间仓促，书中难免有些不妥和疏漏之处，恳请读者批评指正。

编者

2015 年 8 月

目录

项目三　简单控制系统的分析、控制 ——————————— 107

项目四　带控制点的工艺流程图分析 ——————————— 147

项目五　典型 DCS 技术仿真操作实训 ———————— 171

项目六　监督计算机控制系统、分布式控制系统及其组态 ———— 199

项目一
自动控制系统的认识

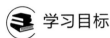 **学习目标**

1. 了解自动控制系统的特征，组成。
2. 了解自动控制系统的工作原理。
3. 理解自动控制的意义。

本项目的任务是：认识自动控制系统。

一、任务分析

（1）通过课前预习相关参考资料以及项目任务书，预习自动控制系统相关内容，了解自动控制系统的组成、工作原理。

（2）通过课前预习，总结简单的控制系统由哪几部分组成，各起到什么作用？试列举一些自动控制在生活中应用的典型案例。

（3）10min汇报学生的预习内容。课堂上实行教学做一体，采用小组分析、讨论、汇报的教学方法。根据项目情景，要求学生根据教师安排，通过分析、讨论以及现场操作，完成相应的学习目标，达到以下几项技能：

① 能总结自动控制系统的组成；

② 能举出一些简单自动控制的例子；

③ 能分析自动控制系统的各组成环节的作用；

④ 能绘制简单自动控制系统框图。

（4）通过小组共同完成作业，增加学生的人际沟通能力，团队协作能力。

二、案例引入

在"化工设备使用与维护""化工单元操作与实训"课程中，我们了解了流体输送装置的整个构成以及单元操作的一些内容，涉及一些常见阀门、仪表的操作和认识，以及流量的控制、液位的控制、压力的控制等概念，这些均是手动控制方式，我们对那种繁琐的手动控制有深入的体会，而且也深刻体会到了要手动控制上水箱的液位，需要专人进行监控，且控制精度也不是很高。今天我们主要考虑自动控制是怎么回事，组成一个自动控制系统需要哪些条件和设备？下面我们通过简单的例子来进一步说明手动控制和自动控制。

图1-1(a) 所示是一个液位贮罐，在生产上常用来作为一般的中间容器或成品罐。从前一道工序来的物料连续不断地流入罐中，而罐中的液体又送至下一道工序进行加工或包装。我们

可以发现，流入量（或流出量）的波动会引起罐内液体的波动，严重时会溢出或至真空。解决这个问题最简单的办法，是以贮罐液位为操作指标，以改变出口阀门开度为控制手段，如图 1-1 所示。当液位上升时，将出口阀门开大，液位上升越多，阀门开得越大；反之，当液位下降时，就关小出口阀门，液位下降越多，阀门关得越小。为了使贮罐液位上升和下降都有足够的余地，选择玻璃管液位计中间的某一点为正常工作时的液位高度，通过控制出口阀门开度而使液位保持在这一高度上，这样就不会出现贮罐中液位过高而溢流至罐外，或使贮罐内液体抽空而出现事故。归纳起来，操作人员所进行的工作有三方面，如图 1-1(b) 所示。

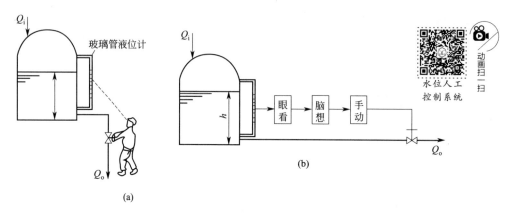

图 1-1　人工操作

（1）检测——用眼睛观察玻璃管液位计（测量元件）中液位的高低，并通过神经系统告诉大脑。

（2）运算（思考）、命令——大脑根据眼睛看到的液位高度，加以思考，并与要求的液位进行比较，得出偏差的大小和正负，然后根据操作经验，经思考、决策后发出命令。

（3）执行——根据大脑发出的命令，通过手去改变阀门开度，以改变流出量 Q_o，从而把液位保持在所需高度上。

眼、脑、手三个器官，分别担负了检测、运算和执行三个任务，来完成测量、求偏差、再控制以纠正偏差的全过程。由于人工控制受到生理上的限制，满足不了大型现代化生产的需要，为了提高控制精度和减轻劳动强度，可以用一套自动化装置来代替上述人工操作，这样，就由人工控制变为自动控制了。水罐和自动化装置一起构成了一个自动控制系统，如图 1-2(a) 所示。如果绘制工艺控制流程图，一般表示成图 1-2(b) 的形式。

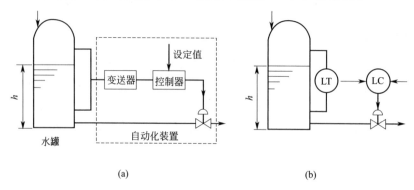

图 1-2　液位控制系统

在图 1-2(b) 中，可以看到 2 个字母代号和 1 个图形符号，其含义如下：

（1）测量元件与变送器　图中以 ⓛⓣ 表示液位变送器（有时以 ⊗ 表示）。它的作用是测量液位，并将液位的高低转化为一种特定的信号（如标准电流信号、标准气压信号、电压等）。

（2）自动控制器　图中以 ⓛⓒ 表示液位控制器。它接受变送器送来的信号，与工艺要求的液位高度相比较，得出偏差，并按某种运算规律算出结果，然后将此结果，用特定信号（电流或气压）发送出去。

（3）执行器　图中用符号 ⊲▷ 表示，通常指控制阀，它和普通阀门的功能一样，只不过它自动地根据控制器送来的信号值改变改变阀门的开度。

显然，这套自动化装置具有人工控制中操作人员的眼、脑、手的部分功能。因此，它能完成自动控制贮罐中液位高低的任务。

【例 1-1】　图 1-3 所示为一水箱的液位控制系统。试画出其方框图，指出系统中被控对象、被控变量、操纵变量各是什么？简要叙述其工作过程，说明带有浮球及塞子的杠杆装置在系统中的功能。

例题分析：方框图如图 1-4 所示。系统中水箱里水的液位为被控变量；进水流量为操纵变量；水箱为被控对象。带有浮球及塞子的杠杆装置在系统中起着测量与调节的功能。其工作过程如下：当水箱中的液位受到扰动变化时，浮球会上下移动，浮球将通过杠杆装置带动塞子移动，进而使进水量发生变化，克服扰动对液位的影响。例如由于扰动使液位上升时，浮球上升，带动塞子上移，减少了进水量，从而使液位下降。

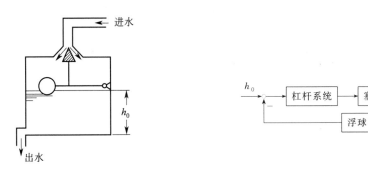

图 1-3　水箱液位控制系统　　　　　　　图 1-4　水箱液位控制系统方框图

【例 1-2】　图 1-5 为锅炉汽包液位控制系统示意图，要求锅炉不能烧干。试画出其方框图，指出系统中被控对象、被控变量、操纵变量各是什么？简要叙述其工作过程。

例题分析：方框图如图 1-6 所示。锅炉汽包里水的液位为被控变量；进入加热室的冷水流量为操纵变量；锅炉汽包为被控对象。ⓛⓣ 表示检测汽包里液位的仪表，ⓛⓒ 表示液位控制器，具有运算和调节的功能。其工作过程如下：当锅炉汽包里水的液位因蒸发过快而降低时，液位检测仪表将及时检测出该液位的大小，并将该检测信号与锅炉汽包液位设定值进行比较，然后将差值信号传递给液位控制器，进行运算，从而控制调节阀的开度，使冷水流量增大，补充汽包里的液位，使汽包里的液位维持在稳定状态。

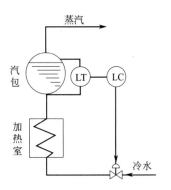

图 1-5　锅炉汽包液位控制系统

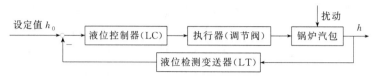

图 1-6　锅炉汽包液位控制系统方框图

【例 1-3】　图 1-7 为换热器温度控制系统示意图。试画出其方框图，指出系统中被控对象、被控变量、操纵变量各是什么？简要叙述其工作过程。

例题分析：方框图如图 1-8 所示。经换热器加热后的热流体温度为被控变量；进入换热器后对冷流体进行加热的载热体流量为操纵变量；换热器为被控对象。Ⓣ表示检测换热器出口流体温度的仪表，Ⓣ表示温度控制器，具有运算和调节的功能。其工作过程如下：当换热器内冷流体在出口处温度降低时，温度检测仪表将及时检测出该温度的数值，并将该检测信号与换热器冷流体出口温度设定值进行比较，然后将差值信号传递给温度控制器，进行运算，从而控制调节阀的开度，使载热体流量增大，从而向换热器提供更多的热量，使换热器冷流体出口温度维持在稳定状态。

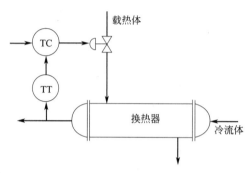

图 1-7　换热器温度控制系统

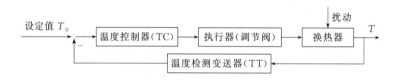

图 1-8　换热器出口温度控制系统方框图

通过上面的案例分析，我们了解了自动控制与手动控制的区别，那么，什么是 DCS 呢？DCS 是分布式控制系统的英文 distributed control system 的缩写，在国内自控行业又称之为集散控制系统。DCS 有什么特点呢？DCS 是计算机技术、控制技术和网络技术高度结合的产物。DCS 通常采用若干个控制器（过程站）对一个生产过程中的众多控制点进行控制，各控制器间通过网络连接并可进行数据交换。计算机操作站通过网络与控制器连接，收集生产数据，传达操作指令。因此，DCS 的主要特点归结为一句话就是：分散控制集中管理。

三、任务实施

现在，我们进入流体输送车间进行现场观察，通过观察、讨论，回答下列问题：

（1）该车间具有哪些控制功能？属于手动控制还是自动控制？

（2）在上水箱的液位控制过程中，分析被控对象、控制器、执行器、检测变送器、被控变量、操纵变量各是什么？并画出方框图。

（3）根据观察结果，说明该执行器的结构如何，信号是如何传递的。

四、相关知识

（一）被控对象

在自动控制系统的组成中，除必须具有前面所述的控制装置外，还必须具有控制装置所控制的生产设备。在自动控制系统中，将需要控制其工艺参数的生产设备、机器、一段管道或设备的一部分叫做被控对象，简称对象。图 1-2 所示的水罐就是这个液位控制系统的被控对象。化工生产中，各种塔器、反应器、换热器、泵、压缩机以及各种容器、贮罐都是常见的被控对象。复杂的生产设备中的精馏塔、吸收塔等，在一个设备上可能有好几个控制系统。这时在确定被控对象时，就不一定是整个生产设备。譬如说，一个精馏塔，往往塔顶需要控制温度、压力等，塔底又需要控制温度、塔釜液位等，有时中部还需要控制进料流量，这种情况下，就只有塔的某一与控制有关的相应部分才是某一控制系统的被控对象。例如讨论进料流量的控制系统时，被控对象指的仅是进料管道及阀门等，而不是整个精馏塔。

（二）被控变量

在生产过程中要求保持恒定的工艺变量称为被控变量。比如说，精馏塔的温度、压力、液位等参数就是精馏塔主要的被控变量，因为这些参数如果控制不稳定，直接影响精馏出来的产品的质量。

在控制流程图中，一般用小圆圈表示某些自动化装置。圈内写有两位（或三位）字母，第一位字母表示被控（测）变量，后继字母表示仪表的功能，常用被控（测）变量和仪表功能的字母代号见表 1-1。

表 1-1　被控（测）变量和仪表功能的字母代号

字母	第一位字母		后继字母
	被控(测)变量	修饰词	功能
A	分析		报警
C	电导率		控制(调节)
D	密度	差	
E	电压		检测元件
F	流量	比(分数)	
I	电流		指示
K	时间或是时间程序		自动-手动操作器
L	物位		
M	水分或湿度		
P	压力或真空		
Q	数量或件数	积分、累积	积分累积
R	放射性		记录或打印
S	速度或频率	安全	开关、连锁
T	温度		传送
V	黏度		阀、挡板、百叶窗
W	力		套管
Y	供选用		继动器或计算器
Z	位置		驱动、执行或未分类的终端执行机构

（三）操纵变量

操纵变量是指在自动控制系统中，用来克服干扰对被控变量的影响，实现控制作用的一种变量。最常见的操纵变量是介质的流量。此外，也有以转速、电压等作为操纵变量的。当被控变量选定以后，接下去应对工艺进行分析，找出有哪些因素会影响被控变量发生变化。一般来说，影响被控变量的外部输入往往有若干个而不是一个，在这些输入中，有些是可控（可以调节）的，有些是不可控的。原则上，是在诸多影响被控变量的输入中选择一个对被控变量影响显著而且可控性良好的输入，作为操纵变量，而其它未被选中的所有输入量则视为系统的干扰。例如，图 1-2，能够控制水箱液位变化的手段是直接调节水箱出口的流量，出口流量变大，则水箱液位降低，出口流量变小，则水箱液位增大，所以，水箱出口流量就是本控制系统的有效操纵变量。

（四）　DCS 系统体系结构

一个基本的 DCS 系统功能单元组成应包括四大部分：至少一台现场控制站，至少一台操作员站，一台工程师站（也可利用一台操作员站兼做工程师站），一套系统网络。下面以 MACS 系统为例说明其体系结构。

MACS 是和利时科技集团有限公司集多年的开发、工程经验设计的大型综合控制系统。该系统采用了目前世界上先进的现场总线技术（ProfiBus-DP 总线），对控制系统实现计算机监控，具有可靠性高、适用性强等优点，是一套完善、经济、可靠的控制系统。

MACS 系统的体系结构如图 1-9 所示。

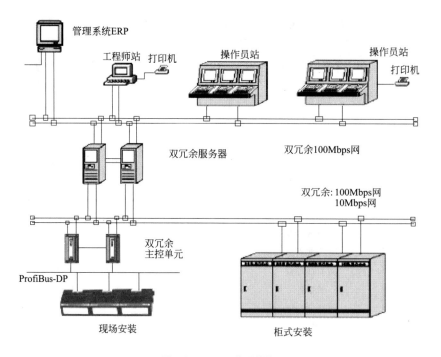

图 1-9　MACS 体系结构

MACS 系统的网络由上到下分为监控网络、系统网络和控制网络三个层次，监控网络实现工程师站、操作员站、高级计算站与系统服务器的互连，系统网络实现现场控制站与系统服务器的互连，控制网络实现现场控制站与过程 I/O 单元的通信。

一个大型系统可由多组服务器组成，由此将系统划分成多个域，每个域可由独立的服务器、系统网络 SNET 和多个现场控制站组成，完成相对独立的采集和控制功能。域有域名，域内数据单独组态和管理，域间数据可以重名。各个域可以共享监控网络和工程师站。而操作员站和高级计算站等可通过域名登录到不同的域进行操作。

数据按域独立组态，域间数据可以由域间引用或域间通信组态进行定义，并通过监控网络相互引用。

MACS 系统各部分功能如下：

1. 工程师站（ENS）

由高档微机组成，具有以下功能：系统数据库组态、设备组态、图形组态、控制语言组态、报表组态、事故库组态、离线查询、调试、下装。

2. 操作员站（OPS）

由高档微机或工业微机组成，具有以下功能：流程图显示与操作、报警监视及确认、日志查询、趋势显示，参数列表显示控制调节、在线参数修改、报表打印。

3. 现场控制站（FCS）

由专用控制柜和专用控制软件组成，控制柜中包括电源、主控单元、过程 I/O 单元、通信单元及控制网络等组件。可根据组态的数据库和算法完成：数据采集与处理、控制和联锁运算、控制输出。

4. 系统服务器（SVR）

由高档微机或服务器构成，完成实时数据库管理和存取、历史数据库管理和存取、文件存取服务、数据处理、系统装载等功能的计算机。系统服务器可双冗余配置。

为完成上述功能，MACS 配置了以下主要模块，现分别作简要介绍。

（五）**MACS 主要模块**

1. FM801 主控单元模块

FM801 MACS 主控单元为单元式模块化结构，它具备较强的数据处理能力和网络通信能力，是 MACS 系统现场控制站的核心单元，主要承担本站的部分信号处理、控制运算、与操作员站/工程师站及其它单元的通信等任务。FM801 能够支持冗余的双网结构（以太网）。通过以太网与 MACS 系统的服务器相连，FM801 还有 ProfiBus-DP 现场总线接口，与 MACS 系统的 I/O 模块通信，主控单元自身为冗余设计，以提高系统的可靠性。

2. FM148 模拟量输入模块

该模块是 8 路模拟大信号输入单元，是 MACS 现场控制站的通用 I/O 模块中的一种。它采用智能的模块化结构，可以对 8 路模拟信号高精度转换，并通过通信接口（ProfiBus-DP）与主控单元交换数据。

FM148 的输入每一通道可接入电压型或电流型信号，8 路输入均有输入过压保护。

3. FM151 模拟量输出模块

FM151 智能型 8 路 4～20mA 模拟量输出模块，通过与配套的端子底座 FM131A 连接，输出 8 路 4～20mA 的电流信号，该电流信号经过伺服放大器，产生控制指令，操纵执行器动作达到调节作用。

4. FM143 热电阻输入模块

该模块是 8 路模拟热电阻信号输入单元，是 MACS 现场控制站的通用 I/O 模块中的一种。它采用智能的模块化结构，可以对 8 路 Cu50 型及 Pt100 型热电阻模拟信号高精度转换，并通过通信接口（ProfiBus-DP）与主控单元交换数据。

5. FM147 热电偶输入模块

FM147 型模块是智能型 8 路热电偶模拟量输入模块，通过与配套的底座 FM131A 连接，用于处理从现场来的热电偶毫伏电压和一般毫伏电压输入信号。FM147A 与 J、K、N、E、S、B、R、T 型热偶一次测温元件相连，可处理工业现场的温度信号。由于它的测量信号范围可达－5mV，因此可以采样一定范围的负温。通过组态软件正确组态，该模块可以对在－5～＋78.125mV 范围内的线性毫伏信号采样处理。

 思政课堂

我国 DCS 技术的研发从 20 世纪 80 年代才开始，起步较晚，其产品技术发展落后于国外。目前国外企业如艾默生、ABB、霍尼韦尔、横河、西门子等厂商仍占据国内 DCS 系统较大的市场份额，但近年来，由于中小型项目的快速发展，浙大中控、和利时等几个 DCS 厂商发展势头喜人，DCS 市场份额大幅提高，已经位居国内市场前列。

随着信息技术、控制技术的发展，我国现代化工生产模式也由过去的人工控制逐渐改变为全自动化生产，与欧美等发达国家生产水平差距逐渐缩小，某些领域甚至实现了超越。

 思考练习题

1. 某加热炉温度控制系统如图 1-10 所示，则该系统的操纵变量是（　　），被控变量是（　　）。

A. 原料油流量；原料油出口温度　　　B. 原料油流量；燃料量

C. 燃料量；原料油出口温度　　　D. 燃料量；原料油流量

2. 图 1-11 所示为贮槽液位控制系统，工艺要求液位保持为某一数值。

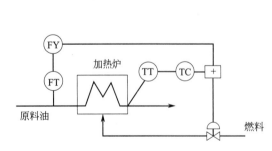

图 1-10　某加热炉温度控制系统

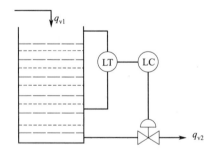

图 1-11　贮槽液位控制系统

（1）试画出系统的方框图。

（2）指出该系统中被控对象、被控变量、操纵变量各是什么？

3. 下图哪一个是闭环控制系统？（　　　）

A.　　　　　　　　　　　　　　B.　　　　　　　　　　　　　　C.

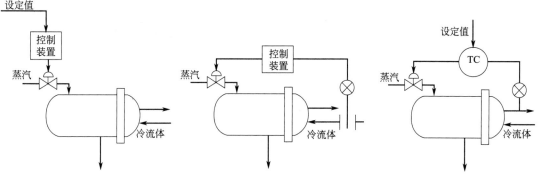

4. 已知某夹套反应器温度控制系统如图 1-12 所示，反应大量放热。要求控制温度为50℃，在供气中断时保证冷却。

（1）试画出系统的方框图。

（2）指出该系统中被控对象、被控变量、操纵变量各是什么？

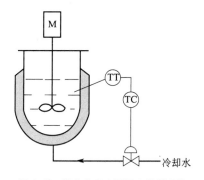

图 1-12　某夹套反应器温度控制系统

5. 根据自己的体会和生活观察，举例说明自动控制的案例，试画出自动控制方框图，并解说控制过程。

项目二
仪表的选型、使用与校准

任务一　压力检测仪表选型、使用与校准

 学习目标

1. 了解压力检测仪表的类型、结构、工作原理。
2. 了解仪表检测的基本知识。
3. 理解压力检测仪表的安装、使用、校准方法。

一、任务分析

（1）通过课前预习相关参考资料以及项目任务书，了解仪表检测相关内容，了解压力检测仪表的类型、结构、工作原理。

（2）通过课前预习，理解压力检测仪表在自动控制系统中所起的作用。试总结一些压力仪表在生活中应用的典型案例。

（3）学生 10min 汇报预习内容。课堂上实行教学做一体，采用小组分析、讨论、汇报的教学方法。根据项目情景，要求学生根据教师安排，通过分析、讨论以及现场操作，完成相应的学习目标，达到以下几项技能：

① 能总结压力检测仪表的类型；
② 能举出一些简单压力检测的例子；
③ 能分析典型压力检测仪表的结构、工作原理；
④ 能根据要求对压力表进行安装和校准；
⑤ 能正确选用压力检测仪表。

（4）通过小组讨论，提高学生的人际沟通能力，团队协作能力。

二、案例引入

在项目一中，我们认识了自动控制系统的基本组成，即由检测变送元件、控制元件、执行元件和被控对象四部分组成，而检测变送元件具有检测的功能，类似人的眼睛，所以在自动控制系统中具有非常重要的作用，本任务主要介绍检测仪表之压力检测仪表的有关内容。

在工业生产过程中，压力往往是重要的操作参数之一。在化工、炼油等生产过程中，经常会遇到压力和真空度的检测，其中包括比大气压力高很多的高压、超高压和比大气压力低

很多的真空度的检测。如高压聚乙烯，要在 150MPa 的压力下进行反应；而炼油厂减压蒸馏，则要在比大气压低很多的真空条件下进行。如果压力不符合要求，不仅会影响生产效率，降低产品质量，有时还会造成严重的生产事故。在化学反应中，压力既影响物料平衡关系，也影响化学反应速率。所以，压力的检测与控制，对保证生产过程正常进行，达到高产、优质、低消耗和安全生产是十分重要的。

三、任务实施：弹簧管压力表的调校

1. 教学目标

（1）通过任务实施，熟悉常用测压仪表的结构和工作原理；

（2）了解活塞式压力计的结构、原理和使用；

（3）了解弹簧管压力表的维修方法。

2. 仪器设备与工具

（1）弹簧管压力表、活塞式压力计、电接点弹簧管压力表、远传压力计、真空表、压力变送器。

（2）工具：活动扳手、螺丝刀、镊子、尖嘴钳、起针器、毛刷子等。

（3）其它：变压器油。

3. 教学内容及实施步骤

（1）仔细观察实验室内已有的压力仪表及压力变送器，记录名称及型号参数，了解其主要用途和工作原理。

（2）做好校验工业用弹簧管压力表的准备工作。

校验前根据被校表的测量范围和精度等级，选择好校验设备和标准表，同时还要准备好修表用的工具。选取标准表时，标准表的测量上限一般应不低于被校表的测量上限，标准表的允许误差应不大于被校表允许误差的 1/3，或者标准压力表比被校压力表高两个精确度等级。

确定校验点：对于 1.0，1.5，2.0，2.5 精确度等级的压力表，可在 5 个刻度点上进行校验。对于 0.5 级或更高精确度等级的压力表，应取全刻度标尺上均匀分布的 10 个刻度点进行校验。

4. 校验步骤

（1）检验压力表校验器连接接头垫片的良好情况，安装好并用扳手拧紧标准表和校验表。

（2）调节地脚螺钉，使水准泡位于正中。

（3）开启油杯上的针形阀，注入变压器油。逆时针旋转手轮，将油吸入手摇泵内。顺时针旋转手轮，将油压入油杯，观察是否有小气泡从油杯中升起，若有，逆时针旋转手轮，再顺时针旋转手轮，反复操作，直至不出现气泡。

（4）关紧油杯上的针形阀，打开两表下的针形阀，顺时针旋转手轮，平稳地升压，直到被校压力表指示第一个压力校验点，读标准压力表的指示值。

如果使用砝码，加上相应压力的砝码，顺时针旋转手轮，使油压力上升直到砝码盘逐渐抬起，到规定高度时停止加压，轻轻转动砝码盘，读被校表压力指示值。

单方向增压至校验点后读数，轻敲表壳再读数。继续加压到第 2 个，第 3 个…校验点，重复以上操作，直到满量程为止。

① 均匀增压至刻度上限，保持上限压力 3min。

② 逆时针旋转手轮，均匀降至零压，平稳地降压进行下行程校验。

③ 操作中注意指示有无跳动、停止、卡塞现象。求出被校压力表的基本误差、变差、

轻敲位移。

④ 零位调整方法：用取针器取出被校压力表指针，再按照零刻度位置轻轻压下指针。

⑤ 量程调整方法：用螺丝刀松开扇形齿轮上的量程调节螺钉，改变螺钉在滑槽中的位置，调好后固紧螺钉，重复上述校验。调量程时零位会变化，因此，一般量程、零位需反复进行调整。

⑥ 待校验合格后，放掉检验器的压力，拆下被校表，揩掉油污并装上盖子，打好铅封，填写校验记录单。

5. 注意事项

（1）加压与降压过程中应注意被校压力表指针有无跳动现象，如有跳动现象，应拆下修理。

（2）活塞式压力计上的各切断阀只许有稍许开度（例如阀手轮旋开 1/4 圈），如果开度过大，被加压油可能从切断阀阀芯处漏出。

6. 教学成果形式——实验报告

报告应有如下内容。

（1）实验目的。

（2）实验中所用仪器和设备的名称、主要规格（精确度等级、量程等）、编号。

（3）实验内容和步骤。

（4）校验记录。

（5）实验数据处理及结论（仪表是否合格、存在问题等）

（6）实验体会。

（7）此外注明实验人_____，第_____组，同组人_____，指导老师_____，实验日期_____。

数据记录与处理见表 2-1。

表 2-1　弹簧管压力表校验数据记录表

压力校验器：型号_____　厂家_____

标准表型号：型号 YB-150A　准确度等级_____　测量范围_____

　　　　　　厂家_____　　　　　　　　　编　　号_____

被检表型号：型号 Y-150A　标称准确度等级_____　测量范围_____

　　　　　　厂家_____　　　　　　　　　编　　号_____

实训环境：室温_____　　　　　　相对湿度_____

压力单位：MPa

序号	标准表示值 p_0	被校表示值 p								绝对误差 Δp		$\Delta p'$ 变差	$\Delta p''$ 轻敲位移	
		上行程(升行程)				下行程(降行程)								
		敲前 p_1	敲前 $p_{1平均}$	敲后 p_1'	敲后 $p_{1平均}'$	敲前 p_2	敲前 $p_{2平均}$	敲后 p_2'	敲后 $p_{2平均}'$	Δp_1	Δp_2	$p_{1平均}-p_{2平均}$	轻敲 1	轻敲 2
1														
2														

续表

序号	标准表示值 p_0	被校表示值 p								绝对误差 Δp		$\Delta p'$ 变差	$\Delta p''$ 轻敲位移	
		上行程(升行程)				下行程(降行程)								
		敲前 p_1	敲前 $p_{1平均}$	敲后 p_1'	敲后 $p_{1平均}'$	敲前 p_2	敲前 $p_{2平均}$	敲后 p_2'	敲后 $p_{2平均}'$	Δp_1	Δp_2	$p_{1平均}-p_{2平均}$	轻敲1	轻敲2
3														
4														
5														

注：1. 最大允许基本误差＝准确度等级的百分数×量程。

2. 绝对误差：$\Delta p_1 = p_{1平均} - p_0$；$\Delta p_2 = p_{2平均} - p_0$。

3. 变差：$\Delta p' = p_{1平均} - p_{2平均}$。

4. 轻敲位移：轻敲1(上行程)＝敲后 $p_{1平均}'$ － $p_{1平均}$

　　　　　　轻敲2(下行程)＝敲后 $p_{2平均}'$ － $p_{2平均}$

7. 问题讨论

根据表 2-1，通过小组讨论解决以下问题。

（1）根据数据，绘制仪表读数的上行程和下行程图线。

（2）根据图线，确定该仪表的变差（回差）。

（3）试确定该仪表的灵敏度 s。

（4）确定该仪表的最大绝对误差 Δ_{max}。

（5）确定该仪表的基本误差 $\delta_基$。

（6）确定该仪表的允许误差 $\delta_允 = (\Delta_{max}/M) \times 100\%$（其中，$M$ 为量程）。

（7）试确定该仪表的精确度等级。

（8）试确定该仪表的灵敏度。

（9）试确定该仪表的线性度。

四、相关知识

（一）压力单位及测压仪表

压力是指均匀垂直地作用在单位面积上的力，可用下式表示。

$$p = \frac{F}{S} \tag{2-1}$$

式中，p 表示压力，Pa；F 表示垂直作用力，N；S 表示受力面积，m^2。

压力的单位为帕斯卡，简称帕（Pa）：$1Pa = 1N/m^2$

帕所代表的压力较小，工程上经常使用兆帕（MPa）。帕和兆帕之间的关系为：

$$1\mathrm{MPa}=1\times10^{6}\mathrm{Pa}。$$

为了使大家了解国际单位制中的压力单位（Pa 或 MPa）与过去的单位之间的关系，表 2-2 给出了几种单位之间的换算关系。

表 2-2 各种压力单位换算

压力单位	帕(Pa)	兆帕(MPa)	工程大气压 (kgf/cm²)	标准大气压 (atm)	毫米汞柱 (mmHg)	米水柱 (mH₂O)	磅力/英寸² (lbf/in²)	巴(bar)
帕(Pa)	1	1×10^{-6}	1.0197×10^{-5}	9.869×10^{-6}	7.501×10^{-3}	1.0197×10^{-4}	1.450×10^{-4}	1×10^{-5}
兆帕(MPa)	1×10^{6}	1	10.197	9.869	7.501×10^{3}	1.0197×10^{2}	1.450×10^{2}	10
工程大气压 (kgf/cm²)	9.807×10^{4}	9.807×10^{-2}	1	0.9678	735.6	10.00	14.22	0.9807
标准大气压 (atm)	1.0133×10^{5}	0.10133	1.0332	1	760	10.33	14.70	1.0133
毫米汞柱 (mmHg)	1.3332×10^{2}	1.3332×10^{-4}	1.3595×10^{-3}	1.3158×10^{-3}	1	0.0136	1.934×10^{-2}	1.3332×10^{-3}
米水柱(m)	9.807×10^{3}	9.807×10^{-3}	0.1000	0.09678	73.55	1	1.422	0.09807
磅力/英寸² (lbf/in²)	6.895×10^{3}	6.895×10^{-3}	0.07031	0.06805	51.71	0.7031	1	0.06895
巴(bar)	1×10^{5}	0.1	1.0197	0.9869	750.1	10.197	14.50	1

在压力测量中，常有表压、绝对压力、负压或真空度之分。当被测压力高于大气压力时，其关系如下：

$$p_{表压}=p_{绝对压力}-p_{大气压力} \tag{2-2}$$

三者之间的关系见图 2-1。

当被测压力低于大气压力时，一般用负压或真空度来表示，它是大气压力与绝对压力之差，即

$$p_{真空度}=p_{大气压力}-p_{绝对压力} \tag{2-3}$$

因为各种工艺设备和测量仪表通常是处于大气之中，本身就承受着大气压力。所以工程上经常用表压或真空度来表示压力的大小。以后所提到的压力，除特别说明外，均指表压或真空度。

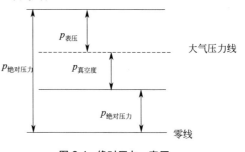

图 2-1 绝对压力、表压、负压（真空度）的关系

测量压力或真空度的仪表很多，按照其转换原理的不同，大致可分为四类。

1. 液柱式压力计

它根据流体静力学原理，将被测压力转换成液柱高度进行测量。按其结构形式的不同有 U 形管压力计（见图 2-2）、单管压力计（如倾斜式液柱压力计，见图 2-3）等。

优点：结构简单、使用方便。

缺点：其精度受工作液的毛细管作用、密度及视差等因素的影响，测量范围较窄，一般用来测量较低压力、真空度或压力差。

2. 弹性式压力计

它是将被测压力转换成弹性元件变形的位移进行测量的。如弹簧管压力计、波纹管压力计及膜式压力计等（见图 2-4～图 2-6）。

3. 电气式压力计

它是通过机械和电气元件将被测压力转换成电量（如电压、电流、频率等）来进行测量

的仪表。如电容式、电感式、应变片式和霍尔片式等压力计（见图 2-7～图 2-9）。

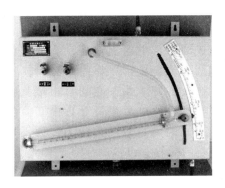

图 2-2　U形管压力计　　　　　　　　　　　图 2-3　倾斜式液柱压力计

图 2-4　弹簧管压力计　　　　　图 2-5　波纹管压力计　　　　　图 2-6　膜片式压力计

图 2-7　电容式压力计　　　　　图 2-8　电感式压力计　　　　　图 2-9　应变片式压力计

4. 活塞式压力计

它是根据水压机液体传送压力的原理，将被测压力转换成活塞上所加平衡砝码的质量来进行测量的（见图 2-10）。

优点：测量精度很高，允许误差可小到 0.05％～0.02％。

缺点：结构较复杂，价格较贵。

（二）弹性式压力计

1. 定义

弹性式压力计是利用各种形式的弹性元件，在被测介质压力的作用下，使弹性元件受压后产生弹性变形的原理而制成的测压仪表。弹簧管式弹性元件的测压范围较宽，可测量高达 1000MPa 的压力。单圈弹簧管是弯成圆弧形的金属管子，它的截面做成扁圆形或椭圆形，如图 2-11(a) 所示。当通入压力 p 后，它的自由端就会产生位移。这种单圈弹簧管自由端位移较小，因此能测量较高的压力。为了增加自由端的位移，可以制成多圈弹簧管，如图 2-11(b) 所示。

图 2-10　活塞式压力计

2. 优点

具有结构简单、使用可靠、读数清晰、牢固可靠、价格低廉、测量范围宽以及有足够的精度等优点。可用来测量几百帕到数千兆帕范围内的压力。

3. 结构组成

(1) 弹性元件　弹性元件是一种简易可靠的测压敏感元件（见图 2-11）。当测压范围不同时，所用的弹性元件也不一样。

弹簧管式弹性元件如图 2-11(a)、(b) 所示，波纹管式弹性元件如图 2-11(e) 所示，薄膜式弹性元件如图 2-11(c)、(d) 所示。

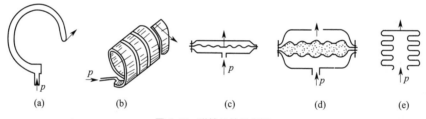

图 2-11　弹性元件示意图

(2) 弹簧管压力表　弹簧管压力表的测量范围极广，品种规格繁多。按其所使用的测压元件不同，可有单圈弹簧管压力表与多圈弹簧管压力表。按其用途不同，除普通弹簧管压力表之外，还有耐腐蚀的氨用压力表、禁油的氧气压力表等。它们的外形与结构基本上是相同的，只是所用的材料有所不同。

弹簧管压力表的结构原理如图 2-12 所示。弹簧管 1 是压力计的检测元件。图 2-12 中所示为单圈弹簧管，它是一根弯成 270° 圆弧的椭圆截面的空心金属管子。管子的自由端 B 封闭，另一端固定在接头 9 上。当通入被测的压力 p 后，由于椭圆形截面在压力 p 的作用下，将趋于圆形，而弯成圆弧形的弹簧管也随之产生扩张变形。由于变形，使弹簧管的自由端 B 产生位移。输入压力 p 越大，产生的变形也越大。由于输入压力与弹簧管自由端 B 的位移成正比，所以只要测得 B 点的位移量，就能反映压力 p 的大小。

动画扫一扫

弹簧式压力表结构

注意： 弹簧管自由端 B 的位移量一般很小，直接显示有困难，所以必须通过放大机构才能指示出来。其放大原理为：弹簧管的自由端 B 的位移通过拉杆 2（见图 2-12）使扇形齿轮 3 作逆时针偏转，于是指针 5 通过同轴的中心齿轮 4 的带动而作顺时针偏转，在面板 6 的刻度标尺上显示出被测压力 p 的数值。由于弹簧管自由端的位移与被测压力之间具有正比关系，因此弹簧管压力表的刻度标尺是现行的。游丝 7 用来克服因扇形齿轮和中心齿轮间的传动间隙而产生的仪表变差。改变调整螺钉 8 的位置（即改变机械传动的放大系数），可以实现压力表量程的调整。

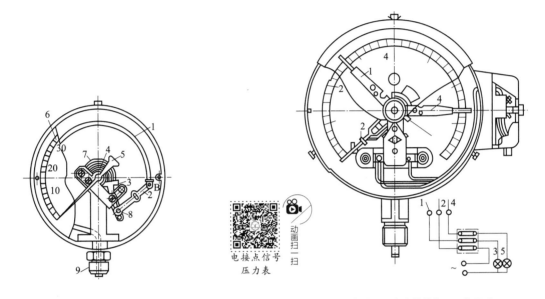

图 2-12　弹簧管压力表
1—弹簧管；2—拉杆；3—扇形齿轮；4—中心齿轮；5—指针；
6—面板；7—游丝；8—调整螺钉；9—接头

图 2-13　电接点信号压力表的结构和工作原理
1，4—静触点；2—动触点；3—绿灯；5—红灯

警惕：在化工生产过程中，常需要把压力控制在某一范围内，即当压力低于或高于给定范围时，就会破坏正常工艺条件，甚至可能发生危险。这时就应采用带有报警或控制触点的压力表。将普通弹簧管压力表稍加变化，便可成为电接点信号压力表，它能在压力偏离给定范围时，及时发出信号，以提醒操作人员注意或通过中间继电器实现压力的自动控制。

压力表零件
组装介绍

图 2-13 是电接点信号压力表的结构和工作原理示意图。压力表指针上有动触点 2，表盘上另有两个可调节的指针，上面分别有静触点 1 和静触点 4。当压力超过上限给定值（此数值由静触点 4 的指针位置确定）时，动触点 2 和静触点 4 接触，红色信号灯 5 的电路被接通，使红灯发亮，若压力低到下限给定值时，动触点 2 和静触点 1 接触，接通了绿色信号灯 3 的电路。静触点 1、4 的位置可根据需要灵活调节。

（三）电气式压力计

1. 定义

电气式压力计是一种能将压力转换成电信号进行传输及显示的仪表。

2. 优点

（1）该仪表的测量范围较广，分别可测 $7 \times 10^{-5} \sim 5 \times 10^2 \mathrm{MPa}$ 的压力，允许误差可至 0.2%；

（2）由于可以远距离传送信号，所以在工业生产过程中可以实现压力自动控制和报警，

并可与工业控制机联用。

3. 结构组成

如图 2-14 所示，电气式压力计一般由压力传感器、测量电路和信号处理装置所组成。常用的信号处理装置有指示器、记录仪以及控制器、微处理机等。

（1）应变片式压力传感器　应变片式压力传感器利用电阻应变原理构成（见图 2-15）。电阻应变片有金属和半导体应变片两类，被测压力使应变片产生应变。当应变片产生压缩（拉伸）应变时，其阻值减小（增加），再通过桥式电路获得相应的毫伏级电势输出，并用毫伏计或其他记录仪表显示出被测压力，从而组成应变片式压力计。

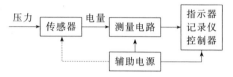

图 2-14　电气式压力计组成方框图

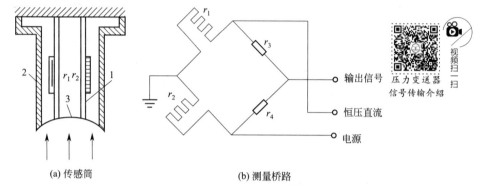

(a) 传感筒　　　　　(b) 测量桥路

图 2-15　应变片压力传感器示意图

1—应变筒；2—外壳；3—密封膜片

（2）压阻式压力传感器

① 工作原理　压阻式压力传感器利用单晶硅的压阻效应而构成（见图 2-16、图 2-17），采用单晶硅片为弹性元件，在单晶硅膜片上利用集成电路的工艺，在单晶硅的特定方向扩散一组等值电阻，并将电阻接成桥路，单晶硅片置于传感器腔内。当压力发生变化时，单晶硅产生应变，使直接扩散在上面的应变电阻产生与被测压力成比例的变化，再由桥式电路获得相应的电压输出信号。

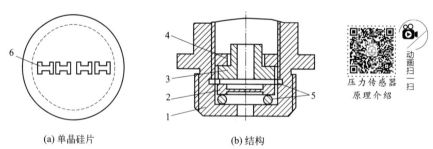

(a) 单晶硅片　　　　　(b) 结构

图 2-16　压阻式压力传感器

1—基座；　2—单晶硅片；　3—导环；　4—螺母；　5—密封垫圈；　6—等效电阻

② 压阻式压力传感器特点

a. 精度高、工作可靠、频率响应高、迟滞小、尺寸小、重量轻、结构简单；

b. 便于实现显示数字化；

c. 可以测量压力，稍加改变，还可以测量差压、高度、速度、加速度等参数。

（3）电容式压力变送器

工作原理：先将压力的变化转换为电容量的变化，然后进行测量（见图2-18）。

图 2-17　压阻式压力
传感器实物图

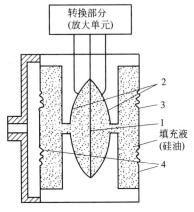

图 2-18　电容式压力变送器

1—中心感应膜片（可动电极）；　2—固定电极；
3—测量侧；　4—隔离膜片

（四）智能式变送器

智能式压力或差压变送器是在普通压力或差压传感器的基础上增加微处理器电路而形成的智能检测仪表。

1. 智能变送器的特点

（1）性能稳定，可靠性好，测量精度高，基本误差仅为±0.1%；

（2）量程范围可达100：1，时间常数可在0～36s内调整，有较宽的零点迁移范围；

（3）具有温度、静压的自动补偿功能，在检测温度时，可对非线性进行自动校正；

（4）具有数字、模拟两种输出方式，能够实现双向数据通信，可以与现场总线网络和上位计算机相连；

（5）可以进行远程通信，通过现场通信器，使变送器具有自修正、自补偿、自诊断及错误方式告警等多种功能，简化了调整、校准与维护过程，使维护和使用都十分方便。

2. 智能变送器的结构原理

从整体上来看，由硬件和软件两大部分组成。

从电路结构上来看，包括传感器部件和电子部件两部分。

【举例】　以美国费希尔-罗斯蒙特公司的3051C型智能差压变送器为例介绍其工作原理（图2-19）。

3051C型智能差压变送器所用的手持通信器为275型（图2-20），带有键盘及液晶显示器。可以接在现场变送器的信号端子上，就地设定或检测，也可以在远离现场的控制室中，接在某个变送器的信号线上进行远程设定及检测。

手持式通信器能够实现下列功能。

① 组态。组态可分为两部分。首先，设定变送器的工作参数，包括测量范围、线性或平方根输出、阻尼时间常数、工程单位选择；其次，可向变送器输入信息性数据，以便对变送器进行识别与物理描述，包括给定位器指定工位号、描述等。

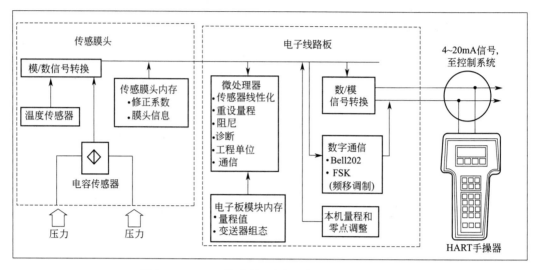

图 2-19　3051C 型智能差压变送器（4~20mA）方框图

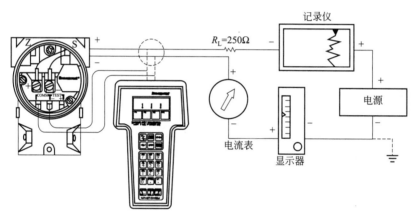

图 2-20　手持通信器的连接示意图

② 测量范围的变更。当需要更改测量范围时，不需到现场调整。

③ 变送器的校准。包括零点和量程的校准。

④ 自诊断。3051C 型变送器可进行连接自诊断。当发现问题时，变送器将激活用户选定的模拟输出报警。手持通信器可以询问变送器，确定问题所在。变送器将手持通信器输出特定的信息，以识别问题，从而可以快速地进行维修。

注意：要对智能型差压变送器每五年校验一次，智能型差压变送器与手持通信器结合使用，可远离生产现场，尤其是危险或不易到达的地方，给变送器的运行和维护带来了极大的方便。

（五）压力计的选用及安装

1. 压力计的选用

压力计的选用应根据工艺生产过程对压力测量的要求，结合其他各方面的情况，加以全面的考虑和具体的分析，一般考虑以下几个问题。

（1）仪表类型的选用；

（2）仪表测量范围的确定；

（3）仪表精度级的选取。

2. 压力计的安装

（1）测压点的选择　应能反映被测压力的真实大小。

① 要选在被测介质直线流动的管段部分，不要选在管路拐弯、分叉、死角或其他易形成漩涡的地方。

② 测量流动介质的压力时，应使取压点与流动方向垂直，取压管内端面与生产设备连接处的内壁应保持平齐，不应有凸出物或毛刺。

③ 测量液（气）体压力时，取压点应在管道下（上）部，使导压管内不积存气（液）体。

（2）导压管铺设

① 导压管粗细要合适，一般内径为 $6\sim10mm$，长度应尽可能短，最长不得超过 50m，以减少压力指示的迟缓。如超过 50m，应选用能远距离传送的压力计。

② 导压管水平安装时应保证有 $1:10\sim1:20$ 的倾斜度，以利于积存于其中之液体（或气体）的排出。

③ 当被测介质易冷凝或冻结时，必须加设保温伴热管线。

④ 取压口到压力计之间应装有切断阀，以备检修压力计时使用。切断阀应装设在靠近取压口的地方。

（3）压力计的安装

① 压力计应安装在易观察和检修的地方。

② 安装地点应力求避免振动和高温影响。

③ 测量蒸汽压力时，应加装凝液管，以防止高温蒸汽直接与测压元件接触 [图 2-21 (a)]；对于有腐蚀性介质的压力测量，应加装有中性介质的隔离罐，图 2-21(b) 表示了被测介质密度 ρ_2 大于和小于隔离液密度 ρ_1 的两种情况。

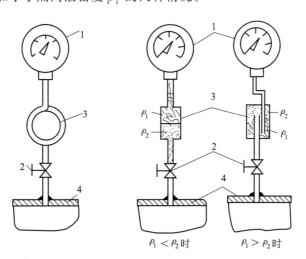

(a) 测量蒸汽时　　　　(b) 测量有腐蚀性介质时

图 2-21　压力计安装示意图

1—压力计；2—切断阀门；3—凝液管；4—取压容器

④ 压力计的连接处，应根据被测压力的高低和介质性质，选择适当的材料，作为密封垫片，以防泄漏。

⑤ 当被测压力较小，而压力计与取压口又不在同一高度时，对由此高度而引起的测量误差应按 $\Delta p = \pm H \rho g$ 进行修正。式中 H 为高度差，ρ 为导压管中介质的密度，g 为重力加速度。

⑥ 为安全起见，测量高压的压力计除选用有通气孔的外，安装时表壳应向墙壁或无人通过之处，以防发生意外。

(4) 弹簧管压力表的调校

① 均匀增压到刻度上限保持 3min，然后均匀降压至零，注意指针上下行程时的平稳性。

② 缓慢增压到校验点进行读数，轻敲表壳后再读数，同样方法增压到每一校验点，然后缓慢降压到每一校验点，由所读得的一系列数据来计算基本误差和变差。

③ 如果校验结果不合格，可按下述进行调整。

a. 具有定值系统误差，即每个校验点的指示值都偏大或偏小，且偏差量相同，即可按正确指示重装指针。

b. 具有负误差或正误差，且误差绝对值随指针偏转角增大而越来越大，可调动调整螺钉改变拉杆长度，拉杆长度增大，指针偏转角变小，量程减小，若拉杆长度减小，指针偏转角增大，量程也增大。若误差值较小，调整螺钉不易掌握，可试调游丝的初始弹力。

c. 若全量程前半部分误差为正，并逐渐减小，后半部分误差为负，并逐渐增大，指针转角达不到量程，量程中部误差最小；或者在量程前半部分出现递减的负误差，后半部分出现递增的正误差，指针偏转角超过全量程，量程中部误差也最小。对于这些情况，可先加压至量程的 50%，并调整连杆与扇形齿轮轴线交角为 90°，然后调动调整螺钉改变拉杆的长度，使误差达到要求。

弹簧管压力表常见故障及排除方法见表 2-3。

表 2-3　弹簧管压力表常见故障及排除方法

现象	原因	排除方法
指针 快速 摆动	①被测压力源变化频繁,控制阀开得太大 ②安装压力表的管道或设备上有高频振动 ③引入管管径太大,控制阀通孔过大 ④测压点选在涡流区	①适当大小控制阀 ②装避震器或引离振动源 ③缩小管径、孔径 ④改在稳流处取压
指针 不动	①引入管有污物堵塞 ②压力控制阀未打开或堵塞 ③弹簧管有漏洞 ④压力表弹簧内堵塞 ⑤弹簧管自由端与连杆结合螺钉脱落或松动 ⑥中心轮与扇形轮牙齿磨损,不能啮合 ⑦中心轮与扇形轮上下夹板间无间隙不能振动 ⑧指针与玻璃盖相碰 ⑨指针与表盘面相碰	①清除管内污物 ②打开控制阀或清理 ③补焊或换新 ④清理弹簧管 ⑤重配螺钉或拧紧螺钉 ⑥更换新件 ⑦在支柱上加垫片使转动自如 ⑧加垫片提高玻璃盖高度 ⑨加长指针铜轴颈或缩小轴孔
指针不能 指示额 定读数	①齿轮夹板与底板结合位置错位 ②自由端与扇形轮连接距离太短 ③弹簧管与座底之间焊接位置不对 ④取压点选择不当	①拧紧结合螺钉将夹板反时针旋转即可 ②调整或更换连接杆 ③熔化焊接处矫正位置再焊好 ④调整取压点

现象	原　　因	排除方法
指示偏高 或偏低	①取压管路、管件严重泄漏,指示偏低 ②表头低于取压点、存在液柱静压 ③取压管与流向不垂直,同向夹角偏低,逆向夹角偏高	①修复泄漏处 ②扣除液柱静压 ③调整取压管使流向垂直
指针 跳跃 转动	①自由端与连接杆结合处螺钉不活动,造成扇形轮跳动 ②连接杆与扇形轮的结合螺钉不活动 ③扇形轮与中心轮和夹板的结合成不平行,有单面碰柱现象 ④轮轴弯曲	①矫正连接杆与扇形轮结合端的平行度 ②锉薄连接杆厚度 ③将轮轴碰柱面锉平 ④矫正轮轴
指针 不能 回零位	①指针本身不平衡 ②轮轴上的游丝转矩太小 ③取压管路堵塞或冻住 ④控制阀有泄漏 ⑤中心轮与扇形轮牵动阻力太大 ⑥在未受压时指针不指零位 ⑦连接杆长度不合适	①矫正或更换指针 ②增大游丝转矩 ③疏通管路 ④修理或换新 ⑤调整两轮啮合或减小牵动力 ⑥重新置于零位 ⑦调整连接杆长度
指针指示 误差率 不一	①弹簧管扩张移动时,与压力不成比例 ②自由端与扇形轮间连杆传动比调整不当 ③刻度点的刻度线不等分 ④刻度盘与中心轮不同心	①更换弹簧管 ②调整传动比 ③更换刻度均匀的表盘 ④调整表盘与中心轮的同心度
表内有 液体	①壳体与盖子密封差,或无橡皮垫片 ②弹簧管有裂纹或漏洞	①配制严密的垫片 ②补焊或更换
中心轮与 扇形轮转 动不灵活	①中心轮与扇形轮的中心距太小 ②两轮间污物过多 ③中心轮轴不同心 ④扇形轮平面与其轮轴不垂直 ⑤两轮轴与轴孔间隙过小	①调整两轮啮合位置 ②清洗污物 ③矫正使同心 ④矫正,使垂直 ⑤用砂布适当磨小轴径
指针与中 心轮轴 接合不良	①指针铜轴颈没有锥度 ②指针与铜轴颈铆合松动 ③指针轴颈、孔径锥度与中心轮轴上的锥度不一致	①用铰刀铰孔 ②用锤和冲子重铆 ③用小锉修改锥度,使之配合一致

（六）测量的相关知识

1. 测量过程与测量误差

测量是用实验的方法,求出某个量的大小。比如要测量一段导线的长度,就需要用一把米尺与它比试一下,看它有多长,即可测知该段导线的长度。用数学式子表示如下:

$$Q = qV \tag{2-4}$$

式中　Q——被测量值;

　　q——测量值,即被测量与所选测量单位的比值;

　　V——测量单位。

上述这种测量方法,通常叫做直接测量。除此之外,还有间接测量的测量方法。

间接测量的测量实质:是将被测参数与其相应的测量单位进行比较的过程。

在测量过程中,由于所使用的测量工具本身不够准确、观测者的主观性和周围环境的影响等,使得测量的结果不可能绝对准确。由仪表读得的被测值(测量值)与被测参数的真实值之间,总是存在一定的差距,这种差距就称为测量误差。

测量误差按其产生原因的不同,可以分为三类:系统误差、疏忽误差、偶然误差。

测量误差通常有两种表示方法:即绝对表示法和相对表示法。

绝对误差在理论上是指仪表指示值 x_1 和被测量的真实值 x_t 之间的差值，可表示如下：

$$\Delta = x_1 - x_t \tag{2-5}$$

在工程上，要知道被测量的真实值 x_t 是困难的。因此，所谓检测仪表在其标尺范围内各点读数的绝对误差，一般是指用被校表（准确度较低）和标准表（准确度较高）同时对同一参数测量所得到的两个读数之差，用下式表示：

$$\Delta = x - x_0 \tag{2-6}$$

式中　Δ——绝对误差；

　　　x——被校表的读数值；

　　　x_0——标准表的读数值。

测量误差还可以用相对误差来表示，某一被测量的相对误差等于这一点的绝对误差 Δ 与它的真实值 x_t（或 x_0）之比。用下式表示：

$$\Lambda = \frac{\Delta}{x_0} = \frac{x - x_0}{x_0} \text{或} \frac{x_1 - x_t}{x_t} \tag{2-7}$$

式中　Λ——仪表在 x_0 处的相对误差。

2. 检测仪表的品质指标

一台仪表的优劣，可用它的品质（性能）指标来衡量。现将几项常见的指标简介如下。

（1）检测仪表的准确度（精确度）　前面已经说过，仪表的测量误差可以用绝对误差 Δ 来表示。但是，必须指出，仪表的绝对误差在测量范围内的各点上是不相同的。因此，我们常说的"绝对误差"指的是绝对误差的最大值 Δ_{max}。

事实上，由于仪表的准确度不仅与绝对误差有关，而且还与仪表的标尺范围有关。例如，两台标尺范围（即测量范围）不同的仪表，如果它们的绝对误差相等的话，标尺范围大的仪表准确度比标尺范围小的高。因此，工业仪表经常将绝对误差折合成仪表标尺范围的百分数表示，称为相对百分误差 δ，即

$$\delta = \frac{\Delta_{max}}{\text{标尺上限值} - \text{标尺下限值}} \times 100\% \tag{2-8}$$

仪表的标尺上限值与下限值之差，一般称为仪表的量程（Span）。

根据仪表的使用要求，规定一个在正常情况下允许的最大误差，这个允许的最大误差就叫允许误差。允许误差一般用相对百分误差来表示，即某一台仪表的允许误差是指在规定的正常情况下允许的相对百分误差的最大值。即

$$\delta_允 = \pm\frac{\text{仪表允许的最大绝对误差值}}{\text{标尺上限值} - \text{标尺下限值}} \times 100\% \tag{2-9}$$

仪表的 $\delta_允$ 越大，表示它的精确度越低；反之，仪表的 $\delta_允$ 越小，表示仪表的精确度越高。将仪表的允许相对百分误差去掉"±"号及"%"号，便可以用来确定仪表的精确度等级。目前生产的仪表常用的精确度等级有 0.005，0.02，0.05，0.1，0.2，0.4，0.5，1.0，1.5，2.5，4.0 等。

如果某台测温仪表的允许误差为 $\pm1.5\%$，则认为该仪表的准确度等级符合 1.5 级。

【例 2-1】　某台测温仪表的测温范围为 200～700℃，校验该表时得到的最大绝对误差为 ±4℃，试确定该仪表的相对百分误差与准确度等级。

解：该仪表的相对百分误差为

$$\delta = \frac{\pm4}{700 - 200} \times 100\% = \pm0.8\%$$

如果将该仪表的相对百分误差（δ）去掉"$\pm$"号与"$\%$"号，其数值为 0.8。由于国家规定的精度等级中没有 0.8 级仪表，同时，该仪表的误差超过了 0.5 级仪表所允许的最大误差，所以，这台测温仪表的精度等级为 1.0 级。

仪表的准确度等级是衡量仪表质量优劣的重要指标之一。准确度等级数值越小，就表征该仪表的准确度等级越高，仪表的准确度越高。工业现场用的测量仪表，其准确度大多在 0.5 级以下。

仪表的精度等级一般可用不同的符号形式标志在仪表面板上，如 ⓪⑤ △１.⓪ 等。

注意： 在工业上应用时，对检测仪表准确度的要求，应根据生产操作的实际情况和该参数对整个工艺过程的影响程度所提供的误差允许范围来确定，这样才能保证生产的经济性和合理性。

（2）检测仪表的恒定度（变差）　变差是指在外界条件不变的情况下，用同一仪表对被测量在仪表全部测量范围内进行正反行程（即被测参数逐渐由小到大和逐渐由大到小）测量时，被测量值正行和反行所得到的两条特性曲线之间的最大绝对差值除以标尺上下限差值（见图 2-22）。

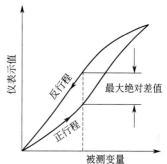

图 2-22　测量仪表的变差

$$变差 = \frac{最大绝对差值}{标尺上限值 - 标尺下限值} \times 100\% \qquad (2-10)$$

仪表的变差不能超出仪表的允许误差，否则应及时检修。

（3）灵敏度与灵敏限

● **仪表的灵敏度** 是指仪表指针的线位移或角位移，与引起这个位移的被测参数变化量的比值。即

$$S = \frac{\Delta\alpha}{\Delta x} \qquad (2-11)$$

式中　S——仪表的灵敏度；

$\Delta\alpha$——指针的线位移或角位移；

Δx——引起 $\Delta\alpha$ 所需的被测参数变化量。

例如，一台测量范围为 0～100℃ 的测温仪表，其标尺长度为 20mm，则其灵敏度 S 为 0.2mm/℃，即温度每变化 1℃，指针移动了 0.2mm。

● **仪表的灵敏限** 是指能引起仪表指针发生动作的被测参数的最小变化量。通常仪表灵敏限的数值应不大于仪表允许绝对误差的一半。

注意： 上述指标仅适用于指针式仪表。在数字式仪表中，往往用分辨率表示。

（4）反应时间　**反应时间** 就是用来衡量仪表能不能尽快反映出参数变化的品质指标。反应时间长，说明仪表需要较长时间才能给出准确的指示值，那就不宜用来测量变化频繁的参数。仪表反应时间的长短，实际上反映了仪表动态特性的好坏。

仪表的反应时间有不同的表示方法：当输入信号突然变化一个数值后，输出信号将由原始值逐渐变化到新的稳态值。仪表的输出信号由开始变化到新稳态值的 63.2%（95%）所用的时间，可用来表示反应时间。也有用变化到新稳态值的 95% 所用的时间来表示反应时间的。

（5）线性度　**线性度** 是表征线性刻度仪表的输出量与输入量的实际校准曲线与理论直线的吻合程度（见图 2-23）。通常总是希望测量仪表的输出与输入之间呈线性关系。

$$\delta_f = \frac{\Delta f_{\max}}{\text{仪表量程}} \times 100\% \tag{2-12}$$

式中 δ_f——线性度（又称非线性误差）；

$\Delta f_{\max}$——校准曲线对于理论直线的最大偏差（以仪表示值的单位计算）。

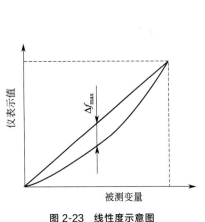

图 2-23 线性度示意图

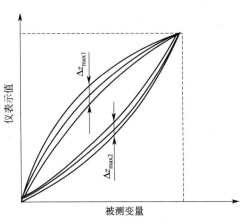

图 2-24 重复性示意图

（6）重复性 **重复性**表示检测仪表在被测参数按同一方向作全量程连续多次变动时所得标定特性曲线不一致的程度（见图 2-24）。若标定的特性曲线一致，重复性就好，重复性误差就小。

$$\delta_z = \frac{\Delta z_{\max}}{\text{仪表量程}} \times 100\%$$

（七）例题分析

【例 2-2】 某台具有线性关系的温度变送器，其测温范围为 $0 \sim 200\text{℃}$，变送器的输出为 $4 \sim 20\text{mA}$。对这台温度变送器进行校验，得到下列数据：

输入信号	标准温度/℃	0	50	100	150	200
输出信号/mA	正行程读数 $x_{正}$	4	8	12.01	16.0	20
	反行程读数 $x_{反}$	4.02	8.10	12.10	16.09	20.01

试根据以上校验数据确定该仪表的变差、准确度等级与线性度。

解： 该题的解题步骤如下。

（1）根据仪表的输出范围确定在各温度测试点的输出标准值 $x_{标}$。任一温度值的标准输出信号（mA）为：

$$I = \frac{\text{温度值} \times (\text{输出上限值} - \text{输出下限值})}{\text{输入上限值} - \text{输入下限值}} + 4$$

例如，当温度为 50℃时，对应的输出应为

$$I = \frac{50 \times (20 - 4)}{200 - 0} + 4 = 8 \text{（mA）}$$

其余类推。

（2）算出各测试点正、反行程时的绝对误差 $\Delta_{正}$ 与 $\Delta_{反}$，并算出正、反行程之差 $\Delta_{变}$，分别填入表 2-4 内（计算 $\Delta_{变}$ 时可不考虑符号，取正值）。

表2-4　【例 2-2】　计算结果

项目	输入信号/℃	0	50	100	150	200
输出信号/mA	正行程读数 $x_{正}$	4	8	12.01	16.01	20
	反行程读数 $x_{反}$	4.02	8.10	12.10	16.09	20.01
	标准值	4	8	12	16	20
绝对误差/mA	正行程 $\Delta_{正}$	0	0	0.01	0.01	0
	反行程 $\Delta_{反}$	0.02	0.10	0.10	0.09	0.01
正反行程之差 $\Delta_{变}$		0.02	0.10	0.09	0.08	0.01

（3）由表2-4找出最大的绝对误差 Δ_{max}，并计算最大的相对百分误差 δ_{max}。由表2-4可知，

$$\Delta_{max}=0.10 \text{（mA）}$$

$$\delta_{max}=\frac{0.10}{20-4}\times100\%=0.625\%$$

去掉 δ_{max} 的"±"号及"%"号后，其数值为0.625，数值在0.5～1.0之间，由于该表的 δ_{max} 已超过0.5级表所允许的 $\delta_{允}$，故该表的准确度等级为1.0级。

（4）计算变差

$$\delta_{变}=\frac{\Delta_{变max}}{20-4}\times100\%=0.625\%$$

由于该变差数值在1.0级表允许的误差范围内，故不影响表的准确度等级。注意若变差数值 $\Delta_{变max}$ 超过了绝对误差 Δ_{max}，则应以 $\Delta_{变max}$ 来确定仪表的准确度等级。

（5）由计算结果可知，非线性误差的最大值 $\Delta f_{max}=0.10$，故线性度 δ_{f} 为

$$\delta_{f}=\frac{\Delta f_{max}}{仪表量程}\times100\%=\frac{0.10}{20-4}\times100\%=0.625\%$$

注意：在具体校验仪表时，为了可靠起见，应适当增加测试点与实验次数，本例题只是简单列举几个数据说明问题罢了。

【例 2-3】　某台测温仪表的测温范围为 200～1000℃，工艺上要求测温误差不能大于 ±5℃，试确定应选仪表的准确度等级。

解：工艺上允许的相对百分误差为

$$\delta_{允}=\frac{\pm5}{1000-200}\times100\%=0.625\%$$

要求所选的仪表的相对百分误差不能大于工艺上的 $\delta_{允}$，才能保证测温误差不大于 ±5℃，所以所选仪表的准确度等级应为0.5级。当然仪表的准确度等级越高，能使测温误差越小，但为了不增加投资费用，不宜选过高准确度的仪表。

【例 2-4】　某台往复式压缩机的出口压力范围为25～28MPa，测量误差不得大于1MPa。工艺上要求就地观察，并能高低限报警，试正确选用一台压力表，指出型号、精度与测量范围。

解：由于往复式压缩机的出口压力脉动较大，所以选择仪表的上限值为

$$p_1 = p_{max} \times 2 = 28 \times 2 = 56 \text{（MPa）}$$

　　根据就地观察及能进行高低限报警的要求，由表 2-5，可查得选用 YX-150 型电接点压力表，测量范围为 0～60MPa。

表 2-5　常用弹簧管压力表型号与规格

名称	型号[①]	测量范围/MPa	准确度等级
普通弹簧管压力表	Y-40 Y-40Z	0～0.1,0.16,0.25,0.4,0.6,1.0,1.6,2.5,4.0,6.0	2.5
	Y-60 Y-60T Y-60TQ Y-60Z Y-60ZT	低压:0～0.06,0.1,0.16,0.25,0.4,0.6,1.0,2.5,4.0,6.0 中压:0～10,16,25,40	1.5 2.5
	Y-100 Y-100T Y-100TQ Y-100Z Y-100ZT	低压:0～0.06,0.1,0.16,0.25,0.4,0.6,1.0,2.5,4.0,6.0 中压:0～10,16,25,40,60	1.5 2.5
	Y-150 Y-150T Y-150TQ Y-150Z Y-150ZT	低压:0～0.06,0.1,0.16,0.25,0.4,0.6,1.0,2.5,4.0,6.0 中压:0～10,16,25,40,60 高压:0～100,160,250(Y-150)	1.5 2.5
	Y-200 Y-200T Y-200ZT	低压:0～0.06,0.1,0.16,0.25,0.4,0.6,1.0,2.5,4.0,6.0 中压:0～10,16,25,40,60 高压:0～100,160,250(Y-200)	1.5 2.5
	Y-250 Y-250T Y-250ZT	低压:0～0.06,0.1,0.16,0.25,0.4,0.6,1.0,2.5,4.0,6.0 中压:0～10,16,25,40,60 高压:0～100,160,250(Y-250) 超高压:0～400,600,1000(Y-250)	1.5
标准压力表	YB-150	−0.1～0,0～0.1,0.16,0.25,0.4,0.6,1.0,1.6,2.5,4.0,6.0,10,25,40,60,100,160,250	0.25 0.35 0.5
真空表	Z-60 Z-100 Z-150 Z-200 Z-250	−0.1～0	1.5
压力真空表	YZ-60 YZ-100 YZ-150 YZ-200	0.1～0～0.1,0.16,0.25,0.4,0.6,1.0,1.6,2.5	1.5
氨用压力表	YA-100 YA-150	0～0.25,0.4,0.6,1.0,1.6,2.5,4.0,6.0,10,16,25,40,60,100,160	1.5 2.5
氨用真空表	ZA-100 ZA-150	−0.1～0	1.5 2.5
氨用压力真空表	YZA-100 YZA-150	−0.1～0,0.1,0.16,0.25,0.4,0.6,1.0,1.6,2.5	1.5 2.5
电接点压力表	YX-150 YXA-150(氨用)	0～0.1,0.16,0.25,0.4,0.6,1.0,1.6,2.5,4.0,6.0,10,16,25,40,60	1.5 2.5

名称	型号①	测量范围/MPa	准确度等级
电接点 真空表	ZX-150 ZXA-150（氨用）	$-0.1\sim0$	1.5 2.5
电接点压力 真空表	YZX-150 YZXA-150	$-0.1\sim0.1,0.16,0.25,0.4,0.6,1.0,1.6,2.5$	1.5 2.5

① 符号说明：Y—压力；Z—真空；B—标准；A—氨用表；X—信号电接点。型号后面的数字表示表盘外壳直径（mm）。数字后面的符号：Z—轴向无边；T—径向有后边；TQ—径向有前边；ZT—轴向带边；数字后面无符号表示径向。

由于 $\dfrac{25}{60}>\dfrac{1}{3}$，故被测压力的最小值不低于满量程的 $1/3$，这是允许的。另外，根据测量误差的要求，可算得允许误差为 $\dfrac{1}{60}\times100\%=1.67\%$

所以，精度等级为 1.5 级的仪表完全可以满足误差要求。至此，可以确定，选择的压力表为 YX-150 型电接点压力表，测量范围为 $0\sim60$MPa，精度等级为 1.5 级。

【例 2-5】 某一压力容器，工作压力在 10MPa 左右波动，试确定选用压力表的量程。如果要求测量误差不超过 ±0.32MPa，试确定选用压力表的精度等级。

解：设压力表的量程为 $0\sim M$（MPa），已知 $p=10$MPa

依据压力表量程确定原则：由于该压力属于波动压力，则被测压力 p 应在 $1/3\sim2/3$ 量程范围内，即　$1/3M<p<2/3M$，得出　$15<M<30$。

根据压力表常用量程可知，符合条件的量程有 $0\sim16$MPa 和 $0\sim25$MPa。所以压力表的量程应该选 $0\sim16$MPa。

由精度计算公式：$\delta_{允}=\pm\dfrac{仪表允许的最大绝对误差值}{标尺上限值-标尺下限值}\times100\%$

计算结果为 $\delta_{允}=\pm2\%$，则压力表的精度为 2.0。

依据压力表常见精度等级系列，则计算精度 2.0 的相邻精度等级为 1.5 和 2.5，因此该压力表精度等级应选为 1.5 级。

 思政课堂

工作 27 年，从一名采油工成长为中国石油技能专家，国家级技能大师工作室和辽宁省劳模创新工作室的领衔人，他就是辽河油田公司欢喜岭采油厂采油作业三区 8#站采油工——赵奇峰。

赵奇峰，享受国务院政府特殊津贴，获第十四届中华技能大奖、全国"五一劳动奖章"，被评为全国技术能手、首届中国十大杰出青年技师、全国能源化学地质系统大国工匠、辽宁省功勋高技能人才、首批辽宁工匠、最美辽宁工人，当选辽宁省第十二次党代会代表。他编撰出版专著 6 部，获省部级以上创新成果奖 33 项、国家专利 42 项，96 项创新发明成果在石油行业推广应用，解决油田生产技术难题 522 项，累计创效 8600 万元。

干一行，爱一行；干一行，精一行。新时代是奋斗者的时代，石油工人的技术水平和创新能力直接影响企业经济效益和国家能源安全。赵奇峰始终坚守一线岗位，把岗位和企业、国家联系在一起，搞创新、解难题、带徒弟、出教材，成果与奖牌背后，更有一种为辽宁振兴发展和国家伟大复兴而奋斗的责任与担当，诠释着当代大国工匠的劳动之美与奉献之美。

（摘自：技能引航　做新时代的石油工匠 . 光明网，2020-12-9）

 思考练习题

1. 根据测量误差产生的原因，测量误差有哪几种？

2. 压力检测仪表有哪几种？列举说明。

3. 工业气体脱酸系统流程如图 2-25 所示。该装置设计了两个控制方式，即温度控制和压力控制，试画出压力控制方框图，该自动控制系统的检测元件可以选用普通弹簧管式压力表吗？说明原因。

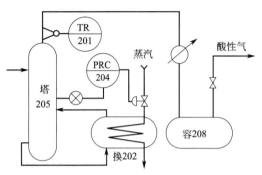

图 2-25　工业气体脱酸系统流程

4. 某温度表的测温范围为 0～1000℃，准确度等级为 0.5 级，试问此温度表的允许最大误差为多少？在校验点为 500℃时，温度表的指示值为 504℃，试问该温度表在这一点上的准确度是否符合 1 级，为什么？

5. 用一只标准压力表校验一只待校压力表，待校压力表的测量范围为 0～100kPa。校验结果如下所示。试计算各点的绝对误差、变差，并确定待校压力表的准确度等级。

项目	待校压力表读数/kPa	0	25	50	75	100
标准压力表读数/kPa	正行程	0	24.9	49.6	74.3	99.6
	反行程	0	25.1	49.8	74.8	99.9
绝对误差/kPa	正行程					
	反行程					
变差/kPa						

6. 用一台测量范围为 0～1000℃ 的温度仪表来测量反应器的温度，若最大允许误差为 3℃，试确定应选仪表的准确度等级。

任务二　常规压力变送器的校验

 学习目标

1. 了解压力变送器的结构、工作原理。

2. 了解压力变送器的使用和校验方法，能够判定压力变送器是否符合规格要求。

3. 理解压力变送器的输入-输出特性曲线。

一、任务分析

（1）通过课前预习相关参考资料以及项目任务书，了解压力变送器相关内容。

（2）通过课前预习，理解压力变送器在压力检测中所起的作用。试总结一些压力变送器在生活中应用的典型案例。

（3）5～10min汇报学生预习内容。采用小组分析、讨论、汇报的教学方法。根据项目情景，要求学生根据教师安排，通过分析、讨论以及现场操作，完成相应的学习目标，达到以下几项主要技能：

① 能总结压力变送器的结构；

② 能举出一些压力变送器应用的例子；

③ 能分析压力变送器的工作原理；

④ 能根据要求对压力变送器进行安装和校准。

（4）通过小组讨论，提高学生的人际沟通能力，团队协作能力。

二、案例引入

在上一个任务中，我们认识了普通压力表的基本组成，即由弹性元件、弹簧管压力表等组成，了解了压力表作为检测变送元件所起的功能，本次任务主要介绍检测仪表之压力变送器的有关内容。

三、任务实施：常规压力变送器的校验

1. 教学目标

（1）通过任务实施，了解压力变送器的结构、工作原理；

（2）掌握压力变送器的使用和校验方法，能够判定压力变送器是否符合规格要求；

（3）理解压力变送器的输入-输出特性曲线。

2. 仪器设备与工具

（1）活塞压力计；

（2）标准压力表；

（3）压力变送器；

（4）直流电阻箱；

（5）浙江天煌THPYB-1型工业自动化实验实训平台；

（6）实验连接导线。

3. 教学内容及实施步骤

本次任务采用浙江天煌教仪公司的THPYB-1型工业自动化实验实训平台，对压力变送器进行校验。实训装置接线如图2-26所示。

上位机界面如图2-27所示。

4. 校验步骤

（1）压力校验台先进行调水平、充油及排气，缓慢加压至精密压力表满刻度，然后保持

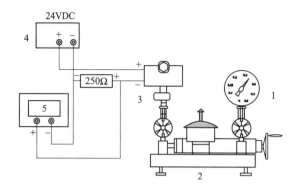

图 2-26　校验接线原理图

1—标准压力表；2—压力校验台；3—压力变送器；4—直流 24V 电源；5—智能调节仪

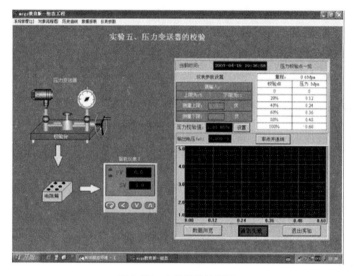

图 2-27　上位机软件界面

数分钟，要求无泄油现象。

（2）标准压力表安装在压力信号管时，注意接口处有无垫圈，上下压紧螺栓紧力应一样，以防泄漏。将智能调节仪表内部参数设置为：SN＝33、OP1＝4、DIP＝3、DIL＝1.000、DIH＝5.000、Addr＝1、OPL＝0、OPH＝100、buad＝9600。

（3）卸下压力变送器端盖，按图 2-26 正确接线，打开"总电源开关"，输出电压 24VDC 给其供电。

（4）调整前先进行全量程校验，并作好记录（即调整前记录）。

（5）零点和满量程调整。变送器的零点和满量程调整机构位于变送器端盖里，卸开即可进行调整；其中 S 是英文"SPAN"的缩写代表增益，Z 是英文"ZERO"的缩写代表零点。可按如下方法进行零点和满量程的调整。首先变送器输入零压力，调整零点电位器（Z），使智能调节仪显示为 1V；然后变送器输入满量程，调整量程电位器（S），使智能调节仪显示为 5V。值得注意的是在调整满量程时，将对零位有影响，需同时调整直至准确为止（需来回调几遍）。

（6）输出特性确定。均匀地选择 6 个校验刻度点。缓慢增压至各刻度点，由智能调节仪表读取相应的电压值并记录。打开上位机界面，按 F5 进入运行环境，选择"实验五、压力变送器校验实验"，首先设置压力校验值为 0，并摇动活塞压力计手轮使标准压力表指示为 0MPa，此时单击"取点并连线"，然后设置压力校验值为 0.12MPa，再摇动活塞压力计手轮使标准压力表指针直到 0.12MPa，此时观察智能仪表测量值，并点击"取点并连线"。同理分别设置校验点 0.24MPa、0.36MPa、0.48MPa 和 0.6MPa，并观察其曲线是否线性。

5. 教学成果形式-实验报告

报告应有如下内容：

（1）实验目的。

（2）实验中所用仪器和设备的名称、主要规格（精确度等级、量程等）、编号。

（3）实验内容和步骤。

（4）校验记录。

（5）实验数据处理及结论（仪表是否合格、存在问题等）。

（6）实验体会。

（7）此外注明实验人_____，第_____组，同组人_____，指导老师_____，实验日期_____。

数据记录与处理见表 2-6。

表 2-6　压力变送器校验数据记录表

校验台型号：_____　　精度等级：_____

标准仪表型号：_____　　量程范围：_____　　精度等级：_____

变送器规格型号：_____　　使用范围：_____　　精度等级：_____

序号	输入压力/MPa	输出电压/V	
		调整前记录	调整后记录
1			
2			
3			
4			
5			
6			

（8）分别画出压力变送器调整前后的输出特性曲线。

 思政课堂

我国在工业自动化仪表方面发展迅速，流量仪表内锥流量计创新成果显著，至 2020 年我国已经拥有各种与 V 锥相关或相近的流量计产品专利超过 20 项，其中至少 6 项是发明专利，超过了美国。在控制系统方面，进展令人鼓舞，和利时公司和浙江中控公司的 DCS 系统，近年来在大型交通和石化工程项目上都得到了成功应用。

（摘自：黄娅娜 . 中国工业自动化的回顾与思考 . 经济研究参考，2019）

任务三　流量检测仪表选型、使用

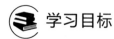 学习目标

1. 了解流量检测仪表的类型、结构、工作原理。
2. 了解仪表检测的基本知识。
3. 理解流量检测仪表的安装、使用方法。

一、任务分析

（1）通过课前预习相关参考资料以及项目任务书，总结仪表检测相关内容，了解流量检测仪表的类型、结构、工作原理。

（2）通过预习，了解流量检测仪表在自动控制系统中所起的作用，试总结一些流量检测仪表在生活中应用的典型案例。

（3）10min 汇报预习内容。课堂上实行教学做一体，采用小组分析、讨论、汇报的教学方法。根据项目情景，要求学生根据教师安排，通过分析、讨论以及现场操作，完成相应的学习目标，达到以下几项技能：

① 能总结流量检测仪表的类型；
② 能举出一些简单流量检测的例子；
③ 能分析典型流量检测仪表的结构、工作原理；
④ 能根据要求对流量仪表进行安装；
⑤ 能正确选用流量检测仪表。

（4）通过小组共同讨论、操作，增加学生的人际沟通能力，团队协作能力。

二、案例引入

通过以上项目任务的学习，我们知道自动控制系统的基本组成：检测变送元件、控制元件、执行元件和被控对象。图 2-28 所示为某反应釜内流量控制示意图，该自动控制系统中的检测元件为流量检测仪表，可以实时检测进入反应釜夹套内蒸汽的流量。当夹套内蒸汽流量变化时，会影响反应釜内的温度，从而影响反应的速率和反应生成物的质量，所以需要对釜内的温度保持恒定，而保证蒸汽流量一定是保持釜内温度不变化的一种手段。当蒸汽流量降低时，流量检测仪表将及时检测出该信号，经流量控制器运算后，将会控制调节阀，使其开度增大，以增大蒸汽流量。该系统的控制方框图如图 2-29 所示。本任务主要介绍检测仪表之流量检测仪表的有关内容。

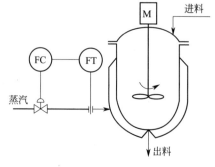

图 2-28　某反应釜内流量控制示意图

图 2-29 某反应釜内流量控制方框图

三、任务实施：流量计性能测定

（一）流量计性能测定

1. 教学目的

（1）了解几种常用流量计的构造、工作原理和主要特点。

（2）验证标准流量计的孔流系数。

（3）了解孔板流量计和文氏流量计流量系数的测量方法。

（4）学会转子流量计的流量校正方法。

（5）通过孔板流量计、文丘里流量计流量系数的测定，了解其变化规律。

2. 教学内容

（1）通过实训室实物和图像，了解孔板流量计、文丘里流量计、转子流量计、涡轮流量计的构造及工作原理。

（2）测定转子流量计的流量性能。

（3）测定孔板流量计的孔流系数；测定文丘里流量计的流量系数。

（4）测定孔板流量计、文丘里流量计的雷诺数 Re 和流量系数 C_0 的关系。

（5）测定的孔板流量计、文丘里流量计的标定曲线。

3. 设备主要技术参数

（1）设备参数

① 离心泵：型号 WB 70/055；转速 $n = 2800 \text{r/min}$；流量 $Q = 20 \sim 120 \text{L/min}$；扬程 $H = 19 \sim 31 \text{m}$。

② 贮水槽：$550 \text{mm} \times 400 \text{mm} \times 450 \text{mm}$。

③ 试验管路：内径 $d = 26.0 \text{mm}$。

（2）流量测量参数

① 涡轮流量计：$\phi 25 \text{mm}$，最大流量 $6 \text{m}^3/\text{h}$。

② 孔板流量计：孔板孔径 $\phi 15 \text{mm}$。

③ 文丘里流量计：喉径 $\phi 15 \text{mm}$。

④ 转子流量计：LZB-40（$400 \sim 4000 \text{m}^3/\text{h}$）。

⑤ 铜电阻温度计。

⑥ 压差变送器（$0 \sim 200 \text{kPa}$）。

4. 实训装置流程

用离心泵 3 将贮水槽 8 的水直接送到实训管路中，经涡轮流量计计量后分别进入到转子流量计、孔板流量计、文丘里流量计，最后返回贮水槽 8；水的流量由调节阀 10、11、12 来调节，温度由铜电阻温度计测量。实训流程如图 2-30 所示。

5. 实训方法及步骤

（1）启动离心泵前，关闭泵流量调节阀。

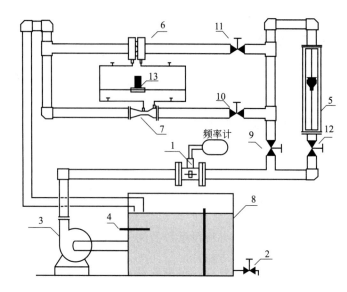

图 2-30　流量计实训流程示意图

1—涡轮流量计；2—放水阀；3—离心泵；4—温度计；5—转子流量计；6—孔板流量计；
7—文丘里流量计；8—贮水槽；9~12—流量调节阀；13—压差传感器

（2）启动离心泵。

（3）流量计性能测定：

① 测量孔板流量计时把 9、11 阀门打开；10、12 阀门关闭；

② 测量文丘里流量计时把 9、10 阀门打开；11、12 阀门关闭；

③ 测量转子流量计时把 12、10、11 阀门打开；9 阀门关闭。

（4）按流量从小到大的顺序进行测量；用流量调节阀调某一流量，待稳定后，读取涡轮频率数，并分别记录流量、压强差。

（5）实训结束后，关闭泵出口流量调节阀 9、12 后，停泵。

6. 操作注意事项

阀门 12 在离心泵启动前应关闭，避免由于压力大将转子流量计的玻璃管打碎。

7. 实训报告要求

（1）记录整理原始测试数据，计算实训结果（表 2-7～表 2-9）；

表 2-7　文丘里流量计性能测定实训数据

序号	文丘里流量计 /kPa	文丘里流量计 /kPa	涡轮流量 Q /(m³/h)	流速 u /(m/s)	Re（雷诺数）	C_0（流量系数）
1						
2						
3						
4						
5						
6						

表 2-8　孔板流量计性能测定实训数据

序号	孔板流量计 /kPa	孔板流量计 /kPa	涡轮流量 Q /(m³/h)	流速 u /(m/s)	Re(雷诺数)	C_0(流量系数)
1						
2						
3						
4						
5						
6						

表 2-9　转子流量计性能测定实训数据

序号	转子流量计 /(L/h)	转子流量计 /(m³/h)	涡轮流量 Q /(m³/h)	流速 u /(m/s)
1				
2				
3				
4				
5				
6				

（2）绘制文丘里流量计流量系数与 Re 的关系图；

（3）绘制文丘里流量计的流量标定曲线；

（4）绘制孔板流量计孔流系数与 Re 的关系图；

（5）绘制孔板流量计的流量标定曲线；

（6）绘制转子流量计的流量标定曲线。

8. 举例

【例 2-6】　流量计的流量标定曲线测定算例。

涡轮流量计显示流量为 $0.7\text{m}^3/\text{h}$，文丘里流量计两端压差 0.5kPa，水的温度为 22.2℃，$\mu = 0.97 \times 10^{-3}\text{Pa} \cdot \text{s}$，$\rho = 997.18\text{m}^3/\text{kg}$。

解：文丘里管内流速为

$$u = \frac{4Q}{\pi d^2} = \frac{4 \times 0.7}{3.14 \times 3600 \times 0.015^2} = 1.1 \text{ (m/s)}$$

式中　u——文丘里管内流速，m/s；

Q——被测流体（水）的体积流量，m^3/s；

d——文丘里流量计喉径，m。

雷诺数

$$Re = \frac{d\rho u}{\mu} = \frac{0.026 \times 997.18 \times 1.1}{0.97 \times 10^{-3}} = 2.9 \times 10^4$$

$$C_0 = \frac{Q}{A_0 \sqrt{\dfrac{2\Delta p}{\rho}}} = \frac{0.7/3600}{0.785 \times 0.015^2 \sqrt{\dfrac{2 \times 0.5 \times 10^3}{997.18}}} = 1.10$$

式中　d——试验管路直径，m；

　　　Re——雷诺数，无量纲；

　　　ρ——被测流体（水）的密度，m^3/kg；

　　　μ——动力黏度，Pa·s；

　　　C_0——文丘里流量计孔流系数，无量纲；

　　　A_0——文丘里管喉颈截面积，m^2；

　　　Δp——文丘里流量计两端压差，Pa。

在普通直角坐标纸上以压差 Δp 为横坐标，流量 Q 为纵坐标作图标绘文丘里流量计的流量标定曲线（压差 Δp-流量 Q 关系曲线）。同时用上式整理数据可进一步得到 C_0-Re 关系曲线。实训结果曲线示例如下。

（1）文丘里流量计流量系数与雷诺数 Re 的关系（图 2-31）

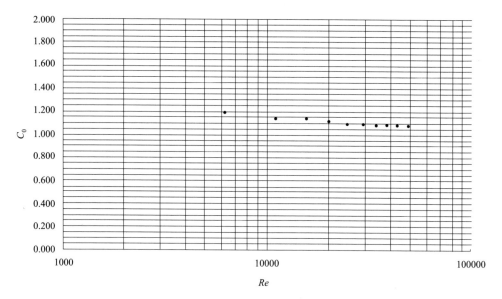

图 2-31　文丘里流量计流量系数与 Re 的关系

（2）文丘里流量计标定曲线（图 2-32）

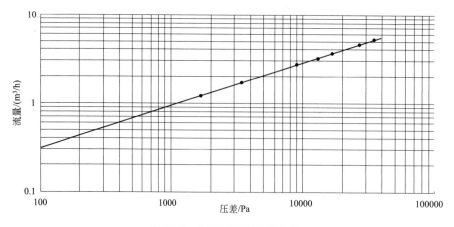

图 2-32　文丘里流量计标定曲线

（3）转子流量计流量标定曲线（图 2-33）

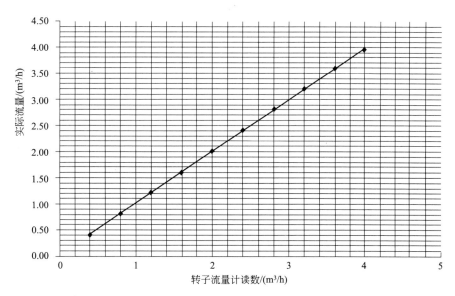

图 2-33　转子流量计流量标定曲线

（二）电磁流量计的校验

1. 教学目的

（1）通过任务实施，掌握电磁流量计的工作原理；

（2）掌握电磁力流量计的校验方法；

（3）验证电磁流量计的精度等级。

2. 仪器设备及工具

（1）浙江天煌 THPYB-1 型工业自动化实验实训平台；

（2）电磁流量计；

（3）导线；

（4）秒表。

3. 教学内容

本次任务采用容积法对电磁流量计进行校验，重点在于学习流量计校核的操作过程。标准容积法所使用的计量容器是经过精细分度的量具，虽然其精度很高，但容量十分有限，本套装置使用液位水箱作为计量桶，本液位水箱的截面积经过了精密计量桶的标定。因水箱需采集液位，所以水箱中间有一个缓冲槽，该缓冲槽和水箱由下半部打孔的隔板分开，且缓冲槽作为液位水箱的一部分用来储存液体水。为保证校验精度，使用容积法校验时，可使用水箱隔板开孔位置以上的液位作计量桶使用。图 2-34 所示为液位水箱容积法校验流程图。在校验时，水泵不断地从储水箱向液位水箱抽水，流经流量计和电动调节阀，然后从液位水箱读出一定时间内进入水箱的液体体积，将由此决定的体积流量值作为标准值与被校流量计的测量值相比较，实现对流量检测装置的校验。

进行校验的方法有动态校验法和停止校验法两种。动态校验法是让液体以一定的流量流入标准容器，读出在一定时间间隔内标准容器内液面上升量，或者读出液面上升一定高度所需的时间。停止校验法是控制停止阀或切换机构让一定体积的液体进入标准容器，测定开始

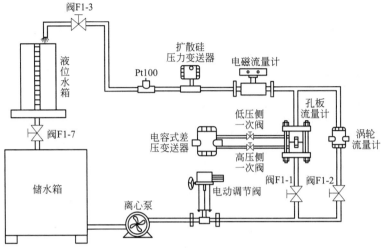

图 2-34 电磁流量计校验装置

流入到停止流入的时间间隔。

本实验采用动态校验法进行流量的校验，当泵流经电磁流量计和电动调节阀而将流量稳定后，关闭液位水箱出水阀门，读出液位从某一时刻上升至另一时刻所需要的时间即可。

根据电磁流量计的特性，其流量测量值在其满刻度流量的 0.5～0.8 时可达到其 0.5 级的精度要求，所以尽量将待校验的流量值控制在这个范围内。

4. 校验步骤

（1）实验之前将储水箱中贮足水量，一般接近储水箱容积的 4/5，然后将阀 F1-2、F1-3、F1-7 全开，其余手动阀门关闭；

（2）将"电磁流量计"的输出对应接至智能调节仪Ⅰ的"电压信号输入"端，将智能调节仪Ⅰ的"4～20mA 输出"端对应接至"电动执行机构"的控制信号输入端；

（3）打开控制柜电源总开关，然后给智能仪表和电动执行机构上电；

（4）智能仪表Ⅰ基本参数设置：Sn＝33、DIP＝0、DIL＝0、DIH＝1200、OPL＝0、OPH＝100、CF＝0、Addr＝1；

（5）手动控制电动调节阀开度到 20% 左右，打开离心泵电源，给液位水箱供水，控制液位水箱出水阀 F1-7，最终使液位稳定在 30cm 左右，注意不要低于隔板开孔的液位高度以下，观察并记录下此时稳定的液位高度 和电磁流量计的瞬时流量值；

（6）将水箱的出水阀 F1-7 关死，同时打开秒表进行计时，在液位达到 50cm 的瞬间，关闭进水阀 F1-3，然后关闭离心泵，停止计时，观察并纪录此时的实际液位高度和秒表显示的时间 ；

（7）计算流量： $V = S \Delta h \qquad \Delta h = h_2 - h_1$

S 为水箱隔板开孔以上液位高度的水箱截面积，其大小为 0.042475m^2，

可知校验瞬时流量值： $q'_v = \dfrac{V}{\Delta h} = \dfrac{V}{h_2 - h_1}$

（8）将校验流量值与电磁流量计瞬时流量值进行比较，求出电磁流量计的精度：

$$|q'_v - q_v| / 1200\text{L/h}$$

（9）重复（5）、（6）、（7）、（8）步，将电动调节法的开度设置为 30%、40%、50%、

60％、70％、80％，分别计算电磁流量计在不同流量范围内的精度等级。

5. 教学成果形式-实验报告

（1）画出本实验对象系统方框图；

（2）根据多组实验测试数据，计算出校验流量值；

（3）根据校验流量值与实测电磁流量计瞬时流量值，计算并判断电磁流量计的精度等级。

（三）涡轮流量计的校验

1. 教学目标

（1）掌握涡轮流量计校验的方法与步骤；

（2）验证涡轮流量计的精度等级。

2. 仪器设备与工具

（1）浙江天煌 THPYB-1 型工业自动化实验实训平台；

（2）涡轮流量计；

（3）导线；

（4）秒表。

3. 教学内容

涡轮流量计的校验方法有两种，第一种采用容积校验法，方法同上节电磁流量计的校验一样；第二种方法就是采用比涡轮流量计更高精度等级的电磁流量计进行校验。推荐使用第一种方法，因为要保证电磁流量计（0.5 级）比涡轮流量计（1 级）的精度高，需保证电磁流量计的使用流量范围在满刻度流量的 1/3～4/5，最好能大于刻度流量的 1/2，所以校验范围受限，校验精度不能保证在 1.0％。

以下为涡轮流量计液位水箱容积法校验流程图（图 2-35）：

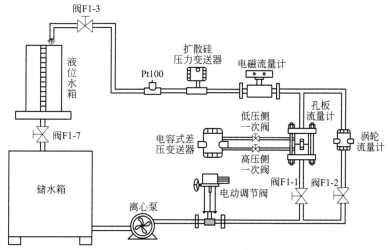

图 2-35 涡轮流量计校验装置

本实验采用动态校验法进行流量的校验，当液体经离心泵流过涡轮流量计和电动调节阀而将流量稳定后，关闭液位水箱出水阀门，读出液位从某一高度上升至另一高度所需要的时间即可。

4. 校验步骤

（1）实验之前先将储水箱中贮足水量，一般接近储水箱容积的 4/5，然后将阀 F1-2、F1-3、F1-7 全开，其余手动阀门关闭；

（2）将"涡轮流量计"的输出对应接至智能调节仪Ⅰ的"电压信号输入"端，将智能调节仪Ⅰ的"4～20mA 输出"端对应接至"电动执行机构"的控制信号输入端；

（3）打开控制柜电源总开关，并给智能仪表上电；

（4）智能仪表Ⅰ基本参数设置：Sn＝33、DIP＝0、DIL＝0、DIH＝1200、OPL＝0、OPH＝100、CF＝0、Addr＝1；

（5）手动控制电动调节阀开度到 20％左右，打开离心泵电源，给水箱供水，通过调节液位水箱出水阀 F1-7，最终使液位稳定在 30cm 左右，注意不要低于隔板开孔的液位高度以下，观察并记录下此时稳定的液位高度 和涡轮流量计的瞬时流量值；

（6）将水箱的出水阀 F1-7 关死，同时打开秒表进行计时，在液位达到 50cm 的瞬间，关闭进水阀 F1-3，然后关闭离心泵，停止计时，观察并纪录此时的实际液位高度 和秒表显示的时间；

（7）计算流量：

$$V=S\Delta h \qquad \Delta h=h_2-h_1$$

S 为水箱隔板开孔以上液位高度的水箱截面积，其大小为 0.042475m^2，

可知：

$$q'_v=\frac{V}{\Delta h}=\frac{V}{h_2-h_1}$$

（8）将校验流量值与瞬时流量值进行比较，求出涡轮流量计的精度：

$$|q'_v-q_v|/1200\text{L/h}$$

（9）重复（5）、（6）、（7）、（8）步，将电动调节法的开度设置为 30％、40％、50％、60％、70％、80％，分别计算涡轮流量计在不同流量范围内的精度等级。

5. 教学成果形式-实验报告

（1）画出本实验对象系统方框图。

（2）根据多组实验测试数据，计算出校验流量值。

（3）根据校验流量值与实测涡轮流量计瞬时流量值，计算并判断涡轮流量计的精度等级。

四、相关知识

（一）差压式流量计

差压式流量计也叫节流式流量计，是利用测量流体流经节流装置所产生的静压差来显示流量大小的一种流量计。差压式流量计是目前工业生产中检测气体、蒸汽、液体流量最常用的一种检测仪表。因为其检测方法简单，没有可动部件，工作可靠，适应性强，可不经实流标定就能保证一定精度等优点，被广泛应用于生产流程中。

差压式流量计使用历史长久，已经积累了丰富的实践经验和完整的实验资料。国内外已将孔板、喷嘴、文丘里管等最常用的节流装置进行了标准化。国际标准和国家标准代号分别为 ISO 5167、GB/T 2624.1～2624.4，本单元所用公式、数据均来自于此标准。采用标准节流装置，按统一标准、数据设计的差压式流量计，不必进行实验标定，即可直接投入使用。因此差压式流量计目前已成为工业上应用最为广泛的流量计。

差压式流量计由节流装置、引压管路和差压变送器（或差压计）三部分组成，如图 2-36 所示。

1. 节流装置

使流体产生收缩节流的节流元件和压力引出的取压装置的总称，用于将流体的流量转化为压力差。节流元件的形式很多，如孔板、喷嘴、文丘里管等，但以孔板的应用最为广泛。

2. 导压管

连接节流装置与差压计的管线，是传输差压信
号的通道。通常，导压管上安装有平衡阀组及其他
附属器件。

3. 差压计

用来测量压差信号，并把此压差转换成流量指
示记录下来。可以采用各种形式的差压计、差压变
送器和流量显示积算仪等。

（1）节流装置的流量测量原理　流体之所以能
够在管道内形成流动，是由于它具有能量。流体所
具有的能量有动压能和静压能两种形式。流体由于
有压力而具有静压能，又由于有一定的速度而具有
动压能。这两种形式的能量在一定的条件下，可以
互相转化。但是根据能量守恒定律，流体所具有的
静压能和动压能，连同克服流动阻力的能量损失，
在无外加能量的情况下，总和是不变的，其能量守恒。

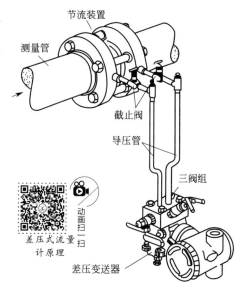

图 2-36　差压式流量计的组成

流体流速增加、动压能增加时，其静压能必然下降，静压力降低。节流装置正是应用了
流体的动压能和静压能转换的原理实现流量测量的。

下面以图 2-37 所示的同心圆孔板为例来说明节流装置的节流原理。

流体在管道截面Ⅰ以前，以一定的流速 v_1 流动，管内静压力为 p_1'。在接近节流装置
时，由于遇到节流元件孔板的阻挡，靠近管壁处的流体流速降低，一部分动压能转换成静压
能，则孔板前近管壁处的流体静压力升高至 p_1，并且大于管中心处的压力，从而在孔板前
产生径向压差，使流体产生收缩运动。此时管中心处流速加快，静压力减小。由于流体运动
的惯性，流过孔板后，流体会继续收缩一段距离。随后流束又逐渐扩大，流速减小，直到截
面Ⅲ后恢复到原来的流动状态。

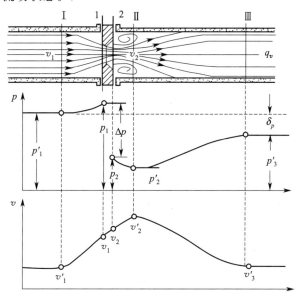

图 2-37　流体流经孔板时的压力和速度变化

　　由于节流元件造成的流束局部收缩，使管中心流体流速发生变化，其静压力随之变化，如图 2-37 所示。实际上，由于孔板前后流通截面的突然缩小与扩大，使流体流经孔板时，产生局部涡流损耗和摩擦阻力损失。因此在流束充分恢复后，静压力不能恢复到原来的数值 p_1'。这一压力降 $p_1' - p_3' = \delta_p$，即为流体流经节流元件后的压力损失。

　　由图 2-37 可见，节流元件前端静压力大于后端静压力，节流元件前后产生了静压差。此压差的大小与流量有关，流量越大，流束的收缩和动、静压能的转换也越显著，则产生的压差也越大。只要测得节流元件前后的静压差大小，即可确定流量，这就是节流装置测量流量的基本原理。需要说明的是：要准确地测量管中心截面Ⅱ处的最低压力 p_2' 是有困难的，因为 p_2' 的位置将随流量而变，事先无法确定。因此，实际测量时，是在节流元件前后的管壁上选择两个固定取压位置来测量节流元件前后的压差，例如从孔板前后端面处取出压力 p_1、p_2。

　　(2) 标准节流装置　节流装置包括节流元件、取压装置。标准节流装置是指国际（国家）标准化的节流装置。节流装置经历了近百年漫长的发展过程，1980 年 ISO（国际标准化组织）正式通过标准节流装置国际标准 ISO 5167。我国采用了 ISO 5167 标准，其国标代号为 GB/T 2624.1—2006。

　　通常称 ISO 5167（GB/T 2624.1—2006）中所列节流装置为标准节流装置，其他节流装置称为非标准节流装置。

　　标准节流元件的结构、尺寸和技术条件都有统一标准，有关计算数据都经过大量的系统实验而有统一的图表，需要时可查阅有关的手册或资料。按标准制造的节流元件，不必经过单独标定即可投入使用。

　　ISO 5167（GB/T 2624.1—2006）规定：标准节流装置中的节流元件为孔板、喷嘴和文丘里管；取压方式为角接取压法、法兰取压法、径距取压法；适用条件为流体必须充满圆管和节流装置，流体通过测量段的流动必须保持亚声速的、稳定的或仅随时间缓慢变化的，流体必须是单相流体或者可以认为是单相流体；工艺管道公称直径在 50~1000mm 之间。

　　① 标准节流元件

　　a. 标准孔板　一块具有圆形开孔并与管道同心的圆形平板，如图 2-38 所示。逆流方向的一侧是一个具有锐利直角入口边缘的圆柱部分，顺着流向的是一段扩大的圆锥体。用于不同管径的标准孔板，其结构形式基本上是几何相似的。孔板对流体造成的压力损失较大，而且一般只适用于洁净流体介质的测量。标准规定，孔板上

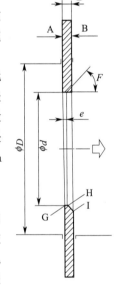

图 2-38　标准孔板结构

游端面 A 上任意两点的连线与垂直于轴线的平面之间的斜度应小于 0.5%，下游平面 B 平行于上游平面。必须在节流装置明显部位设有流向标志，在安装后也应看到该标志，以保证孔板相对于流动方向安装正确。孔板的开孔直径是重要的尺寸，应通过实测得到，其值为圆周上等角距测量 4 个直径的平均值，且单一测量值与平均值之差应小于 ±0.05%。孔板的厚度 E，节流孔厚度，按要求加工制作。

　　b. 标准喷嘴　有 ISA1932 喷嘴、长径喷嘴和文丘里喷嘴，如图 2-39 所示，是一个以管道喉部开孔轴线为中心线的旋转对称体，由两个圆弧曲面构成的入口收缩部分及与之相接的圆筒形喉部所组成。标准喷嘴可用多种材质制造，可用于测量温度和压力较高的蒸汽、气体和带有杂质的液体介质流量。标准喷嘴的测量精度较孔板要高，加工难度大，价格高，压力

损失略小于孔板，要求工艺管径 D 不超过 500mm。

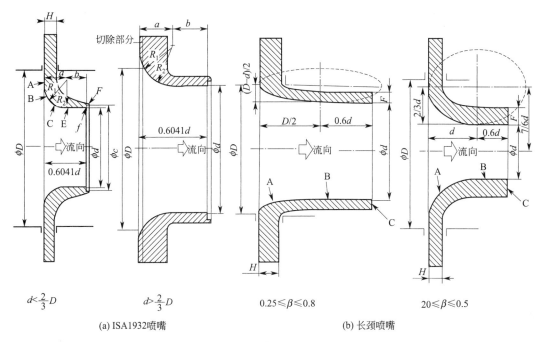

$d < \dfrac{2}{3}D$ $d > \dfrac{2}{3}D$ $0.25 \leq \beta \leq 0.8$ $20 \leq \beta \leq 0.5$

(a) ISA1932喷嘴   (b) 长颈喷嘴

图 2-39　标准喷嘴结构

　　c. 标准文丘里管　由入口圆筒段、圆锥收缩段、圆筒形喉部、圆锥扩散段组成，如图 2-40 所示。压力损失较孔板和喷嘴都小得多，可测量有悬浮固体颗粒的液体，较适用于大流量气体流量的测量，但制造困难，价格昂贵，不适用于 200mm 以下管径的流量测量，工业应用较少。

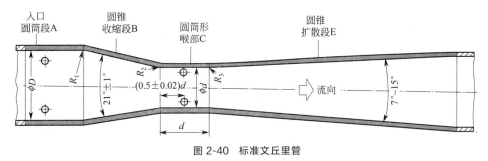

图 2-40　标准文丘里管

　　② 取压装置　由图 2-41 可知，取压位置不同，即使是使用同一节流元件、在同一流量下所得到的差压大小也是不同的，故流量与差压之间的关系也将随之变化。标准节流装置规定的取压方式有角接取压、法兰取压、径距取压三种，标准孔板取压方式结构如图 2-41 所示。

　　a. 角接取压　最常用的一种取压方式，取压点分别位于节流元件前后端面处，适用于孔板和喷嘴两种节流装置。它又分为环室取压和单独钻孔取压两种方法。

　　环室取压是在孔板两侧的取压环的环状槽（环室）取出，紧贴节流元件两侧端面有一道环形缝隙，流体产生的静压经缝隙进入环室，起到一个均衡管内各个方向静压的作用，然后从引压孔取压力进行测量，如图 2-41（a）上半部分所示。这种方法取压均匀，

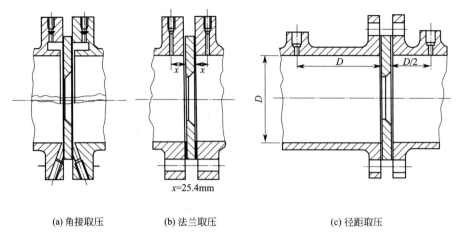

(a) 角接取压   (b) 法兰取压   (c) 径距取压

图 2-41 标准孔板取压方式结构

测量误差小，对直管段长度要求较短，但加工和安装复杂，一般用于 400mm 以下管径的流量测量。

单独钻孔取压是在紧靠节流元件两侧的两个夹紧环（或法兰）上钻孔，直接取出压力进行测量。如图 2-41(a) 下半部分所示，取压孔轴线应尽可能与管道轴线垂直，与节流元件上、下端面形成的夹角允许小于或等于 3°，一般钻孔的孔径在 4～10mm 之间。这种方法常适用于管径大于 200mm 的流量测量。

b. 法兰取压　在距节流元件前、后端面各 1 in（25.4mm）的位置上钻孔取压，如图 2-41 (b) 所示。一般要求在法兰上钻孔取压，上、下游取压孔直径 d 相同，应满足 $d \leqslant 0.08D$，一般为 6～18mm。取压孔轴线与孔板前后端面之间的距离 x 为（25.4±0.8）mm，且应与管道中心线垂直，此种取压方式仅适用于孔板。

c. 径距取压（$D \sim D/2$ 取压）　在距节流元件前端面 D、后端面 $D/2$ 处的管道上钻孔取压，其他要求同法兰取压，可适用于孔板和喷嘴。ISA1932 喷嘴的取压方式只有角接取压一种，长径喷嘴的取压方式仅 $D \sim D/2$ 取压一种，取压方式结构如图 2-42 所示。

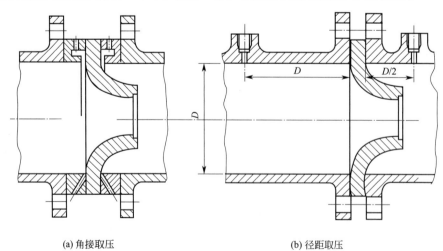

(a) 角接取压   (b) 径距取压

图 2-42 标准喷嘴取压方式结构

③ 测量管　标准节流装置的流量系数是在一定的条件下通过试验取得的，因此，除对节流元件和取压装置有严格的规定外，对管道安装、使用条件也有严格的规定，否则，引起的测量误差是难以估计的。

a. 安装节流元件的管道应该是直的，截面为圆形。直线度用目测，在靠近节流元件 $2D$ 范围内的管径圆度应按标准检验。

b. 管道内壁应该洁净，在上游 $10D$ 和下游 $4D$ 范围内，内表面均应符合粗糙度参数的规定。直管段管道内表面状况对测量精确度的影响往往被忽略了。对于新安装的管道应选用符合粗糙度要求的管道，否则应采取措施改进，如加涂层或进行机械加工。但是仪表长期使用后，由于测量介质对管道的腐蚀、黏结、结垢等作用，内表面可能发生改变，应定期检查进行清洗维护。

c. 节流元件前后要有足够长的直管段长度，以使流体稳定流动。如果管道上有拐弯、分叉、汇合、闸门等阻流件，流束流过时会受到严重的扰动，之后要经过很长一段才会恢复平稳。根据阻流件的不同情况，必须在节流元件前后设置直管段。直管段长度与阻流件类型及 β 值有关，β 越大，所需直管段越长。一般情况下上游侧直管段在 $10D\sim50D$ 之间，下游侧直管段在 $5D\sim8D$ 之间。具体长度据可参阅标准节流装置设计与计算手册。

④ 非标准节流装置　非标准节流装置常用于特殊环境和介质的流量测量。非标准节流装置现场应用的不断拓展必然会提出标准化的要求，今后较为成熟的非标准节流装置会晋升为标准节流装置。根据应用环境与特点，非标准节流装置大致有以下一些种类。

a. 低雷诺数节流装置：1/4 圆孔板、锥形入口孔板、双重孔板、半圆孔板等。

b. 脏污介质用节流装置：圆缺孔板、偏心孔板、环状孔板、楔形孔板、弯管等。

c. 低压损用节流装置：洛斯管、道尔管等。

d. 宽流量范围节流装置：线性孔板。

e. 层流流量计节流元件：毛细管。

f. 临界流节流装置：声速文丘里喷嘴等。

部分非标准节流装置如图 2-43 所示。

a. 1/4 圆孔板：入口截面由半径为 r 的 1/4 圆及喷嘴出口组成。

b. 圆缺孔板：其开孔为圆的一部分（圆缺部分）。

c. 偏心孔板：开孔是偏心圆，与管道相切。

d. 楔形孔板：其检测件为 V 形，节流元件上、下游无滞流区，不会使管道堵塞。

e. 线性孔板：纺锤形活塞在差压和弹簧力的作用下来回移动，其孔隙面积随流量大小自动变化，输出信号与流量呈线性关系。

f. 环形孔板：中心轴管将上、下游压力传出，优点是既能疏泄管道底部的较重物质，又能使管道中气体或蒸汽沿管道顶部通过。

g. 道尔管：由 40° 入口锥角和 15° 扩散管组成，喉部为圆筒形。道尔管产生的差压比经典文丘里管大，在高差压下却有低的压损。

h. 弯管：利用管道弯头做检测件，无附加压损，安装方便。

天然气输气管路计量流程中常用的可换孔板节流装置，为断流取出型可换孔板节流装置，如图 2-44 所示。在需要检查孔板或更换孔板时，可无须拆开管道，只要将上、下游阀门关闭，泄压后就可打开上盖，取出孔板及密封件予以检查或更换。装置中所用孔板一般是

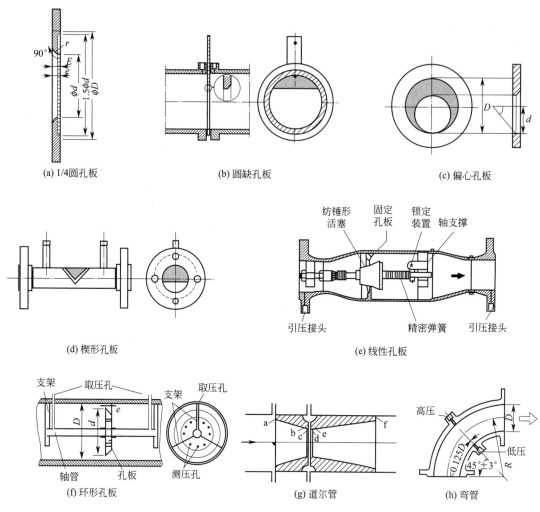

图 2-43 非标准节流装置结构

标准孔板。

4. 转子流量计

（1）工作原理 转子流量计采用的是恒压降、变节流面积的流量测量方法，如图 2-45 所示。

转子流量计中转子的平衡条件是

$$V(\rho_t - \rho_f)g = (p_1 - p_2)A$$

由上式可得

$$\Delta p = p_1 - p_2 = \frac{V(\rho_t - \rho_f)g}{A} \tag{2-13}$$

根据转子浮起的高度就可以判断被测介质的流量大小

$$M = \phi h \sqrt{2\rho_f \Delta p}$$

或

$$Q = \phi h \sqrt{\frac{2}{\rho_f} \times \Delta p} \tag{2-14}$$

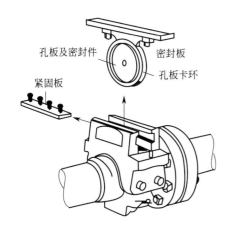

图 2-44　可换孔板节流装置

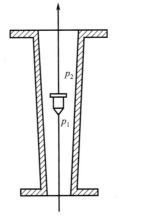

图 2-45　转子流量计的工作原理

（2）电远传式转子流量计　它可以将反映流量大小的转子高度 h 转换为电信号，适合于远传，进行显示或记录。LZD 系列电远传式转子流量计主要由流量变送及电动显示两部分组成，如图 2-46 所示。

① 流量变送部分　其转换原理：若将转子流量计的转子与差动变压器的铁芯连接起来，使转子随流量变化的运动带动铁芯一起运动，那么，就可以将流量的大小转换成输出感应电势的大小（图 2-47）。

② 电动显示部分。

5. 差压式流量计的安装及应用

一般差压仪表均可作为差压式流量计中的差压计使用。目前工业生产中大多数采用差压变送器，它可将压差转换为标准信号。

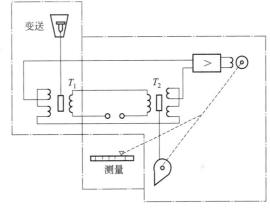

图 2-46　LZD 系列电远传转子流量计

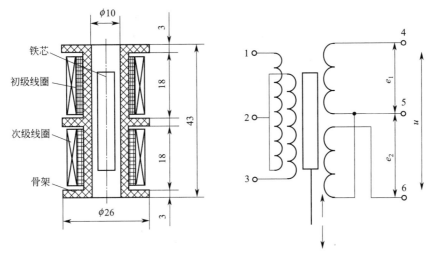

图 2-47　差动变压器结构

一体式差压流量计，将节流装置、引压管、三阀组、差压变送器直接组装成一体，省去了引压管线，现场安装简单方便，可有效减小安装失误带来的误差。有的仪表将温度、压力变送器整合到一起，可以测量孔板前的流体压力、温度，实现温度压力补偿；可以显示瞬时流量、累积流量，直接指示流体的质量流量。一体式差压流量计（孔板流量计）如图 2-48 所示。

必须引起注意的是，差压式流量计不仅需要合理的选型、准确的设计和精密的加工制造，更要注意正确的安装与维护，满足要求的使用条件，才能保证流量计有较高的测量精度。差压式流量计如果设计、安装、使用等各环节均符合规定的技术要求，则其测量误差应在 1% ~ 2% 范围以内。然而在实际工作中，往往由于安装质量、使用条件等造成附加误差，使得实际测量误差远远超出此范围，因此正确安装和使用是保证其测量精度的重要因素。

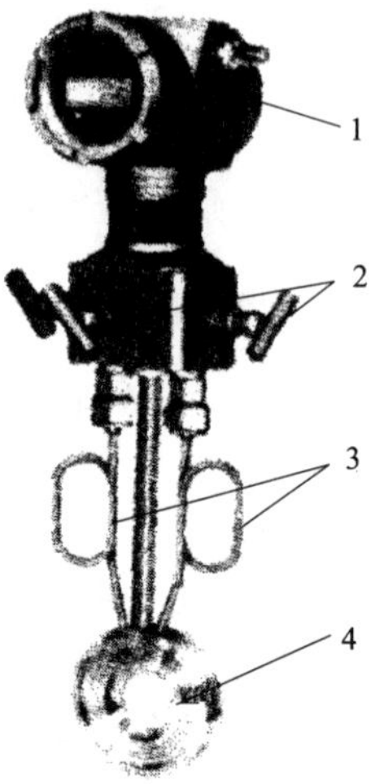

（1）差压式流量计的安装

① 应保证节流元件前端面与管道轴线垂直，不垂直度不得超过 ±1°。

② 应保证节流元件的开孔与管道同心，不同心度不得超过 $0.015D \times (D/d - 1)$。

③ 节流元件与法兰、夹紧环之间的密封垫片，在夹紧后不得突入管道内壁。

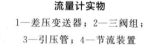

图 2-48　一体式差压
流量计实物

1—差压变送器；2—三阀组；
3—引压管；4—节流装置

④ 节流元件的安装方向不得装反，节流元件前后常以"+"、"-"标记。装反后虽然也有差压值，但其误差无法估算。

⑤ 节流装置前后应保证要求长度的直管段。直管段长度应根据现场情况，按国家标准规定确定最小直管段长度。

⑥ 引压管路应按最短距离敷设，一般总长度不超过 50m，最好在 16m 以内。管径不得小于 6mm，一般为 10 ~ 18mm。

⑦ 取压位置对不同检测介质有不同的要求。测量液体时，取压点在节流装置中心水平线下方；测量气体时，取压点在节流装置中心水平线上方；测量蒸汽时，取压点在节流装置的中心水平位置引出。

⑧ 引压管沿水平方向敷设时，应有大于 1∶10 的倾斜度，以便能排出气体（对液体介质）或凝液（对气体介质）。

⑨ 引压管应带有切断阀、排污阀、集气器、集液器、凝液器等必要的附件，以备与被测管路隔离进行维修和冲洗排污之用。测量液体、气体及蒸汽介质时，常用的安装方案如图 2-49 ~ 图 2-52 所示。如被测介质有腐蚀性时应在引压管上加隔离罐，如图 2-52 所示。

⑩ 如果引压管路中介质有凝固或冻结的可能，则应沿引压管路进行保温或增加拌热。

（2）差压式流量计的应用（维护方面）　差压式流量计具有结构简单、工作可靠、使用寿命长、适应性强、测量范围广的特点，适用于 50 ~ 1000mm 管径的流体测量。采用标准节

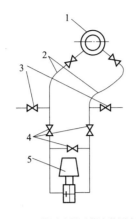

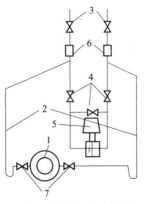

(a) 差压计低于节流装置安装　　　　(b) 差压计高于节流装置安装

图 2-49　测量液体流量时的连接

1—节流装置；2—引压管路；3—放空阀；4—三阀组；5—差压变送器；6—储气器；7—切断阀

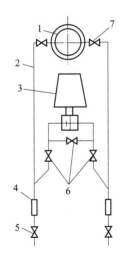

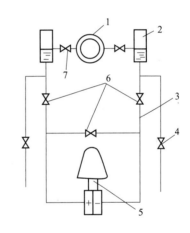

图 2-50　测量气体流量时的连接

1—节流装置；2—引压管路；3—差压变送器；
4—储液器；5—排放阀；6—三阀组；7—切断阀

图 2-51　测量蒸汽流量时的连接

1—节流装置；2—凝液器；3—引压管路；4—排放阀；
5—差压变送器；6—三阀组；7—切断阀

流装置只要严格遵循加工安装要求，不需单独标定，即可达到规定精度。不足之处是测量精度不高，测量范围较窄（量程比 3∶1～4∶1），要求直管段长，压力损失较大，刻度为非线性，某些情况下（如测量高黏度或有腐蚀性介质等）使用维护工作量较大。

流量计应用不当，容易造成测量误差，使用时应注意以下问题。

① 应考虑流量计的使用范围，如角接取压孔板：

$50 \leqslant D \leqslant 1000，Re_D \geqslant 4000\beta(0.1 \leqslant \beta \leqslant 0.5) \sim Re_D \geqslant 1600\beta(\beta > 0.5)$。

② 被测流体的实际工作状态（温度、压力）和流体的性质（重度、黏度、雷诺数等）应与设计时一致，否则会造成实际流量值与指示流量值之间的误差。欲消除此误差，必须按新的工艺条件重新进行设计计算，或者将所测的数值加以必要的修正。

③ 在使用中，要保持节流装置的清洁，如在节流装置处有沉淀、结焦、堵塞等现象，会改变流体的流动状态，引起较大的测量误差，必须及时清洗。

④ 节流装置由于受流体的化学腐蚀或被流体中的固体颗粒磨损，造成节流元件形状和尺寸的变化。尤其是孔板，它的入口边缘会由于磨损和腐蚀而变钝，这样，在相同的流量下，所产生的压差会变小，从而引起仪表示值偏低。故应注意检查，必要时应换用新的孔板。

⑤ 引压管路接至差压计之前，必须安装三阀组，如图 2-49～图 2-52 所示，以便差压计的回零检查及引压管路冲洗排污之用。其中接高压侧（左）的叫正压阀，接低压侧（右）的叫负压阀，中间的阀叫平衡阀。一般三个阀做成一体，便于安装。

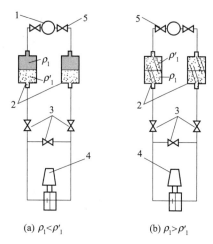

(a) $\rho_1 < \rho'_1$　　　　(b) $\rho_1 > \rho'_1$

图 2-52　测量有腐蚀性液体时的连接
1—节流装置；2—隔离器；3—三阀组；
4—差压变送器；5—切断阀

对于带有凝液器（如图 2-51 所示）或隔离器（如图 2-52 所示）的测量管路，不可有正压阀、负压阀和平衡阀三阀同时打开的状态，即使时间很短也是不允许的，否则凝结水或隔离液将会流失，需重新充灌才可使用。

三阀组的启动顺序是：打开正压阀→关闭平衡阀→打开负压阀。

停运的顺序是：关闭负压阀→关闭正压阀→打开平衡阀。

（二）质量流量计

目前在油田、化工和炼油生产过程中所用的流量仪表，所能直接测得的多是体积流量。但是，在工业生产中，在进行产量计量交接、经济核算和产品储存时需要直接测量介质的质量，而不是体积。因此能够用来直接测量质量流量的流量计在近些年得到了迅速发展。

1. 质量流量计的类型

质量流量计可分为如下两大类。

（1）直接式质量流量计　直接式质量流量计是指其输出信号能直接反映流体的质量流量。直接式质量流量计又可分为差压式、科里奥利式和热式等几种（图 2-53～图 2-55），而其中真正商品化的只有科里奥利式质量流量计和热式质量流量计两种，由于其在测量质量流量方面具有高准确度、高重复性和高稳定性的特点，在工业上得到了广泛应用。

图 2-53　差压式质量流量计

科里奥利式质量流量计原理

图 2-54　科里奥利式质量流量计

热式质量流量计原理

图 2-55　热式质量流量计

（2）间接式质量流量计　间接式质量流量计是一种综合测量方法，由多种仪表组成的质量流量测量系统。间接式质量流量计又可分为组合式和温度压力补偿式两类。

① 组合式。又称推导式质量流量计，可同时检测流体介质的体积流量值 q_v 和密度 ρ，或与密度有关的参数，然后通过运算单元计算出介质的质量流量信号输出。

② 温度压力补偿式（图 2-56）。同时检测流体介质的体积流量和温度、压力值，再根据介质密度与温度、压力的关系，由运算单元计算得到该状态下介质的密度值，最后计算得到介质的质量流量值输出。

图 2-56　温度压力补偿式质量流量计

（3）热式质量流量计　热式质量流量计利用流动中的流体与热源之间的热交换与质量流量有关的原理测量质量流量，当前主要用于测量气体的质量流量。热式质量流量计具有无可动部件、压力损失低、精度高、可用于极低气体流量监测和控制等特点。

热式质量流量计主要有以下四种：托马斯式、热分布式、浸入型、边界层流量计。

① 托马斯热式质量流量计　如图 2-57 所示，这种质量流量计的加热元件和测温元件都置于被测流体的管道内，与流体直接接触，常被称为托马斯流量计，适于测量气体的较大质量流量。由于加热及测量元件与被测流体直接接触，因此元件易受流体腐蚀和磨损，影响仪表的测量灵敏度和使用寿命。测量高流速、有腐蚀性的流体时不宜选用，这是接触式流量计的缺点。

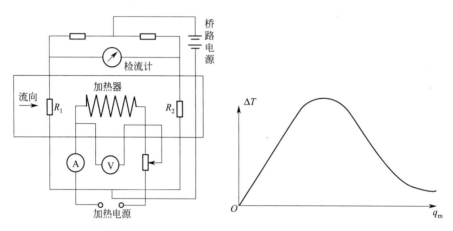

图 2-57　托马斯式质量流量计原理

② 热分布式质量流量计　热分布式质量流量计属于非接触式流量计。如图 2-58 所示，在小口径薄壁测量管的外壁上，对称绕制两个兼作加热元件和测温元件的电阻线圈，并与另外两个电阻组成一直流电桥，由恒流源供给恒定热量。热分布式质量流量计工作在如图 2-58 所示曲线的前半段，被测流体质量流量与测量管中上、下游电阻线圈的温差 ΔT 成正比。低流速、微小流量是热分布式质量流量计工作的前提条件。

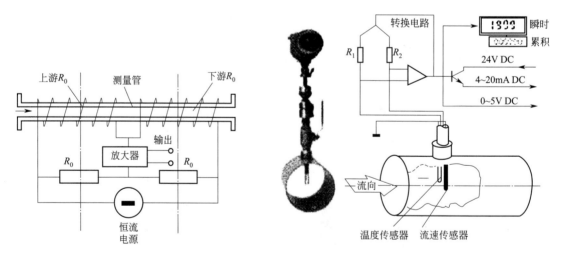

图 2-58　热分布式质量流量计　　　　图 2-59　浸入型热式质量流量计结构

③ 浸入型热式质量流量计　如图 2-59 所示，浸入型热式质量流量计的加热器和温度探头都浸入到被测流体中，但结构上采用不锈钢套管保护，使加热元件和测温元件并不跟流体

直接接触。传感探头由一个流速传感器和一个温度传感器组成。两种传感器均为铂热电阻，但流速传感器电阻丝粗，以便通入较大加热电流。

（4）科里奥利质量流量计　科里奥利质量流量计（又称科氏力质量流量计）是目前发展较快和应用较广的一种质量流量计，是利用与质量流量成正比的科里奥利力这一原理制成的一种直接式质量流量仪表。

① 科里奥利质量流量计的测量原理　不断旋转的管子不能用于实际测量，目前科里奥利质量流量计均是使测量管道在一小段圆弧内做反复摆动，即由双向振动替代单向转动，连接管在没有流量时为平行振动，有流量时就变成反复扭动。利用科氏力构成的质量流量计有直管、弯曲管、单管、双管等多种形式。以单 U 形管结构为例分析它的工作原理，如图 2-60 所示。

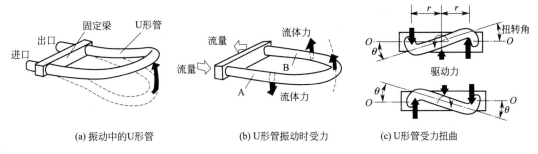

(a) 振动中的U形管　　　(b) U形管振动时受力　　　(c) U形管受力扭曲

图 2-60　单 U 形管科里奥利力作用原理

② 科里奥利质量流量计的结构类型　科里奥利质量流量计由检测器和转换器两部分组成。

检测器用以激励检测元件——测量管的振动，并将测量管的变形转换为电信号输出。检测器内安装两端固定的测量管，测量管中部设置电磁驱动线圈，驱动测量管反复振动，使测量管产生扭曲变形，通过光电或电磁传感器将测量管的变形量（或相位差）转变为电信号。转换器把来自传感器的电信号进行变换、放大后输出与质量流量成正比的 4～20mA 标准信号、频率/脉冲信号或数字信号，以显示质量流量。

科里奥利质量流量计的类型取决于测量管的形状：除了 U 形管以外，现在已开发的测量管有直管、Ω 形、B 形、S 形、J 形、圆环形等多种。

a. 直管质量流量计　单直管质量流量计如图 2-61 所示。管中无流体流动时，电磁驱动器使管子振动，A、B 两对称点受力相等，运动速度相同，如图 2-61(b) 中虚线所示。当测量管中有流体流动时，若管子向上振动，则入口侧流体切向速度逐渐增加。流体产生向下的

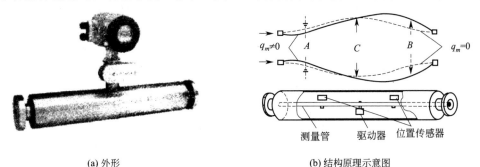

(a) 外形　　　　　　　　　　(b) 结构原理示意图

图 2-61　单直管质量流量计外形及原理示意图

科氏力，使管子向上的运动速度减慢：而出口侧流体切向速度逐渐减小，管子受到流体向上的科氏力作用，向上运动速度加快。结果两个方向相反的科氏力使管子产生了不对称的变形，如图 2-61(b) 中实线所示。A、B 两点处的相位差即与流体的质量流量成正比。

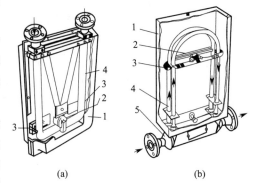

　　双直管质量流量计的检测器是由两个完全对称的测量管焊接在连管器上构成的，电磁驱动器安放在两管之间。相对单直管来说，双直管可减少压力损失，增大传感器信号灵敏度。

　　b. U 形管质量流量计　单 U 形管质量流量计结构如图 2-62(a) 所示，双 U 形管质量流量计结构如图 2-62(b) 所示，都是由测量管、驱动器和传感器三部分组成。相对单管型来说，双管型的检测信号有所放大，流通能力也有所提高。

图 2-62　U 形管质量流量计结构

1—外壳；2—电磁驱动器；
3—电磁传感器；4—U 形管；5—主管

　　c. 其他形式的质量流量计。除直管以外其他形式的测量管如贝形、B 形、S 形、J 形、圆环形等测量管，只是为了同别的公司有所区别，回避其他公司的专利保护而设计的，不一定有什么特别的优点。常见测量管的形状如图 2-63 所示，其驱动装置、变形原理、信号检测与 U 形管基本相同，这里就不一一介绍了。

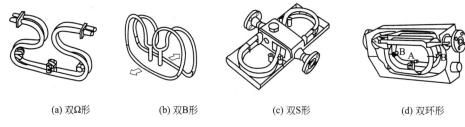

(a) 双Ω形　　　　(b) 双B形　　　　(c) 双S形　　　　(d) 双环形

图 2-63　测量管类型

2. 质量流量计的特点

　　在此仅就目前发展较快和应用较广的科里奥利质量流量计进行介绍。科里奥利质量流量计是一种新型的流量测量仪表，其开发始于 20 世纪 50 年代初，但直到 70 年代中期，才由美国高准（MieroMotion）公司首先推向市场。虽然开发成功的时间不长，但却获得了很大发展，这是由于测量原理的先进性决定了这种科里奥利质量流量计具有很大的优越性，表现在以下几个方面。

　　① 能够直接测量质量流量，仪表的测量精度高，可达到 0.2 级，从理论上讲，精度只同测量管的几何形状和测量系统的振荡特性有关，与被测介质的温度、压力、密度、黏度、电导率等无关。

　　② 可测量一般介质、含有固形物的浆液以及含有微量气体的液体、中高压气体，尤其适合测量高黏度甚至难以流动的液体。

　　③ 不受管内流动状态的影响，对上游侧流体的流速分布也不敏感，因而安装时仪表对上、下游直管段无要求。

　　④ 测量管虽有微小振动，但可视做非活动件，可靠性高。测量管易于维护和清洗。

⑤ 流量范围宽，量程比可达 10∶1～50∶1，有的高达 100∶1。

⑥ 可做多参数测量，在测量质量流量的同时，还可获得流体的密度信号，可由质量流量和流体密度计算测量双组分溶液的浓度。

该流量计的主要不足有以下几点。

① 零点不稳定容易发生零点漂移。

② 对外界振动干扰较为敏感。

③ 不能用于测量低密度介质，如低压气体。

④ 有较大的体积和重量，压力损失也较大。

⑤ 价格昂贵，约为同口径电磁流量计的 2～5 倍或更高。

3. 质量流量计的安装与应用

（1）质量流量计的安装注意事项

① 检测器部分的安装位置应远离能引起管道振动的设备（如工艺管线上的泵等），检测器两边管道用支座固定，但检测器外壳需为悬空状态，可以有效预防外界振动影响测量。

② 检测器不能安装在工艺管线的膨胀节附近，要实现无应力安装。防止管道的横向应力，使检测器零点发生变化，影响测量精度。

③ 检测器的安装位置必须远离变压器、大功率电动机等磁场较强的设备。

④ 检测器的安装位置应使管道内流体始终保证充满测量管。

⑤ 需要时在传感器上游安装过滤器或气体分离器等装置以滤除杂质。

⑥ 流量计尽可能安装到流体静压较高的位置，以防止发生空穴和汽蚀现象。

（2）质量流量计的使用注意事项

① 检测器在完成最初安装或改变安装状态之后，一定要在现场重新调零。

② 调零必须在接近工作温度的条件下进行，必须保证检测器完全充满被测流体。如果调零时阀门存在泄漏，将会给整个测量带来很大误差。

③ 测量管内壁有沉积物或结垢会影响测量精确度，因此需要定期清洗。

（三）电磁流量计

电磁流量计是在 20 世纪 50～60 年代随着电子技术的发展而迅速发展起来的一种流量测量仪表。

电磁流量计根据电磁感应原理制成，主要用于测量导电液体（如工业污水，各种酸、碱、盐等腐蚀性介质）与浆液（泥浆、矿浆、水煤浆、纸浆及食品浆液等）的体积流量，广泛应用于水利工程给排水、污水处理、石油化工、煤炭、矿冶、造纸、食品、印染等领域。

1. 电磁流量计的结构类型与特点

（1）电磁流量计的类型　　电磁流量计按结构形式可分为一体式和分体式两种，均由电磁流量传感器和转换器两大部分组成。传感器安装在工艺管道上感受流量信号。转换器将传感器送来的感应电势信号进行放大，并转换成标准电信号输出，以便进行流量的显示、记录、累积或控制，如图 2-64 所示。

分体式电磁流量计的传感器和转换器分开安装，转换器可远离恶劣的现场环境，仪表调试和参数设置都比较方便。一体式电磁流量计，可就地显示，信号远传，无励磁电缆和信号电缆布线，接线更简单，仪表价格便宜。现场环境条件较好时，一般都选用一体式电磁流量计。

(a) 一体式(夹装)　　　　　(b) 分体式(法兰安装)

图 2-64　电磁流量计外形

（2）电磁流量传感器的结构　电磁流量传感器主要由测量管组件、磁路系统、电极等部分组成，其典型结构示意图如图 2-65 所示。测量管上、下装有励磁线圈，通以励磁电流后产生磁场穿过测量管。一对电极装在测量管内壁与液体相接触，引出感应电势。

① 测量管组件　测量管两端带有连接法兰或其他形式的联结装置以便与工艺管道连接，为了让磁力线穿过测量管进入被测流体，避免磁场被测量管屏蔽，测量管必须由非导磁的金属或非金属制成，如不锈钢、铝合金或工程塑料等。为了减少测量管在交流磁场中的涡流损耗，应选用高阻抗材料。

为了防止电极上的电势信号被金属管壁所短路，防止流体对测量管的腐蚀，在金属测量管内壁装有绝缘衬里，保证电极与测量管间绝缘。衬里材料一般有聚四氟乙烯（抗腐蚀、抗磨损性差，小于 250℃）、氯丁橡胶（耐酸碱，小于 65℃）、聚氨酯橡胶（耐磨性强，不耐腐蚀，小于 70℃）、陶瓷（耐磨、耐腐蚀性强，易碎，小于 180℃）。

② 磁路系统　主要由励磁绕组和铁芯组成，其中励磁电流由转换器提供。根据测量管口径的不同，通常有以下几种结构形式。

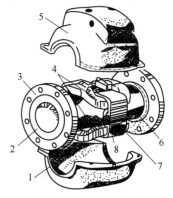

图 2-65　电磁流量传感器的结构示意图

1—下盖；2—内衬管；3—连接法兰；4—励磁线圈；5—上盖；6—测量管；7—磁轭；8—电极

a. 变压器铁芯式　如图 2-66(a) 所示，适合测量管口径小于 10mm 的传感器。这种结构通过测量管的磁通较大，电势灵敏度高。口径较大时，漏磁通明显，体积笨重。

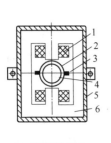
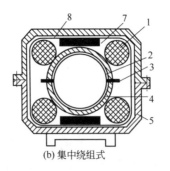
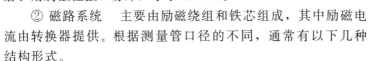

(a) 变压器铁芯式　　　　(b) 集中绕组式　　　　(c) 分段绕组式

图 2-66　励磁力式结构原理图

1—绕组；2—测量管；3—电极；4—内衬；5—外壳；6—铁芯；7—极靴；8—磁轭

b. 集中绕组式　如图 2-66(b) 所示，适合测量管口径在 $10\sim100$mm 的传感器。这种结构的励磁绕组被制成两只无骨架的马鞍形线圈，分别安装在测量管的上、下两侧，外围加一层硅钢片制成的磁轭。为保证磁场均匀，在励磁绕组中间还加了一对极靴。

c. 分段绕组式　如图 2-66(c) 所示，适合测量管径在 100mm 以上的传感器。马鞍形的励磁线圈按余弦分布规律绕制，靠近电极处绕得密，远离电极处绕得稀，以便磁场均匀。线圈外面还加了一层磁轭，这种结构形式可减小仪表体积，保证磁场均匀，目前已被普遍采用。

③ 电极　电极安装在与磁场垂直的测量管两侧管壁上，其作用是把电势信号引出电极，通常需要直接与被测流体接触，要求耐磨、耐腐蚀、导电性好。电极材料有不锈钢、哈氏合金、钛等，其典型结构如图 2-67 所示。

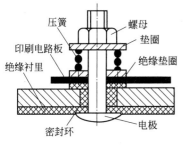

图 2-67　电极的结构

（3）电磁流量计的特点

① 电磁流量计的主要优点

a. 传感器结构简单，测量管内无活动部件及阻流部件，所以测量中几乎没有附加压力损失，运行能耗低，对于要求低阻力损失的大管径供水管道最为适合。

b. 电磁流量计可用于各种导电液体流量的测量，尤其适用于脏污流体、腐蚀性流体及含有纤维、固体颗粒和悬浮物的液固两相流体。

c. 电磁流量计输出信号只与被测流体的平均流速成正比，而与流体的流动状态无关，所以电磁流量计的量程范围宽，其测量范围度可达 100∶1，满量程流速范围 $0.3\sim1.2$m/s。

d. 测量结果不受流体的温度、压力、密度、黏度等物理性质和工况条件变化的影响，因此，电磁流量计只需经水标定后，就可以用来进行其他导电液体测量的流量。

e. 电磁流量计没有机械惯性，所以反应灵敏，可测量正、反两个方向的流量，也可测量瞬时脉动流量。

f. 电磁流量计的口径范围极宽，测量管径为 6mm～2.2m。

② 电磁流量计的主要缺点

a. 电磁流量计只能用来测量导电液体的流量，不能用来测量气体、蒸汽，以及含有铁磁性物质或较多、较大气泡的液体的流量；也不能用来测量电导率很低的液体的流量，如石油制品和有机溶剂等介质。

b. 电磁流量计内衬材料和电气绝缘材料的限制，不能用于测量高温液体，一般不能超过 120℃。

c. 通用型电磁流量计不经特殊处理，也不能用于低温介质、负压力的测量。

d. 电磁流量计容易受外界电磁干扰的影响。

2. 电磁流量计的安装与应用

（1）电磁流量计的安装

① 变送器的安装地点应远离大功率电机、大变压器、电焊机、变频器等强磁场设备，以免外部磁场影响传感器的工作磁场。

② 尽量避开强振动环境和强腐蚀性气体的场所，以免造成电极与管道间绝缘的损坏。

③ 对工艺上不允许流量中断的管道，在安装流量计时应加设截止阀和旁通管路，以便仪表维护和对仪表调零。在测量含有沉淀物流体时，为方便今后传感器的清洗可加设清洗管路。

④ 电磁流量传感器上游也要有一定长度的直管段，但其长度与大部分其他流量仪表相比要求较低。从传感器电极中心线开始向外测量，如果上游有弯头、三通、阀门等阻力件时，应有 $5D \sim 10D$ 的直管段长度。

⑤ 电磁流量传感器可以水平、垂直或倾斜安装，但要保证测量管与工艺管道同轴，并保证测量管内始终充满液体。水平或倾斜安装时两电极应取左右水平位置，否则下方电极易被沉积物覆盖，上方电极易被气泡绝缘。

⑥ 尽量避免让电磁流量计在负压下使用。因为测量管负压状态，衬里材料容易剥落。

⑦ 传感器的测量管、外壳、引线的屏蔽线，以及传感器两端的管道都必须可靠接地。且液体、传感器和转换器具有相同的零电位，决不能与其他电器设备的接地线共用，这是电磁流量计的特殊安装要求。

a. 对于一般金属管道，若管道本身接地良好时，接地线可以省略。若为非接地管道，可用粗铜线进行连接，以保证法兰至法兰和法兰至传感器是连通的，如图 2-68(a) 所示。

b. 对于非导电的绝缘管道，需要将液体通过接地环接地，如图 2-68(b) 所示。

c. 对于安装在带有阴极防腐保护管道上的传感器，除了传感器和接地环一起接地外，管道的两法兰之间需用粗铜线绕过传感器相连，即必须与接地线绝缘，使阴极保护电磁流量传感器之间隔离开来，如图 2-68(c) 所示。

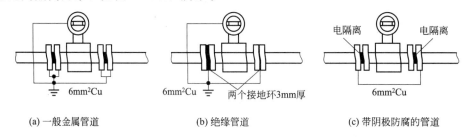

(a) 一般金属管道　　　(b) 绝缘管道　　　(c) 带阴极防腐的管道

图 2-68　电磁流量计的接地

⑧ 分体式电磁流量计传感器与转换器之间接线，必须用规定的屏蔽电缆，不得使用其他电缆代替。而且信号电缆必须单独穿在接地保护钢管内，与其他电源严格分开。另外，信号电缆和励磁电缆越短越好。

（2）电磁流量计的使用

电磁流量计投入运行时，必须在流体静止状态下做零点调整。正常运行后也要根据被测流体及使用条件定期停流检查零点，定期清除测量管内壁的结垢层。

 思政课堂

我国目前流量计的发展现状是民营企业、中外合资企业和外资企业唱主角。

我国改革开放后，社会生产力得到大提升，人们的思想得到了大解放，民营企业得到了大发展。在所有制方面，国家对仪表类产品实行开放政策，国内流量仪表生产企业从原来的国有企业和集体所有制企业向民营企业转化，因此民营企业数量迅速增加。另外，受中国经济持续高速发展和庞大的市场吸引，国外流量仪表制造企业纷纷在国内成立独资企业，形成现在的民营企业、中外合资企业和外商独资企业唱主角的局面。其中，民营企业大多生产中低端产品，而外资企业生产技术含量高、附加值高的高端产品。有专家估计，中国现有流量仪表生产企业 1000 余家。

我国的新型流量计高歌猛进，传统流量计稳中有进。封闭管道通用流量测量仪表一般分为九大类，其中差压式、容积式、浮子式、涡轮式称为传统流量计，投入工业应用已达半个多世纪。其余为新技术流量计。

我国的流量计主要不足是自主创新能力不够。在竞争激烈的国内流量仪表市场中，有一部分素质较好、经济技术实力雄厚、产品研发能力较强的企业，根据市场需要，脚踏实地不懈努力，开发出具有一定特色、技术水平较高的产品，并不断改进、优化，受到用户的欢迎。但就产品研发而言，国内流量仪表行业现在尚需要认清与先进国家的差距，加强研发能力，追赶发达国家著名品牌先进技术，努力奋斗，不断创新，争取早日赶超先进国家水平。

 思考练习题

1. 某差压式流量计的流量刻度上限为 $320\text{m}^3/\text{h}$，差压上限为 2500Pa。当仪表指针指在 $160\text{m}^3/\text{h}$ 时，求相应的差压是多少（流量计不带开方器）？

注：流量的基本方程式为 $Q = \alpha\varepsilon A_0 \sqrt{\dfrac{2}{\rho_1}\Delta p}$

2. 什么叫节流现象？流体流经节流装置时为什么会产生静压差？

3. 什么叫标准节流装置？如何选用？

4. 电磁流量计的工作原理是什么？它对被测介质有什么要求？

任务四　温度检测仪表选型、使用与校准

 学习目标

1. 熟悉温度检测仪表的类型、结构、工作原理。
2. 了解仪表检测的基本知识。
3. 熟悉温度检测仪表的安装、使用方法。

一、任务分析

（1）通过课前预习相关参考资料以及项目任务书，了解仪表检测相关内容，了解温度检测仪表的类型、结构、工作原理。

（2）通过课前预习，理解温度检测仪表在自动控制系统中所起到的作用，试总结一些温

度检测仪表在生活中应用的典型案例。

（3）10min 汇报预习内容。课堂上实行教学做一体，采用小组分析、讨论、汇报的教学方法。根据项目情景，要求学生根据教师安排，通过分析、讨论以及现场操作实训，完成相应的学习目标，达到以下几项技能：

① 能总结温度检测仪表的类型；

② 能举出一些简单温度检测的例子；

③ 能分析典型温度检测仪表的结构、工作原理；

④ 能根据要求对温度检测仪表进行安装；

⑤ 能正确选用温度检测仪表。

（4）通过小组共同讨论、操作，增强学生的人际沟通能力、团队协作能力。

二、案例引入

图 2-69 为某反应釜内温度控制示意图，该自动控制系统中的检测元件为温度检测仪表，可以实时检测反应釜内的温度，当反应釜内温度变化时，会影响釜内物质的反应的速率和反应生成物的质量，所以需要对釜内的温度进行控制，而控制蒸汽流量便是保持釜内温度不变化的一种手段，当釜内温度降低时，温度检测仪表将及时检测出该信号，经温度控制器运算后，将会控制调节阀，使其开度增大，以增大蒸汽流量，及时提供足够多的热量。该系统的控制方框图如图 2-70 所示。本任务主要介绍检测仪表之温度检测仪表的有关内容。

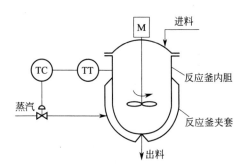

图 2-69　某反应釜内温度控制示意图

图 2-70　某反应釜内温度控制方框图

三、任务实施: 铂电阻和热电偶测温性能实验

1. 实验目的

了解热电阻和热电偶测量温度的特性与应用。

2. 基本原理

热电阻测温原理：利用导体电阻随温度变化的特性，热电阻用于测量时，要求其材料电阻温度系数大，稳定性好，电阻率高，电阻与温度之间最好有线性关系。常用的热电阻有铂电阻和铜电阻。铂电阻在 $0 \sim 630.74℃$ 以内测温时，电阻 R_t 与温度 t 的关系为：$R_t = R_0 (1 + At + Bt^2)$，其中，$R_0$ 是温度为 0℃时的电阻。本实验 $R_0 = 100\Omega$。$A = 3.9684 \times 10^{-2}/℃$，$B = -5.847 \times 10^{-7}/℃^2$，铂电阻采用三线连接，其中一端接两根引线主要为消除引线电阻对测量的影响。

热电偶测温原理：两种不同的导体或半导体组成闭合回路，当两接点分别置于两不同温度时，在回路中就会产生热电势，形成回路电流。这种现象就是热电效应。热电偶就是基于热电效应工作的。温度高的接点就是工作端，将其置于被测温度场配以相应电路就可间接测得被测温度值。

3. 需用器件与单元

（1）CSY-2000 控制台上有毫伏计、温度控制仪、直流稳压源（＋2V，＋5V）。

（2）实验桌上有温度源、热电偶（K 型或 E 型）、Pt100 热电阻、万用表、温度传感器实验模板、连接导线。

4. 实验步骤及说明

（1）设置温度控制仪的各项参数并测量环境温度　用万用表欧姆挡测出 Pt100 热电阻三根线，并将它的三个端点与主控台上的 Pt100 三个端点相连（一一对应）。打开主控台上的电源开关、温度开关，温度控制仪开始工作。根据说明，按表 2-10 设定温度控制仪的某些参数值，其余参数按说明书设置。参数设置完成后，显示器显示的温度即为环境温度，记录到表 2-11 中。

表 2-10　温度控制仪参数

参数名称	SV	AL-1	P	I	D	AT	Pb
数值	0	160	50	120	10	OFF	0

注意：测量环境温度时，热电阻不要插入温度源。

（2）连接电路　关闭主控台上的温度开关、电源开关，开始连接电路。将温度源上的 Pt100 三个端点与主控台上的 Pt100 三个端点相连（一一对应），作为标准温度读数（图 2-71）。将温度源上的风扇电源 24V 与主控台上风扇源的 24V 相连。将主控台稳压电源"＋5V"与毫伏计的"＋5V"相连，"－"与"－"相连（注意极性不要接错）。将热电偶（K 型或 E 型）两端导线连接到主控台上的毫伏计输入端。用万用表欧姆挡测出 Pt100 三根线，其中短接的两根线都接到温度传感器实验模板的 b 端，另一根接到 a 端（参见图 2-72，R_t 两端的 a、b），并在端点 a 与地之间加直流源 2V，这样 R_t 与 R_3、R_1、R_{w1}、R_4 组成平衡电桥。

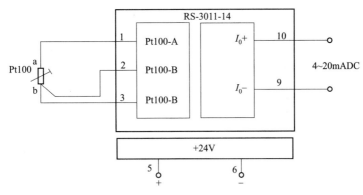

图 2-71　Pt100 接线图

（3）调整零点　打开主控台上的电源开关，若毫伏计不为零，则存在初始偏差，记录此时的数值到表 2-11。用万用表测量图 2-68 中的 ΔU，调 R_{w1} 使电桥平衡即 $\Delta U = 0\text{mV}$。

注意：此时，热电偶和热电阻都不要插入温度源。

（4）热电偶和热电阻的测温性能测定　把热电偶和热电阻同时插入到温度源测点上，打

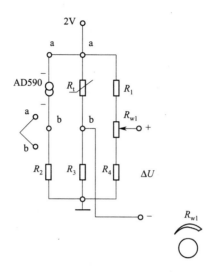

图 2-72　铂电阻测温特性实验

开主控台上的温度电源开关。手动操作温度控制仪，使温度源温度稳定到 40℃，记录毫伏计读数和万用表读出的 ΔU。温度每增加 5℃记录一次，填入表 2-11。

表 2-11　铂电阻和热电偶测温性能实验测定数据

环境温度：_____℃　　　　　　　　　　　毫伏计初始偏差 E_0：_____ mV

环境温度对应分度：

热电偶（K 型）：_____ mV　　　　热电偶（E 型）：_____ mV　　　Pt 热电阻：_____ Ω

设定温度 /℃	热电偶分度 （K 型）/mV	热电偶分度 （E 型）/mV	Pt 热电阻 分度/Ω	实测温度 /℃	实测热电偶 电压/mV	实测热电阻 电压/mV	修正后热电偶 电压/mV	换算后热电阻 阻值/Ω
40	1.612	2.420	115.54					
45	1.817	2.733	117.47					
50	2.023	3.048	119.40					
55	2.230	3.365	121.32					
60	2.436	3.685	123.24					
65	2.644	4.006	125.16					
70	2.851	4.330	127.07					
75	3.059	4.656	128.98					
80	3.267	4.985	130.89					
85	3.474	5.315	132.80					
90	3.682	5.646	134.70					
95	3.889	5.982	136.60					
100	4.096	6.319	138.50					
105	4.303	6.658	140.39					
110	4.509	6.998	142.29					
115	4.715	7.341	144.17					
120	4.920	7.685	146.06					

（5）测量完成后，关上主控台上的温度开关、电源开关，拔下连接导线。如果此时温度源的温度大于 40℃，则将温度源上的风扇电源 24V 连接到主控台上的 24V 稳压电源上，让

风扇运转。

5. 数据分析及思考

（1）对测量得到的热电偶电压值进行修正，并填入表 2-11 中（$E=E_测-E_0+E_室温$）。

（2）把测量得到的热电阻电压值换算成电阻值，并填入表 2-11 中。

当 $\Delta R_t \ll R_{tmin}+R_3$ 时，$\Delta U \approx \dfrac{R_3 \Delta R_t}{(R_{tmin}+R_3)^2}$，这里 $R_{tmin}=R_室温$，$R_3=100\Omega$

（3）在坐标纸上画出热电偶的 $T\text{-}V$ 分度曲线和实测曲线，热电阻的 $T\text{-}R$ 分度曲线和实测曲线以及热电阻的 $T\text{-}V$ 实测曲线。

（4）根据上面画的曲线计算热电偶和热电阻测量的非线性误差。

（5）如何根据测温范围和精度要求选用热电阻？

（6）热电偶与热电阻测温原理有什么不同？各有什么优缺点？

四、相关知识

（一）温度测量方法

温度测量仪表按测温方式可分为接触式和非接触式两大类。通常来说接触式测温仪表比较简单、可靠，测量精度较高；但因测温元件与被测介质需要进行充分的热交换，这需要一定的时间才能达到热平衡，所以存在测温的延迟现象，同时受耐高温材料的限制，不能应用于很高的温度测量。非接触式仪表测温是通过热辐射原理来测量温度的，测温元件不需与被测介质接触，测温范围广，不受测温上限的限制，也不会破坏被测物体的温度场，反应速度一般也比较快；但受到物体的发射率、测量距离、烟尘和水汽等外界因素的影响，其测量误差较大。这两种测温方法的各自特点见表 2-12。

表 2-12　测温方法及其特点

测量方法	测量原理	测量范围	优　点	缺　点
接触式	利用两接触物体通过传导和对流后的热平衡进行测温	$-270\sim2320℃$	结构简单、价格便宜、使用方便、测量精度高	置入困难，容易受环境干扰，尤其对高温的测量较为困难，很多场合的应用受到限制
非接触式	利用物体的热辐射能（或亮度）随温度变化进行测温	$-50\sim6000℃$	响应快、寿命长、干扰小、耐腐蚀，尤其适于测高温和远距离测量	结构复杂价格贵、技术要求高、需日常维护保养

（二）测温仪表的分类

常用的测温仪表见表 2-13 及图 2-73～图 2-78。

表 2-13　常用的测温仪表特点

名称	简单原理	特　点		批示	报警	远距离	记录	变送
		优　点	缺　点					
液体膨胀式	液体受热时体积膨胀	价廉，准确度较高，稳定性好	易破碎，只能装在易测的地方	可	可			
固体膨胀式	金属受热时线性膨胀	示值清楚、机械强度好	准确度较低	可	可			可
压力式	温包里的气体或液体因受热而改变压力	价廉、易就地集中测量（一般毛细管长 20m）	毛细管长机械强度差，损坏不易修复	可	可	近距离	可	可

续表

名称	简单原理	特 点		批示	报警	远距离	记录	变送
		优 点	缺 点					
热电阻	导体或半导体的电阻随温度改变	测量准确,可用于低温温差测量	和热电偶比维护工作量大,振动场合易损坏	可	可	可	可	可
热电偶	两种不同金属的导体接点受热产生热电势	测量准确,安装维护方便,不易损坏	需要补偿导线,安装费较高	可	可	可	可	可
光学高温计	加热体的亮度随温度高低而变化	测量范围广,携带使用方便,价格低	只能目测,必须熟练才能测准	可				
光电高温计	加热体的颜色随温度高低而变化	反应速度快,测量较准确	构造复杂,价高读数较麻烦	可		可	可	可
辐射高温计	加热体的辐射能量随温度变化而变化	反应速度快	误差较大	可		可	可	可

注:光纤类既可做成接触式的也可做成非接触式的。

图 2-73 玻璃液体温度计

图 2-74 双金属温度计

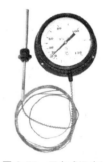

图 2-75 压力式温度计

图 2-76 带热电阻的双金属温度计

图 2-77 红外测温仪

图 2-78 固定型红外线高温仪

（三）测温仪表选用的基本原则

测温仪表的选用原则主要包括以下几点。

（1）根据工艺要求,正确选用温度测量仪表的量程和精度。正常使用的测温范围一般为全量程的 $30\%\sim70\%$ 之间,最高温度不得超过刻度的 90%。

（2）用于现场进行接触式测温的仪表有玻璃温度计（用于指示精度较高和现场没有振动的场合）、压力式温度计（用于就地集中测量、要求指示清晰的场合）、双金属温度计（用于要求指示清晰、并且有振动的场合）、半导体温度计（用于间断测量固体表面温度的场合）。

（3）用于远传接触式测温的有热电偶、热电阻。应根据工艺条件与测温范围选用适当的规格品种、惰性时间、连接方式、补偿导线、保护套管与插入深度等。

（4）测量细小物体和运动物体的温度,或测量高温,或测量具有振动、冲击而又不能安装接触式测量仪表的物质的温度，应采用光学高温计、辐射高温计、光电高温计与比色高温计等不接触式温度计。

（5）用辐射高温计测温时，必须考虑现场环境条件，如受水蒸气、烟雾、一氧化碳、二氧化碳、臭氧、反射光等影响，并应采取相应措施，防止干扰。

综观以上各种测温仪表，机械式的大多只能作就地指示，辐射式的精度较差，只有电的测温仪表精度较高，信号又便于远传和处理。因此热电偶与电阻式两种测温仪表得到了最广泛的应用。

由于工业上常用的温度测量仪表主要是热电偶温度计和热电阻温度计，因此重点了解这两种温度测量仪表。

（四）热电偶温度计

热电偶温度计是以热电效应为基础的测温仪表。热电偶温度计是由热电偶（感温元件）、测量仪表（动圈仪表或电子电位差计）及连接热电偶和测量仪表的导线（补偿导线及铜导线）等三部分组成（见图2-79、图2-80）。

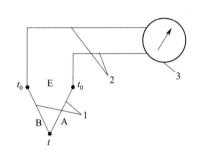

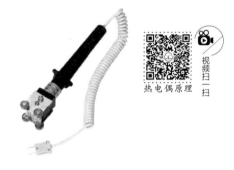

视频扫一扫
热电偶原理

图 2-79　热电偶温度计的组成
1—热电偶；2—导线；3—测量仪表

图 2-80　K型热电偶

1. 热电偶

热电偶是由两种不同材料的导体 A 和 B 焊接而成，焊接的一端插入被测介质，感受被测温度，称为热电偶的工作端（或热端、测量端）；另一端与导线连接，称为自由端（或冷端、参比端）。导体 A、B 称为热电极。

（1）热电现象及测温原理　把两种不同材料的金属导线的两端焊接在一起，形成一个闭合回路，并使其两端分别处于不同的温度下（见图2-81），设 $t_0 < t$，则在该闭合回路中就会产生热电势。该电势可通过在回路中串接一只直流毫伏计测得。这种现象就称为热电现象（热电效应）。

热电效应是由于两种不同材料的金属 A、B 的自由电子密度不同，而在两种金属的交接面两侧相互扩散达到平衡状态时形成了接触电势差 $e_{AB}(t_0)$ 和 $e_{AB}(t)$。接触电势差仅与金属的材料及接触点的温度有关，温度越高，自由电子越活跃，扩散速度越快，接触电势越高。因此在回路中可得到热电势

$$E(t, t_0) = e_{AB}(t) - e_{AB}(t_0)$$

当 A、B 材料固定后，热电势是接点温度 t 和 t_0 的函数之差。如果保持 t_0 不变，$e_{AB}(t_0)$ 为常数，则热电势 $E_{AB}(t, t_0)$ 就成为温度 t 的单值函数，这样就可以根据所测得的热电势来判断测温点的温度的高低，这就是热电偶的测温原理。

（2）热电现象产生的原因　物理学指出，热电势由接触电势和温差电势组成。

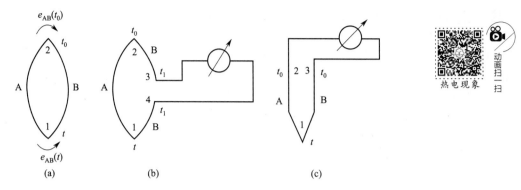

图 2-81 热电现象

① 接触电势 由于导体材料内部自由电子密度不同，当两种不同导体相互接触时接点处产生的电势（自由电子从密度大的导体扩散到密度小的导体中，失去电子的导体呈阳性，获得电子的导体呈阴性，因此又形成了一个内部电场，此电场阻碍自由电子的进一步扩散运动。当电场力与扩散力达到平衡时，接点处形成一定的电位差，即接触电势，也叫珀尔帖电势，见图 2-82）。

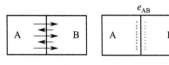

图 2-82 接触电势形成过程

接触电势的数值：

$$e_{AB}(t) = \frac{k(t+273.1)}{e}\ln\frac{N_A}{N_B} \tag{2-15}$$

式中　k——玻耳兹曼常数 1.38×10^{-23} J/K；

　　　　t——接点温度，℃；

　　　　e——单位电荷数，4.802×10^{-10} 绝对静电单位；

N_A，N_B——导体 A、B 在温度 T 时的自由电子密度。

结论：接触电势是接点温度的函数，与两种导体的性质有关。

② 温差电势 同种材料导体由于两端温度不同产生的热电势（温度高的一侧自由电子能量大，因此电子扩散时从高温端移向低温端的数量多，返回的数量少，形成的内部电场力与扩散力平衡时，导体呈电性，产生温差电势，也叫汤姆逊电势，见图 2-83）。

温差电势的数值：

$$e_A(t,t_0) = \int_{t_0}^{t}\delta\,\mathrm{d}t = e_A(t) - e_A(t_0) \tag{2-16}$$

式中　δ——汤姆逊系数，表示温差为 1℃ 时所产生的电动势，它与材料的性质有关；

　　　　$e(t)$——只与导体性质及温度有关，与导体长度、截面积及温度分布无关。

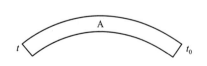

图 2-83 温差电势

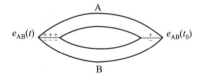

图 2-84 热电偶回路的总电势

③ 热电偶回路的总电势（见图 2-84） 温差电势与接触电势的综合效应。设 $t > t_0$，$N_A > N_B$

$$E_{A,B}(t,t_0) = e_{A,B}(t) - e_A(t,t_0) - e_{A,B}(t_0) + e_B(t,t_0)$$

$$= [e_{A,B}(t) - e_{A,B}(t_0)] - [e_A(t,t_0) - e_B(t,t_0)]$$
$$= \frac{k}{e}(t - t_0 + 273.1)\ln\frac{N_A}{N_B} - \int_{t_0}^{t}(\delta_A - \delta_B)\mathrm{d}t \qquad (2\text{-}17)$$

即：

$$E_{AB}(t,t_0) = \frac{k}{e}(t - t_0 + 273.1)\ln\frac{N_A}{N_B} - \int_{t_0}^{t}(\delta_A - \delta_B)\mathrm{d}t \qquad (2\text{-}18)$$

➤ 若电极 A、B 为同一种材料（$N_A = N_B$，$\delta_A = \delta_B$），则无论温度如何，回路总电势始终为 0；

➤ 若 $t = t_0$，则无论电极 A、B 材料是否相同，回路总电势始终为 0；

➤ 热电偶产生热电势的条件——不同材料且接点温度不同。

● **等效表达形式：**

$$E_{AB}(t,t_0) = [e_{A,B}(t) - e_A(t) + e_B(t)] - [e_{A,B}(t_0) - e_A(t_0) + e_B(t_0)]$$
$$= f_{AB}(t) - f_{AB}(t_0)$$
$$= f_{AB}(t) + f_{BA}(t_0) \qquad (2\text{-}19)$$

➤ 热电势是温度函数之差，而不是温差的函数；

➤ 若 t_0 恒定，则热电势与 t 呈一一对应关系；

➤ 热电势大小只与导体材质和接点温度相关，而与形状、接触面积无关；

➤ 热电极的极性规定，电子密度大的电极为正；热电势符号中电极和温度顺序互换一次，电势变一次符号。

必须指出：热电偶一般都是在自由端温度为 0℃时进行分度的，因此，若自由端温度不为 0℃而为 t_0 时，则热电势与温度之间的关系可用下式进行计算：

$$E_{AB}(t,t_0) = E_{AB}(t,0) - E_{AB}(t_0,0) \qquad (2\text{-}20)$$

部分热电偶的分度表见表 2-14～表 2-16。

表 2-14 铂铑 10-铂热电偶分度表（分度号 S）　　　　单位：μV

温度/℃	0	1	2	3	4	5	6	7	8	9
0	0	5	11	16	22	27	33	38	44	50
10	55	61	67	72	78	84	90	95	101	107
20	113	119	125	131	137	142	148	154	161	167
30	173	179	185	191	197	203	210	216	222	228
40	235	241	247	254	260	266	273	279	286	292
50	299	305	312	318	325	331	338	345	351	358
60	365	271	378	385	391	398	405	412	419	425
70	432	439	446	453	460	467	474	481	488	495
80	502	509	516	523	530	537	544	551	558	566
90	573	580	587	594	602	609	616	623	631	638
100	645	653	660	667	675	682	690	697	704	712
110	719	727	734	742	749	757	764	772	780	787
120	795	802	810	818	825	833	841	848	856	864
130	872	879	887	895	903	910	918	926	934	942
140	950	957	965	973	981	989	997	1005	1013	1021

温度/℃	0	1	2	3	4	5	6	7	8	9
150	1029	1037	1045	1053	1061	1069	1077	1085	1013	1021
160	1109	1117	1125	1133	1141	1149	1158	1166	1174	1182
170	1190	1198	1207	1215	1223	1231	1240	1248	1256	1264
180	1273	1281	1289	1297	1306	1314	1322	1331	1339	1347
190	1356	1364	1373	1381	1389	1398	1406	1415	1423	1432
200	1440	1448	1457	1465	1474	1482	1491	1499	1508	1516
210	1525	1534	1542	1551	1559	1568	1576	1585	1594	1602
220	1611	1620	1628	1637	1645	1654	1662	1671	1680	1689
230	1698	1706	1715	1724	1732	1741	1750	1759	1767	1776
240	1785	1794	1802	1811	1820	1829	1838	1846	1855	1864
250	1873	1882	1891	1899	1908	917	1926	1935	1944	1953
260	1962	1971	1979	1988	1997	2006	2015	2024	2033	2042
270	2051	2060	2069	2078	2087	2096	2105	2114	2123	2132
280	2141	2150	2159	2168	2177	2186	2195	2204	2213	2222
290	2232	2241	2250	2259	2268	2277	2286	2295	2304	2314
300	2323	2332	2341	2350	2359	2368	2378	2387	2396	2405
310	2506	2516	2525	2534	2543	2553	2562	2571	2581	2590
320	2506	2516	2525	2534	2543	2553	2562	2571	2581	2590
330	2599	2608	2618	2627	2636	2646	2655	2664	2674	2683
340	2692	2702	2711	2720	2730	2739	2748	2758	2767	2776
350	2786	2795	2805	2814	2823	2833	2842	2852	2861	2870
360	2880	2889	2899	2908	2917	2927	2936	2946	2955	2965
370	2974	2984	2993	3003	3012	3022	3031	3041	3050	3059
380	3069	3078	3088	3097	3107	3117	3126	3136	3145	3155
390	3164	3174	3183	3193	3202	3212	3221	3231	3241	3250
400	3260	3269	3279	3288	3298	3308	3317	3327	3336	3346
410	3356	3365	3375	3384	3394	3404	3413	3423	3433	3442
420	3452	3462	3471	3481	3491	3500	3510	3520	3529	3539
430	3549	3558	3568	3578	3587	3597	3607	3616	3626	3636
440	3645	3655	3665	3675	3684	3694	3704	3714	3723	3733
450	3743	3752	3762	3772	3782	3791	3801	3811	3821	3831
460	3840	3850	3860	3870	3879	3889	3899	3909	3919	3929
470	3938	3948	3958	3968	3977	3987	3997	4007	4017	4027
480	4036	4046	4056	4066	4076	4086	4095	4105	4115	4125
490	4135	4145	4155	4164	4174	4184	4194	4204	4214	4224
500	4234	4243	4253	4263	4273	4283	4293	4303	4313	4323
510	4333	4343	4352	4363	4372	4382	4392	4402	4412	4422
520	4432	4442	4452	4462	4472	4482	4492	4502	4512	4522
530	4532	4542	4552	4562	4572	4582	4592	4602	4612	4622
540	4632	4642	4652	4662	4672	4682	4692	4702	4712	4722
550	4732	4742	4752	4762	4772	4782	4792	4802	4812	4822
560	4832	4842	4852	4862	4873	4883	4893	4903	4913	4923
570	4933	4943	4953	4963	4973	4984	4994	5004	5014	5024
580	5034	5044	5054	5065	5075	5085	5095	5105	5115	5125
590	5136	5146	5156	5166	5176	5186	5197	5207	5217	5227
600	5237	5247	5258	5268	5278	5288	5298	5309	5317	5329
610	5339	5350	5360	5370	5380	5391	5401	5411	5421	5431
620	5442	5452	5462	5473	5483	5493	5503	5514	5524	5534
630	5544	5555	5565	5575	5586	5596	5606	5617	5627	5637
640	5648	5658	5668	5679	5689	5700	5710	5720	5731	5741

续表

温度/℃	0	1	2	3	4	5	6	7	8	9
650	5751	5762	5772	5782	5793	5803	5814	5824	5834	5845
660	5855	5866	5876	5887	5897	5907	5918	5928	5939	5949
670	5960	5970	5980	5991	6001	6012	6022	6038	6043	6054
680	6064	6074	6085	6094	6106	6117	6127	6138	6145	6155
690	6169	6180	6190	6201	6211	6222	6232	6243	6253	6264
700	6274	6285	6295	6305	6316	6327	6338	6348	6359	6369
710	6380	6390	6401	6412	6422	6433	6443	6454	6465	6475
720	6485	6495	6507	6518	6528	6539	6549	6560	6571	6581
730	6592	6603	6613	6624	6635	6645	6655	6667	6677	6688
740	6699	6709	6720	6731	6741	6752	6763	6773	6784	6795
750	6805	6816	6827	6838	6848	6859	6870	6880	6891	6902
760	6913	6923	6934	6945	6955	6966	6977	6988	6999	7009
770	7020	7031	7042	7053	7063	7074	7085	7095	7107	7117
780	7128	7139	7150	7161	7172	7182	7193	7204	7215	7225
790	7236	7247	7258	7269	7280	7291	7301	7312	7323	7334
800	7345	7356	7367	7377	7388	7399	7410	7421	7432	7443
810	7454	7465	7476	7486	7494	7508	7519	7530	7541	7551
820	7563	7574	7583	7596	7607	7618	7629	7640	7651	7661
830	7672	7683	7694	7705	7716	7727	7738	7749	7760	7771
840	7782	7793	7804	7815	7826	7837	7848	7859	7870	7881
850	7892	7904	7935	7926	7937	7948	7959	7970	7981	7992
860	8003	8014	8025	8036	8047	8058	8069	8081	8092	8103
870	8114	8125	8136	8147	8158	8169	8180	8192	8203	8214
880	8225	8236	8247	8258	8270	8281	8292	8303	8314	8325
890	8335	8348	8359	8370	8381	8392	8404	8415	8426	8437
900	8448	8460	8471	8482	8493	8504	8516	8527	8538	8549
910	8560	8572	8583	8594	8605	8617	8628	8639	8650	8662
920	8673	8684	8695	8707	8718	8729	8741	8752	8763	8774
930	8785	8795	8808	8820	8831	8842	8854	8865	8876	8888
940	8899	8910	8922	8933	8944	8956	8967	8978	8990	9001
950	9012	9024	9035	9047	9058	9069	9081	9092	9103	9115
960	9126	9138	9149	9160	9172	9183	9195	9206	9217	9229
970	9240	9252	9263	9275	9286	9298	9309	9320	9332	9343
980	9355	9366	9378	9389	9401	9412	9424	9435	9447	9458
990	9470	9482	9493	9504	9516	9527	9539	9550	9562	9573
1000	9585	9596	9608	9619	9631	9642	9654	9665	9677	9689
1010	9700	9712	9723	9735	9746	9758	9770	9781	9793	9804
1020	9816	9828	9839	9851	9862	9874	9888	9897	9909	9920
1030	9932	9944	9955	9967	9979	9990	10002	10013	10025	10037
1040	10048	10060	10072	10083	10095	10107	10118	10130	10142	10154
1050	10165	10177	10189	10200	10212	10224	10235	10247	10259	10271
1060	10282	10294	10306	10318	10329	10341	10353	10364	10376	10388
1070	10400	10411	10423	10435	10447	10459	10470	10482	10494	10506
1080	10517	10529	10541	10553	10565	10576	10588	10600	10612	10624
1090	10635	10647	10659	10671	10683	10694	10706	10718	10730	10742
1100	10754	10765	10777	10789	10801	10813	10825	10834	10848	10860
1110	10872	10884	10896	10908	10919	10933	10943	10955	10967	10979
1120	10991	11003	11014	11026	11038	11050	11062	11074	11086	11098
1130	11110	11121	11133	11145	11157	11169	11181	11193	11205	11217
1140	11229	11241	11252	11264	11276	11288	11300	11312	11324	11336

续表

温度/℃	0	1	2	3	4	5	6	7	8	9
1150	11348	11360	11372	11384	11396	11408	11420	11432	11443	11455
1160	11467	11479	11491	11503	11515	11527	11539	11551	11563	11576
1170	11587	11599	11611	11623	11635	11647	11659	11671	11683	11695
1180	11707	11719	11731	11743	11756	11767	11779	11791	11803	11815
1190	11827	11839	11851	11863	11875	11887	11899	11911	11923	11935
1200	11947	11959	11971	11983	11995	12007	12019	12031	12043	12065
1210	12067	12079	12091	12103	12116	12128	12140	12152	12164	12176
1220	12188	12200	12212	12224	12236	12248	12260	12272	12284	12295
1230	12308	12320	12332	12345	12357	12369	12381	12393	12403	12417
1240	12429	12441	12453	12465	12477	12489	12501	12514	12526	12538
1250	12550	12562	12574	12585	12598	12610	12622	12634	12647	12659
1260	12671	12683	12695	12707	12719	12731	12743	12755	12767	12780
1270	12792	12804	12816	12828	12840	12852	12864	12876	12888	12901
1280	12913	12925	12937	12949	12961	12973	12985	12997	13010	13022
1290	13034	13046	13058	13070	13082	13094	13107	13119	13131	13143
1300	13155	13167	13179	13191	13203	13216	13228	13240	13252	13264

表 2-15　镍铬-铜镍热电偶分度表（分度号 E）　　　单位：μV

温度/℃	0	10	20	30	40	50	60	70	80	90
0	0	591	1192	1801	2419	3047	3683	4329	4983	5646
100	6317	6996	7683	8377	9078	9787	10501	11222	11949	12681
200	13419	14161	14909	15661	16417	17178	17942	18710	19481	20255
300	21033	21814	22597	23383	24171	24961	25754	26649	27346	28143
400	28943	29744	30546	31350	32155	32960	33767	34574	35382	36190
500	36999	37808	38617	39426	40236	41045	41853	42662	43470	44278
600	45085	45891	46697	47502	48306	49109	49911	50713	51613	52312
700	53110	53907	54703	55498	56291	57083	57873	58663	59451	60237
800	61022	61806	62888	63368	64147	64924	65700	66473	67245	68015
900	68783	69549	70313	71075	71835	72593	73350	74104	74857	75608
1000	76358									

表 2-16　镍铬-镍硅热电偶分度表（分度号 K）　　　单位：μV

温度/℃	0	1	2	3	4	5	6	7	8	9
0	0	39	79	119	158	198	218	277	317	357
10	397	437	477	517	557	597	637	677	718	758
20	798	838	879	919	960	1000	1041	1081	1122	1162
30	1203	1244	1285	1325	1366	1407	1448	1489	1529	1570
40	1161	1652	1693	1734	1776	1817	1858	1899	1940	1981
50	2022	2064	2105	2146	2188	2229	2270	2312	2353	2394
60	2436	2477	2519	2560	2601	2643	2684	2726	2767	2809
70	2850	2892	2933	2975	3016	3058	3100	3141	3183	3224
80	3265	3307	3349	3390	3432	3473	3516	3556	3598	3639
90	3681	3722	3764	3805	3847	3888	3930	3971	4012	4054
100	4095	4137	4178	4219	4261	4302	4348	4384	4426	4467
110	4508	4549	4590	4632	4673	4714	4755	4796	4837	4878
120	4919	4950	5001	5042	5083	5124	5164	5205	5246	5287
130	5327	5368	5409	5450	5490	5531	5571	5612	5652	5693
140	5733	5774	5814	5855	5895	5935	5976	6016	6057	6097

续表

温度/℃	0	1	2	3	4	5	6	7	8	9
150	6137	6177	6218	6258	6298	6338	6378	6419	6459	6499
160	6539	6579	6619	6659	6699	6739	6779	6819	6859	6899
170	6939	6979	7019	7069	7099	7139	7179	7219	7259	7299
180	7338	7378	7418	7458	7498	7538	7578	7618	7658	7697
190	7737	7777	7817	7857	7897	7937	7977	8017	8057	8097
200	8137	8177	8216	8256	8296	8336	8376	8416	8456	8497
210	8537	8577	8617	8657	8697	8737	8777	8817	8857	8898
220	8938	8978	9018	9058	9099	9139	9179	9220	9260	9300
230	9341	9381	9421	9462	9502	9543	9583	9624	9664	9705
240	9745	9785	9826	9867	9907	9948	9989	10029	10070	10111
250	10151	10192	10233	10274	10315	10355	10396	10437	10478	10519
260	10550	10600	10641	10682	10723	10764	10805	10845	10887	10928
270	10969	11010	11051	11093	11134	11175	11216	11257	11298	11339
280	11381	11422	11463	11504	11546	11587	11628	11669	11711	11752
290	11793	11835	11876	11918	11959	12000	12042	12083	12125	12166
300	12207	12249	12290	12332	12373	12415	12456	12498	12539	12581
310	12623	12664	12706	12747	12789	12831	13872	12914	12955	12997
320	13039	13080	13122	13164	13205	13247	13289	13331	13372	13414
330	13456	13497	13539	13581	13623	13666	13706	13748	13790	13832
340	13874	13915	13957	13999	14041	14083	14125	14167	14208	14250
350	14292	14334	14376	14418	14460	14502	14544	14586	14628	14670
360	14712	14754	14796	14838	14850	14922	14964	15006	15048	15090
370	15132	15174	15216	15238	15300	15342	15384	15426	15468	1550
380	15582	15594	15616	15679	15721	15763	15806	15847	15889	15911
390	15974	16016	16058	16100	16142	16184	16227	16269	16311	16353
400	16395	16438	16480	16522	16564	16607	16649	16591	16733	16776
410	16818	16860	16902	16945	16987	17029	17072	17114	17156	17199
420	17241	17283	17325	17368	17410	17453	17495	1751	17500	17622
430	17664	17707	17749	17792	17834	17876	17919	17961	18004	18046
440	18088	18131	18173	18216	18258	18301	18343	18385	18428	18470
450	18513	18555	18598	18640	18688	18725	18768	18810	18853	18896
460	18938	18980	19023	19065	19108	19150	19193	19235	19278	19320
470	19363	19405	19448	19490	19533	19576	19618	19661	19703	19746
480	19788	19831	19873	19916	19959	20001	20044	20084	20129	20172
490	20214	20257	20299	20342	20385	20427	20470	20512	20555	20598
500	20640	20683	20725	20768	20811	20853	20896	20928	20981	21034
510	21066	21109	21152	21194	21237	21280	21322	21365	21407	21450
520	21498	21535	21578	21621	21663	21706	21749	21791	21834	21876
530	21919	21962	22004	22047	22090	23132	22175	22218	22260	22303
540	22346	22388	22431	22473	22516	22559	22601	22644	22687	22729
550	22772	22815	22857	22900	22942	22985	23038	23070	23113	23156
560	23198	23241	23284	23326	23369	23411	23454	23497	23539	23582
570	23624	23667	23710	23752	23795	23817	23880	23923	23965	24008
580	24050	24093	24135	24178	24221	24263	24305	24348	24391	24434
590	24476	24519	24561	24604	24646	24689	24731	24774	24817	24859
600	24902	24944	24987	25029	25072	25114	25157	25199	25242	25284
610	25327	25369	25412	25454	25497	25539	25582	25624	25666	25709
620	25751	25794	25836	25879	25921	25964	26006	26048	26091	26133
630	26176	26218	26260	26301	26345	26387	26430	26472	26515	26557
640	26599	26642	26684	26726	26769	26811	26853	26895	26938	26980
650	27022	27065	27107	27149	27192	27234	27276	27318	27361	27403
660	27445	27487	27529	27572	27614	27656	27698	27740	27783	27825

温度/℃	0	1	2	3	4	5	6	7	8	9
670	27867	27909	27951	27993	28035	28078	28120	28162	28204	28246
680	28288	28330	28372	28414	28456	28498	28540	28583	28625	28667
690	28709	28751	28793	28835	28877	28919	28951	29002	29044	29086
700	29128	29170	29212	29254	29296	29338	29380	29442	29464	29505
710	29547	29589	29631	29673	29715	29756	29798	29840	29882	29924
720	29965	30007	30049	30091	30132	30174	30216	30257	30299	30341
730	30383	30424	30466	30508	30549	30591	30632	30674	30716	30757
740	30799	30840	30882	30924	30965	31007	31048	31090	31131	31173
750	31214	31256	31297	31339	31380	31422	31463	31504	31546	31687
760	31629	31670	31712	31753	31794	31836	31877	31918	31960	32001
770	32042	32084	32125	32165	32207	32249	32280	32331	32372	32414
780	32455	32496	32537	32578	32619	32661	32702	32743	32784	32828
790	32866	32907	32948	32990	33031	33072	33113	33154	33195	33236
800	33277	33318	33359	33400	33441	33482	33523	3354	33604	33645
810	33686	33727	33768	33809	33850	33891	33931	33972	34013	34054
820	34095	34136	34176	34217	34258	34299	34330	34380	34421	34461
830	34502	34543	34583	34624	34665	34705	34746	34787	34827	34868
840	34909	34949	34990	35030	35071	35111	35152	35192	35233	35273
850	35314	35354	35395	35435	35476	35516	35557	35597	35637	35678
860	35718	35758	35799	35839	35880	35920	35960	36000	36041	36081
870	36121	36142	36202	36242	36282	36323	36363	36403	36443	36483
880	36524	36564	36604	36644	36684	36724	36764	36804	36844	36885
890	36925	36965	37005	37045	37085	37125	37165	37205	37245	37285
900	37325	37365	37405	37445	37484	37524	37564	37604	37644	37684
910	37724	37764	37803	37843	37883	37923	37963	38002	38042	38082
920	38122	38162	38201	38241	38281	38320	38360	38400	38439	38479
930	38519	38558	38598	38638	38677	38717	38756	38796	38836	38875
940	38915	38954	38994	39033	39073	39112	39152	39191	39231	39270
950	39310	39349	39388	39428	39467	39507	39546	39585	39625	39664
960	39703	39743	39782	39821	39861	39900	39939	39979	40018	40057
970	40096	40136	40175	40214	40253	40292	40332	40371	40410	40450
980	40488	40527	40566	40605	40645	40685	40723	40762	40801	40840
990	40879	40918	40957	40996	41035	41074	41113	41152	41191	41230
1000	41269	41308	41347	41385	41424	41463	41502	41541	41580	41619
1010	41657	41696	41735	41774	41813	41851	41890	41929	41968	42006
1020	42045	42084	42123	42161	42200	42239	42277	42316	42355	42393
1030	42432	42470	42509	42548	42586	42625	42663	42702	42740	42779
1040	42817	42856	42894	42933	42971	43010	43048	43087	43125	43164
1050	43202	43240	43279	43317	43356	43394	43482	43471	43509	43547
1060	43585	43624	43662	43700	43739	43777	43815	43853	43891	43930
1070	43968	44006	44044	44082	44121	44159	44197	44235	44273	44311
1080	44349	44387	44425	44463	44501	44539	44577	44615	44653	44691
1090	44729	44767	44805	44843	44881	44919	44957	44995	45033	45070
1100	45108	45146	45184	45222	45260	45297	45335	45373	45411	45448
1110	45485	45524	45561	45599	45637	45675	45712	45750	45787	45825
1120	45863	45900	45938	45975	46013	46051	46088	46125	46163	46201
1130	46238	46275	46313	46350	46388	46425	46463	46500	46537	46575
1140	46612	46649	46687	46724	46761	46799	46836	46873	46910	46948
1150	46985	47022	47059	47097	47134	47171	47208	47245	47282	47319
1160	47356	47393	47430	47468	47505	47542	47579	47616	47653	47689
1170	47726	47763	47800	47837	47874	47911	47948	47985	48021	48068
1180	48095	48132	48169	48205	48242	48279	48316	48352	48389	48426
1190	48462	48499	48536	48572	48609	48645	48682	48718	48756	48792

【例 2-7】 今用一只镍铬-镍硅热电偶，测量小氮肥厂中转化炉的温度，已知热电偶工作端温度为 800℃，自由端（冷端）温度为 30℃，求热电偶产生的热电势 $E(800,30)$。

　　解： 由表 2-15 可以查得

$$E(800,0)=33.277\mathrm{mV}$$
$$E(30,0)=1.203\mathrm{mV}$$

将上述数据代入式(2-20)，即得

$$E(800,30)=E(800,0)-E(30,0)=32.074(\mathrm{mV})$$

【例 2-8】 K 型热电偶用于测温，已知参比端温度 25℃，测得热电势 20.54mV，问实际测量温度是多少？

　　解： 由已知，$E(t,25)=20.54\mathrm{mV}$，查表得 $E(25,0)=1.0\mathrm{mV}$
　　因
$$E(t,0)=E(t,25)+E(25,0)$$
$$=20.54+1.0=26.54\ (\mathrm{mV})$$

查表，得 $t=521℃$

（3）第三种导线的接入　利用热电偶测量温度时，必须要用连接导线把远离测温点的热电势测量仪表与热电偶连接起来，如图 2-85 所示。即在热电偶回路中接入了第三种导线 C。由于第三种导线 C 的两个接入点处于同一温度（t_1 或 t_0），所产生的接点热电势由于大小相等方向相反而相互抵消。因此第三种导线的接入不会影响热电偶回路中的热电势的大小。

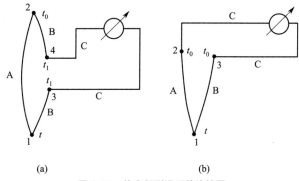

(a) 　　　　　　　　　　　　　 (b)

图 2-85　热电偶测温系统连接图

【例 2-9】 已知在热端 100℃，冷端 0℃时，铜铂相配热电势为 0.75mV，考铜与铂相配的热电势为 $-4.0\mathrm{mV}$，问铜-考铜热电偶此温度下的热电势？

　　解： 设铜为 A，铂为 B，考铜为 C

由已知：
$$E_{\mathrm{AB}}(100,0)=0.75\mathrm{mV},$$
$$E_{\mathrm{CB}}(100,0)=-4.0\mathrm{mV}$$
$$E_{\mathrm{AC}}(100,0)=E_{\mathrm{AB}}(100,0)+E_{\mathrm{BC}}(100,0)$$
$$=0.75+4.0$$
$$=4.75(\mathrm{mV})$$

2. 热电偶的构造

（1）**热电极**　热电极的直径由材料的价格、机械强度、电导率以及热电偶的用途和测量范围等决定。贵金属电极丝的直径一般为 0.3～0.65mm，普通金属电极丝的直径为 0.5～3.2mm，其长度由安装条件及插入深度而定，一般为 350～2000mm，热电偶的焊接可用气焊或电弧焊，铂铑-铂热电偶应注意防止渗碳影响测量精度。

（2）绝缘子　绝缘子用于防止两根热电极短路（图 2-86），其材料的选用由使用温度范围而定，它的结构形式通常有单孔、双孔及四孔的瓷和四孔的氧化铝管等。

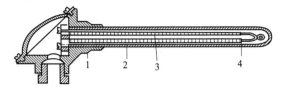

图 2-86　热电偶结构示意图

1—接线盒；2—保护管；3—绝缘子（绝缘套管）；4—热电极

（3）保护管　为了使热电极免受化学作用和机械损伤，以获得较长的使用寿命和准确性，通常将热电极（包括绝缘子）装入保护管中，保护管的选用一般是根据测量范围、插入深度、环境气氛以及测温的时间常数等条件来决定。对保护管材料和结构形式的要求是：保证能耐高温、能承受温度的剧烈变化、耐腐蚀、有良好的气密性和足够的机械强度、高的热导率、在高温下不会分解出对热电偶有害的气体等。

（4）接线盒　热电偶接线盒是供热电偶和补偿导线连接之用的，它通常用铝合金制成，一般分为普通式和密封式两种，为了防止灰尘和有害气体进入热电偶保护管内，接线盒的出线孔和盖子均用垫片和垫圈加以密封。接线盒内用于连接热电极和补偿导线的螺丝必须紧固，以免产生较大的接触电阻而影响测量的准确性。

3. 工业用热电偶

工业上对热电极材料要求较高，因此工业用热电偶只有有限的几种，它们分别用相应的分度号来表示。所谓分度号是指表示各种热电偶的热电势与温度一一对应关系的符号。表 2-17 列出了工业用热电偶的名称、分度号及测温范围等数据。

表 2-17　几种常用的我国标准型热电偶

热电偶名称	分度号	热电偶丝材料	测温范围/℃	平均灵敏度	特　　点	补偿导线
铂铑 30-铂铑 6	B	正极铂 70%，铑 30% 负极铂 94%，铑 6%	0～1800	$10\mu V/℃$	价贵、稳定、精度高，可在氧化性气氛使用	冷端在 0～100℃ 间可不用补偿导线
铂铑 10-铂	S	正极铂 90%，铑 10% 负极铂 100%	0～1600	$10\mu V/℃$	热电特性的线性度比 B 好，其余特点同 B	铜-铜镍合金
镍铬-镍硅	K	正极镍 89%，铬 10% 负极镍 94%，硅 3%	0～1300	$40\mu V/℃$	线性度好，价廉	铜-康铜
镍铬-康铜	E	正极镍 89%，铬 10% 负极铜 60%，镍 40%	−200～900	$80\mu V/℃$	灵敏度高，价廉，可在氧化及弱还原气氛中使用	
铜-康铜	T	正极铜 100% 负极铜 60%，镍 40%	−200～400	$50\mu V/℃$	最便宜，但铜易氧化，用于 150℃ 以下温度测量	

4. 热电偶的结构

（1）普通装配式热电偶的结构　装配式热电偶是热电极可以从保护管中取出的可拆卸的工业热电偶，它与显示仪表、记录仪表或计算机等配套使用，可以测量各种生产过程中气体、液体、熔体及固体表面的温度。普通装配式热电偶的结构主要由接线盒、接线盒内的接线端子、保护管、绝缘套管和热电极组成。其常见外形结构如图 2-87 所示，图 2-88 所示为装配式热电偶的型号意义（该部分内容选自"上海慧雅电热仪表有限公司"产品）。

| 无固定装
置热电偶 | 固定螺纹
式热电偶 | 活动法兰
式热电偶 | 固定法兰
式热电偶 | 活络管接
头式热电偶 | 固定螺纹
锥形热电偶 | 直形管接
头式热电偶 | 固定螺纹
接头式热电偶 | 活动螺纹
管接头式热电偶 |

图 2-87　常见普通工业装配式热电偶的外形结构

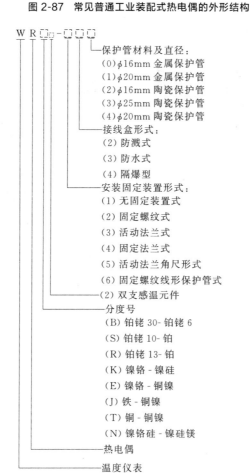

图 2-88　装配式热电偶的型号意义

装配式热电偶实例

型号 WRE₂-120，意义：分度号 E，双支式无固定装置，防溅式接线盒，ϕ16mm 金属保护管，Ⅱ级精度，长 1000mm。

型号 WRN-230，意义：分度号 N，单支式，固定螺纹固定方式，防水接线盒，ϕ16mm 金属保护管，Ⅱ级精度，总长 800mm，置深 650mm，保护管材料不锈钢为 Gh3030。

（2）铠装热电偶的结构　铠装热电偶作为测量温度的传感器，通常和显示仪表、记录仪和电子调节器配套使用，也可以作为装配式热电偶的感温元件。它可以直接测量各种生产过程中从 0～1800℃范围内的液体、蒸汽和气体介质以及固体表面的温度。与装配式热电偶相比，铠装热电偶具有可弯曲、耐高压、热响应时间短和坚固耐用等优点。铠装热电偶的结构原理是由导体、高绝缘氧化镁、外套 1Cr18Ni9Ti 不锈钢保护管，经多次一体拉制而成。铠装热电偶产品主要由接线盒、接线端子和铠装热电偶组成基本结构，并配以各种安装固定装置组成。常见铠装热电偶的外形结构如图 2-89 所示。

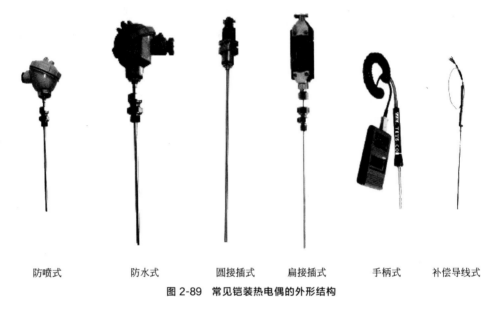

防喷式　　　　　防水式　　　　　圆接插式　　　扁接插式　　　手柄式　　　补偿导线式

图 2-89　常见铠装热电偶的外形结构

铠装热电偶实例

型号 WRTK$_2$-431，意义：分度号 T，铠装，双支，固定卡套法兰，防水接线盒，绝缘型，Ⅱ级精度，直径 ϕ8mm，长 1000mm。

型号 WRSK-141，意义：分度号 S，铠装，单支，无固定装置，防爆接线盒，绝缘型，Ⅱ级精度，直径 ϕ6mm，长 1000mm，套管材料 Gh3030。

型号 WRNK-332，意义：分度号 N，铠装，单支，可动卡套螺纹固定方式，防水接线盒，接壳型，Ⅰ级精度，直径 ϕ4mm，长 1000mm。

5. 热电偶的插入深度

　　热电偶属接触式温度计，要与被测介质有良好的接触，才能保证热电偶的测温精度。为确保测量的准确性，首先应根据管道或设备工作压力大小、工作温度、介质腐蚀性要求等方面，合理确定热电偶的结构形式和安装方式；其次要正确选择测温点，测温点要具有代表性，不应把热电偶插在被测介质的死角区域。热电偶工作端应处于管道流速较大处；最后，要合理确定热电偶的插入深度 l。一般在管道上安装取 150～200mm，在设备上安装可取≤400mm。热电偶在不同的管道公称直径和安装方式下，插入深度见表2-18，以供参考。

表 2-18　热电偶的插入深度标准　　　　　单位：mm

| 连接件标称直径 | 普通热电偶 | | | | 高压套管 | | 铠装热电偶 | |
	直型连接头直插	45°角连接头斜插		法兰直插	固定套管	可换套管	卡套螺纹直插	卡套法兰直插
28	60	120	90	150	150	40	70	60	120	60
32								75	135	75
40								75	135	75
50								75	135	100
65						100	100	100	150	100
80	100	150	150	200	200	100	100	100	150	100
100	150	150	150	200	200	100	150	100	150	100
125	150	200	150	200	200	100	150	150	200	150
150	150	200	200	250	250	150	150	150	200	150
175	150	200	200	250	250	150	150	150	200	150
200	150	200	200	250	250	150	150	150	200	150
225	200	250	250	300	250	300		200	200	200
250	200	250	250	300	300			200	200	200
＞250	200	250	250	300	300					

注意：

　　（1）插入深度的选取应当使热电偶能充分感受介质的实际温度。对于管道安装通常使工作端处于管道中心线 1/3 管道直径区域内。

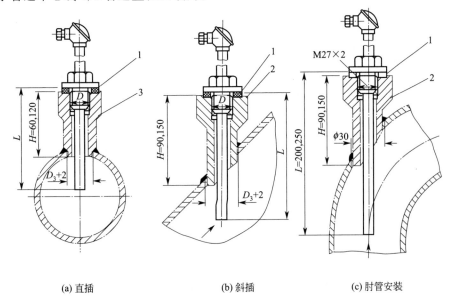

(a) 直插　　　　　　　　　(b) 斜插　　　　　　　(c) 肘管安装

图 2-90　热电偶的插入方式

1—垫片；2—45°角连接头；3—直形连接头

（2）在安装中常采用直插、斜插（45°角）等插入方式。如果管道较细，宜采用斜插。在斜插和管道弯头处安装时，其端部应对着被测介质的流向（逆流），不要与被测介质形成顺流，如图 2-90 所示。对于在管径小于 80mm 的管道上安装热电偶时，可以采用扩大管，其安装方式见图 2-91 所示。

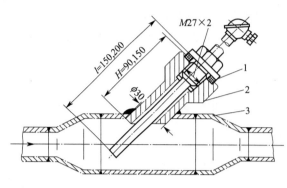

图 2-91　热电偶在扩大管上的安装

1—垫片；2—45°角连接头；3—温度计扩大管

（3）用热电偶测量炉膛温度时，应避免热电偶与火焰直接接触，避免安装在炉门旁或与加热物体距离过近之处。在高温设备上测温时，为防止保护套管弯曲变形，应尽量垂直安装。若必须水平安装，则当插入深度大于 1m 或被测温度大于 700℃时，应用耐火黏土或耐热合金制成的支架将热电偶支撑住。

（4）热电偶的接线盒引出线孔应向下，以防因密封不良而使水汽、灰尘与脏物落入接线盒中，影响测量。

（5）为减少测温滞后，可在保护外套管与保护管之间加装传热良好的填充物，如变压器油（＜150℃）或铜屑、石英砂（＞150℃）等。

6. 补偿导线

由热电偶测温原理可知，只有当热电偶冷端温度保持不变时，热电势才是被测温度的单值函数。在实际应用时，由于热电偶的工作端与冷端离得很近，而且冷端又暴露在空间，易受周围环境温度波动的影响，冷端温度很难保持恒定。为使热电偶的冷端温度保持恒定，一般都是利用补偿导线使热电偶的冷端远离工作端，延伸到恒温处，以节省贵重的热电偶的电极材料。如图 2-92 所示。

所谓补偿导线，就是由两种不同性质的金属材料制成，在一定温度范围内（0～100℃）与所连接的热电偶具有相同的热电特性，其材料又是廉价金属。

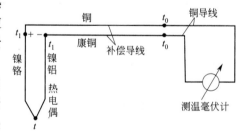

图 2-92　补偿导线连接图

不同热电偶所用的补偿导线也不同，对于镍铬-考铜等一类廉价金属制成的热电偶，则可用其本身材料作补偿导线。

在使用补偿导线时，要注意与热电偶型号相配，极性不能接错，热电偶与补偿导线连接端所处的温度不能超过 100℃。各种型号热电偶所配用的补偿导线的材料列于表 2-19。

表 2-19　常用热电偶补偿导线

补偿导线型号	配用热电偶的分度号	补偿导线合金丝		补偿导线颜色	
		正极	负极	正极	负极
SC	S(铂铑 10-铂)	SPC(铜)	SNC(铜镍)	红	绿
KC	K(镍铬-镍硅)	KPC(铜)	KNC(铜镍)	红	蓝
KX	K(镍铬-镍硅)	KPX(镍铬)	KNX(镍硅)	红	黑
EX	E(镍铬-铜镍)	EPX(镍铬)	ENX(铜镍)	红	棕
JX	J(铁-铜镍)	JPX(铁)	JNX(铜镍)	红	紫
TX	T(铜-铜镍)	TPX(铜)	TNX(铜镍)	红	白

采用补偿导线后，把热电偶的冷端从温度较高和不稳定的地方延伸到温度较低和比较稳定的操作室内，但冷端温度还不是 0℃。而工业上常用的各种热电偶的温度-热电势关系曲线是在冷端温度为 0℃ 的情况下得到的，与其配套使用的仪表也是根据这一关系曲线进行刻度的。由于操作室的温度往往高于 0℃，而且是不稳定的，这时热电偶所产生的热电势必然偏小，且测量值也随着冷端温度变化而变化。这样测量结果就会产生误差。因此，在应用热电偶测温时，只有将冷端温度保持为 0℃，或者是进行一定的修正才能得出准确的测量结果。这样做就称为热电偶的冷端温度补偿。一般采用以下几种方法。

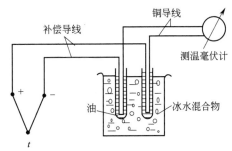

图 2-93　热电偶冷端温度保持
为摄氏零度的方法

（1）冷端温度保持为 0℃法　如图 2-93 所示，把热电偶的两个冷端分别插入盛有绝缘油的试管中，然后放入装有冰水混合物的容器中，这种方法多用于实验室中。

（2）冷端温度修正法　在实际生产中，冷端温度往往不是 0℃，而是某一温度 t_1，这就引起测量误差，此时可采用冷端温度修正的方法。该方法是把测得的热电势 $E(t,t_1)$ 加上热端为室温 t_1，冷端温度为 0℃ 时的热电势 $E(t_1,0)$，才能得到实际温度下的热电势 $E(t,0)$。即

$$E(t,0)=E(t,t_1)+E(t_1,0) \tag{2-21}$$

（3）校正仪表零点法　一般仪表未工作时指针应在零位上（机械零点）。若采用测温元件为热电偶时，可预先将仪表指针调整到相当于室温的数值上以使测温指示值不偏低。该方法只能用在测温精度要求不太高的场合。

（4）补偿电桥法　该方法是利用不平衡电桥产生的电势来补偿热电偶因冷端温度变化而引起的热电势变化值，如图 2-94 所示。不平衡电桥（又称补偿电桥或冷端温度补偿器）由 R_1、R_2、R_3（锰铜丝绕制）、R_t（铜丝绕制）和稳压电源组成。在 20℃ 时处于平衡状态，即 $U_{ab}=0$，电桥对仪表的读数无影响。当周围温度高于 20℃ 时，锰铜电阻的阻值不随温度变化

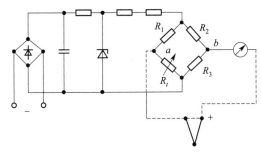

图 2-94　具有补偿电桥的热电偶测温电路

而变化，但铜电阻 R_t 却随温度升高而增大，电桥失去平衡，此时 a 点电位增高，U_{ab} 也增大，并与因冷端温度升高而减小的热电势相叠加，一起送入测量仪表。如适当选择桥臂电阻和电流的数值，可使电桥产生的不平衡电压 U_{ab} 正好补偿由于冷端温度变化而引起的热电势变化值，仪表即可指示出正确的温度。

由于电桥是在 20℃ 时平衡的，所以采用这种补偿电桥时，应把仪表的机械零位调到 20℃ 处。

（5）补偿热电偶法　在实际生产中，为了节省补偿导线和投资费用，常用多支热电偶配用一台测温仪表，其接线如图 2-95 所示。转换开关用来实现多点间歇测量；CD 是补偿热电偶，其热极材料可以与测量热电偶相同，也可以是测量热电偶的补偿导线。设置补偿热电偶是为了使多支热电偶的冷端温度保持恒定。通常做法是将其工作端插入 2～3m 的地下或放在其他恒温器中，使其温度恒定为 t_0。而它的冷端与多支热电偶的冷端都接在温度为 t_1 的

一个接线盒中。这时测温仪表的指示值则为 $E(t,t_0)$ 所对应的温度而不受接线盒处温度 t_1 变化的影响。

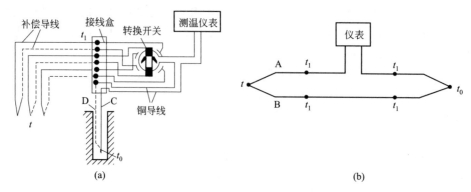

图 2-95　补偿热电偶连接线路

（五）热电阻温度计

在测量 $600\sim1300℃$ 温度范围内，热电偶是比较理想的，但是对于中低温的测量，热电

图 2-96　Pt100 热电阻

偶则有一定的局限性，这是因为热电偶在中低温区域输出热电势很小，对配用的仪表质量要求较高，如铂铑-铂热电偶在 $100℃$ 温度时的热电势仅为 $0.64mV$，这样小的热电势对电子电位差计的放大器和抗干扰要求都很高，仪表的维修也困难，此外，热电偶冷端温度补偿问题，在中低温范围内的影响比较突出，一方面要采取温度补偿必然增加工作上的不便，另一方面，冷端温度如果不能得到全补偿，其影响就较大，加之在低温时，热电特性的线性度较差，在进行温度调节时也须采取一定措施，这些都是热电偶在测温时的不足之处。因此，工业上在测量中低温时通常广泛采用另一种测量元件热电阻温度计，测量范围为 $-200\sim500℃$，如采用铟热电阻温度计可测到 $3.4K$，采用碳电阻温度计甚至可测到 $1K$ 左右。如果采用适当措施，测量上限可达 $1000℃$，如铂电阻温度计。

热电阻是应用金属在温度变化时本身电阻也随之发生变化的原理来测量温度的。按其保护管结构形式分为装配式（可拆卸）和铠装式（不可拆卸，内装铂电阻）。目前现场应用较多的装配式热电阻主要包括分度号为 Pt100 的铂热电阻（见图 2-96）和分度号为 Cu50 的铜热电阻两大类。

热电阻温度计是由热电阻（感温元件）、显示仪表（不平衡电桥或平衡电桥）及连接导线所组成。如图 2-97 所示。注意连接导线是采用三线制接法。

1. 测温原理

热电阻温度计是利用金属导体的电阻值随温度变化而变化的特性来进行温度测量的。如铜电阻，其电阻值与温度的关系如下：

图 2-97　热电阻温度计

$$R_t = R_{t_0}\left[1-\alpha(t-t_0)\right] \qquad (2-22)$$

$$\Delta R_t = \alpha R_{t_0}\Delta t \qquad (2-23)$$

式中　R_t——温度为 t 时的电阻值；

R_{t_0}——温度为 t_0（通常为 0℃）时的电阻值；

　α——电阻的温度系数；

　Δt——温度的变化值；

ΔR_t——电阻值的变化量。

可见，由于温度的变化导致金属导体电阻值的变化。只要设法测出电阻值的变化，就可达到测量温度的目的。

2. 工业常用热电阻

工业常用热电阻有铜电阻和铂电阻两种（见表 2-20），其分度表见表 2-21～表 2-23。

表 2-20　工业常用热电阻

热电阻名称	分度号	0℃时阻值	测量范围	特　点
铂电阻	Pt 50	50Ω	−200～500℃	①精度高,价格贵 ②适用于中性和氧化性介质
	Pt 100	100Ω		
铜电阻	Cu 50	50Ω	−50～150℃	①线性好,价格低 ②适用于无腐蚀性介质

表 2-21　铂电阻分度表（分度号 Pt100，$R_0=100.0\Omega$）　　　单位：Ω

温度/℃	0	1	2	3	4	5	6	7	8	9
0	100.0	100.39	100.78	101.17	101.56	101.95	102.34	102.73	103.13	103.51
10	103.90	104.29	104.68	105.07	105.46	105.85	106.24	106.63	107.02	107.40
20	107.79	108.18	108.57	108.96	109.35	109.73	110.12	110.51	110.90	111.28
30	111.67	112.06	112.45	112.83	113.22	113.61	113.99	114.38	114.77	115.15
40	115.54	115.93	116.31	116.70	117.08	117.47	117.85	118.24	118.62	119.01
50	119.40	119.78	120.16	120.55	120.93	121.32	121.70	122.09	122.47	122.86
60	123.24	123.62	124.01	124.39	124.77	125.16	125.54	125.92	126.31	126.69
70	127.07	127.45	127.84	128.22	128.60	128.98	129.37	129.75	130.13	130.51
80	130.89	131.27	131.66	132.04	132.42	132.80	133.18	133.56	133.94	134.32
90	134.70	135.08	135.46	135.84	136.22	136.60	136.98	137.36	137.74	138.12
100	138.50	138.88	139.26	139.64	140.02	140.39	140.77	141.15	141.53	141.91
110	142.29	142.66	143.04	142.42	143.80	144.17	144.55	144.93	145.31	145.68
120	146.06	146.44	146.81	147.19	147.57	147.94	148.32	148.70	149.07	149.45
130	149.82	150.20	150.57	150.95	151.33	151.70	152.08	152.45	152.83	153.20
140	153.68	153.95	154.32	154.70	155.07	155.45	155.82	156.19	156.57	156.94
150	157.31	157.69	158.06	158.43	158.81	159.18	159.55	159.93	160.30	160.67
160	161.04	161.42	161.79	162.16	162.53	162.90	163.27	163.65	164.02	164.39
170	164.76	165.13	165.50	165.87	166.24	166.61	166.98	167.35	167.72	168.09
180	168.46	168.83	169.20	169.57	169.94	170.31	170.68	171.05	171.42	171.79
190	172.16	172.53	172.90	173.26	173.63	174.00	174.37	174.74	175.10	175.47
200	175.84	176.21	176.57	176.94	177.31	177.68	178.04	178.41	178.78	179.14
210	179.51	179.88	180.24	180.61	180.97	181.34	181.71	182.07	182.44	182.80
220	183.17	183.53	183.90	184.26	184.63	184.99	185.06	185.72	186.09	186.45
230	186.82	187.18	187.54	187.91	188.27	188.63	189.00	189.36	189.72	190.09
240	190.45	190.81	191.18	191.54	191.90	192.26	192.63	193.99	193.35	193.71
250	194.07	194.44	194.80	195.16	195.52	195.88	196.24	196.60	196.96	197.33
260	197.69	198.05	198.41	198.77	199.13	199.49	199.85	200.21	200.57	200.93
270	201.29	201.65	202.01	202.36	202.72	203.08	203.44	203.80	204.16	204.52
280	204.88	205.23	205.59	205.95	206.21	206.67	207.02	207.38	207.74	208.10
290	208.45	208.81	209.17	209.52	209.88	210.24	210.59	210.95	211.31	211.66

温度/℃	0	1	2	3	4	5	6	7	8	9
300	212.02	212.37	212.73	213.09	213.44	213.80	214.15	214.51	214.86	215.22
310	215.57	215.93	216.28	216.64	216.99	217.35	217.70	218.05	218.41	218.76
320	219.12	219.47	219.82	220.18	220.53	220.88	221.24	221.59	221.94	222.29
330	222.65	223.00	223.35	223.70	224.05	224.41	224.76	225.11	225.46	225.81
340	226.17	226.52	226.87	227.22	227.57	227.92	228.27	228.62	228.97	229.32
350	229.67	230.02	230.37	230.72	231.07	231.42	231.77	232.12	232.47	232.82
360	233.17	233.52	233.87	234.22	234.56	234.91	235.26	235.61	235.96	236.31
370	236.65	237.00	237.35	237.70	238.04	238.39	238.74	239.00	239.43	239.78
380	240.13	240.47	240.82	241.17	241.51	241.85	242.20	242.55	242.90	243.24
390	243.59	243.93	244.28	244.62	244.97	245.31	245.66	246.00	246.35	246.69
400	247.04	247.38	247.73	248.07	248.41	248.76	249.10	249.45	249.79	250.13
410	250.48	250.82	251.16	251.50	251.85	252.19	252.53	252.88	253.22	253.56
420	253.90	254.24	254.59	254.93	255.27	255.61	255.95	256.29	256.64	256.98
430	257.32	257.66	258.00	258.34	258.68	259.02	259.36	259.70	260.04	260.38
440	260.72	261.05	261.40	261.74	262.08	262.42	262.76	263.10	263.43	263.77
450	264.11	264.45	264.79	265.13	265.47	265.80	266.14	266.48	266.82	267.15
460	267.49	267.83	268.17	268.50	268.84	269.18	269.51	269.85	270.19	270.52
470	270.85	271.20	271.53	271.87	272.20	272.54	272.88	273.21	273.55	273.88
480	274.22	274.55	274.89	275.22	275.56	275.89	276.23	276.56	276.89	277.28
490	277.56	277.90	278.23	278.56	278.90	279.23	279.56	279.90	280.23	280.56
500	280.90	281.23	281.56	281.89	282.23	282.56	282.89	283.22	283.55	283.89
510	284.22	284.56	284.88	285.21	285.56	285.87	286.21	286.54	286.87	287.20
520	287.53	287.85	288.19	288.52	288.86	289.18	289.51	289.84	290.17	290.50
530	290.83	291.16	291.49	291.81	292.14	292.47	292.80	293.13	293.46	293.79
540	294.11	294.44	294.77	295.10	295.43	295.75	296.08	296.41	296.74	297.04
550	297.39	297.72	298.04	298.37	298.70	299.02	299.35	299.68	300.00	300.33
560	300.65	300.98	301.31	301.63	301.96	302.28	302.61	302.93	303.26	303.58
570	303.91	304.23	304.55	304.88	305.20	305.53	305.85	306.18	306.50	306.82
580	307.15	307.47	307.79	308.12	308.44	308.76	309.09	309.41	309.73	310.05
590	310.38	310.70	311.02	311.34	311.67	311.99	312.31	312.63	312.95	313.27
600	313.59	313.92	314.24	314.56	314.88	315.20	315.52	315.84	316.16	316.48
610	316.80	317.12	317.44	317.76	318.08	318.40	318.72	319.04	319.36	319.68
620	319.99	320.31	320.63	320.95	321.27	321.59	321.91	322.22	322.54	322.86
630	323.18	323.49	323.81	324.13	324.45	324.76	325.08	325.40	325.72	326.00
640	326.35	326.66	326.98	327.30	327.61	327.93	328.25	328.56	328.88	329.19
650	329.51	329.82	330.14	330.45	330.77	331.08	331.40	331.71	332.03	332.34
660	332.66	332.97	333.28	333.60	333.91	334.23	334.54	334.85	335.17	335.48
670	335.79	336.11	336.42	336.73	337.04	337.36	337.67	337.98	338.29	338.61
680	338.92	339.23	339.54	339.85	340.16	340.48	340.79	341.10	341.41	341.72
690	342.03	342.34	342.65	342.96	343.27	343.58	343.89	344.20	344.51	344.82
700	345.13	345.44	345.75	346.06	346.37	346.68	346.99	347.30	347.60	347.91
710	348.22	348.53	348.84	349.15	349.45	349.76	350.07	350.38	350.69	350.99
720	351.30	351.61	351.91	352.22	352.53	352.83	353.14	353.45	353.75	354.06

续表

温度/℃	0	1	2	3	4	5	6	7	8	9
730	354.37	354.67	354.98	355.28	355.59	355.90	356.20	356.51	356.81	357.12
740	357.42	357.73	358.03	358.34	358.64	358.95	359.25	359.55	359.86	360.16
750	360.47	360.77	361.07	361.38	361.68	361.98	362.29	362.59	362.89	363.19
760	363.50	363.80	364.10	364.40	364.71	365.01	365.31	365.61	365.91	366.22
770	366.52	366.82	367.12	367.42	367.72	368.02	368.32	368.68	368.98	369.23
780	369.53	369.83	370.13	370.43	370.73	371.03	371.33	371.63	371.93	372.22
790	372.52	372.82	373.12	373.42	373.72	374.02	374.32	374.61	374.91	375.21
800	375.51	375.81	376.10	376.40	376.70	377.00	377.29	377.59	377.89	378.19
810	378.48	378.78	379.08	379.37	379.67	379.97	380.26	380.56	380.85	381.15
820	381.45	381.74	382.04	382.33	382.63	382.92	383.22	383.51	383.81	384.10
830	384.40	384.69	384.98	385.28	385.57	385.87	386.15	386.45	386.75	387.04
840	387.34	387.63	387.92	388.21	388.51	388.80	389.09	389.39	389.68	389.97
850	390.25									

表 2-22 铜电阻分度表一（分度号 Cu50，$R_0 = 50\Omega$）　　　　单位：Ω

温度/℃	0	1	2	3	4	5	6	7	8	9
0	50.00	50.21	50.43	50.64	50.86	51.07	51.28	51.50	51.71	51.93
10	52.14	52.36	52.57	52.78	53.00	53.21	53.43	53.64	53.86	54.07
20	54.28	54.50	54.71	54.92	55.14	55.35	55.57	55.78	56.00	56.21
30	56.42	56.64	56.85	57.07	57.28	57.49	57.71	57.92	58.14	58.35
40	58.56	58.78	58.99	59.20	59.42	59.63	59.85	60.05	60.27	60.49
50	60.70	60.92	61.13	61.34	61.56	61.77	61.98	62.20	62.41	62.63
60	62.84	63.05	63.27	63.48	63.70	63.91	64.12	64.34	64.55	64.76
70	64.98	65.19	65.41	65.62	65.83	66.05	66.26	66.48	66.69	66.90
80	67.12	67.33	67.54	67.76	67.97	68.19	68.40	68.62	68.88	69.04
90	69.26	69.47	69.68	69.90	70.11	70.33	70.54	70.76	70.97	71.18
100	71.40	71.61	71.88	72.04	72.25	72.47	72.68	72.90	73.11	73.33
110	73.54	73.75	73.97	74.18	74.40	74.61	74.83	75.04	75.25	75.47
120	75.68	75.90	76.11	76.33	76.54	76.76	76.97	77.19	77.40	77.62
130	77.83	78.05	78.25	78.48	78.69	78.91	79.12	79.34	79.55	79.77
140	79.98	80.20	80.41	80.63	80.84	81.06	81.27	81.49	81.70	81.92
150	82.13	—	—	—	—	—	—	—	—	—

表 2-23 铜电阻分度表二（分度号 Cu100，$R_0 = 100\Omega$）　　　　单位：Ω

温度/℃	0	1	2	3	4	5	6	7	8	9
0	100.0	100.42	100.86	101.28	101.72	102.14	102.56	103.00	103.43	103.86
10	104.28	104.72	105.14	105.56	106.00	106.42	106.86	107.28	107.72	108.14
20	108.56	109.00	109.42	109.84	110.28	110.70	111.14	111.56	112.00	112.42
30	112.84	113.28	113.70	114.14	114.56	114.98	115.42	115.84	116.28	116.70
40	117.12	117.56	117.98	118.40	118.84	119.26	119.70	120.12	120.54	120.98
50	121.40	121.84	122.26	122.68	123.12	123.54	123.96	124.40	124.82	125.26
60	125.68	126.10	126.54	126.96	127.40	127.82	128.24	128.68	129.10	129.52

续表

温度/℃	0	1	2	3	4	5	6	7	8	9
70	129.96	130.38	130.82	131.24	131.66	132.10	132.52	132.96	133.38	133.80
80	134.24	134.66	135.08	135.52	135.94	136.33	136.80	137.24	137.66	138.08
90	138.52	138.94	139.36	139.80	140.22	140.66	141.08	141.52	141.94	142.36
100	142.80	143.22	143.66	144.08	144.50	144.94	145.36	145.80	146.22	146.66
110	147.08	147.50	147.94	148.36	148.80	149.22	149.66	150.08	150.52	150.94
120	151.36	151.80	152.22	152.66	153.08	153.52	153.94	154.38	154.80	155.24
130	155.66	156.10	156.52	156.96	157.38	157.82	158.24	158.68	159.10	159.54
140	159.96	160.40	160.82	161.28	161.68	162.12	162.54	162.98	163.40	163.84
150	164.27	—	—	—	—	—	—	—	—	—

3. 装配式热电阻的结构

装配式热电阻主要由接线盒、保护管、接线端子、绝缘套管和感温元件组成。

（1）热电阻结构　热电阻结构如图 2-98 所示。

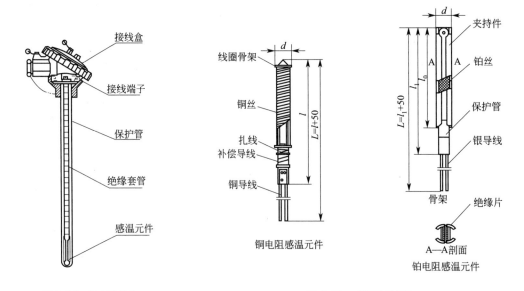

图 2-98　热电阻结构　　　　　　　图 2-99　感温元件结构

（2）感温元件结构　感温元件结构如图 2-99 所示。

装配式热电阻实例

型号 WZP-640，意义：分度号 Pt100，单只式，固定螺纹锥形保护管，隔爆接线盒，总长 300mm，锥形管长 150mm，A 级，4 线制，测温范围 0~400℃

型号 WZP₂-430，意义：分度号 Pt100，双只式，固定法兰固定方式，防水接线盒，保护管直径 ϕ16mm，不锈钢 1Cr18Ni9Ti，B 级精度，总长 L＝1000mm

型号 WZC-231，意义：分度号 Cu50（铜热电阻），单只式，固定螺纹固定方式，防水接线盒，保护管直径 ϕ12mm，总长度 1000mm

4. 主要技术指标

（1）测温范围和准确度　见表 2-24。

表 2-24　热电阻测温范围和准确度

名称	型号	分度号	允差等级	测温范围/℃	允许偏差 Δ/℃
铂热电阻	WZP	Pt100	A	−200～420	$\pm(0.15+0.002\lvert t\rvert)$
			B		$\pm(0.30+0.005\lvert t\rvert)$
铜热电阻	WZC	Cu50		−50～120	$\pm(0.30+0.006\lvert t\rvert)$

（2）热响应时间　在温度出现阶跃变化时，热电阻的电阻值变化至相当于该阶跃变化的某个规定百分数所需要的时间，称为热响应时间，用 τ 表示（取 50％时的热响应时间表示为 $\tau_{0.5}$）。

铂热电阻采用 ϕ12mm～ϕ16mm 的不锈钢保护管以及锥形保护管 $\tau_{0.5}\leqslant30～90$s，采用 ϕ12mm 不锈钢保护管的铜热电阻 $\tau_{0.5}\leqslant120$s。

（3）自热影响　热电阻的激励功率造成感温元件加热。通过热电阻中的测量电流为 5mA 时，测得的电阻增量换算成温度值应不大于 0.30℃。

（4）公称压力　一般是指在工作温度下，保护管所能承受而不破裂的静态外压。实际上，容许工作压力不仅与保护管材料、直径、壁厚有关，而且还与其结构、安装方法、置入深度以及被测介质的流速和种类有关。

不同固定装置方式的装配式热电阻公称压力见表 2-25。

表 2-25　不同固定装置方式的装配式热电阻公称压力

固定装置方式	固定螺纹直形保护管	固定螺纹锥形保护管	活动法兰	固定法兰	固定卡套螺纹	活动卡套螺纹	固定卡套法兰	活动卡套法兰
公称压力/MPa	10	30	常压	2.5	2.5	常压	2.5	常压

（5）热电阻最小置入深度　从保护管最底部算起，热电阻处于被测温空间的长度。

$$l_{\min}=l_{n}+15D \tag{2-24}$$

式中　$l_{\min}$——最小可用置入深度，mm；

l_{n}——感温元件长度，mm；

D——保护管外径，mm。

（6）常温绝缘电阻　常温绝缘电阻的试验电压可取直流 10～100V 任意值，环境温度在 15～35℃范围内，相对湿度应不大于 80％。铂热电阻常温绝缘电阻值应不小于 100MΩ，铜热电阻的常温绝缘电阻值不小于 50MΩ。

5. 型号含义

装配式热电阻的型号含义如图 2-100 所示。

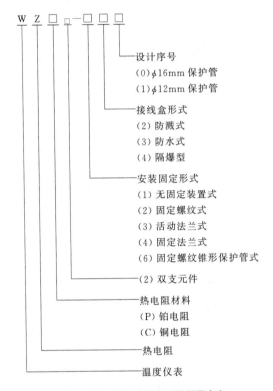

图 2-100　装配式热电阻的型号含义

（六）测温元件的安装

接触式测温仪表所测得的温度都是由测温（感温）元件来决定的。在正确选择测温元件和二次仪表之后，如不注意测温元件的正确安装，测量精度仍得不到保证。工业上一般是按下列要求进行安装的。

1. 测温元件的安装要求

（1）在测量管道温度时，应保证测温元件与流体充分接触，以减少测量误差。因此要求安装时测温元件应迎着被测介质流向插入，至少须与被测介质正交（成 90°），切勿与被测介质形成顺流。如图 2-101 所示。

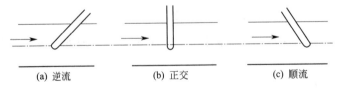

图 2-101　测温元件安装示意图之一

（2）测温元件的感温点应处于管道中流速最大处。一般来说，热电偶、铂电阻、铜电阻

保护套管末端应分别越过流束中心线 5～10mm、
50～70mm、25～30mm。

（3）测温元件应有足够的插入深度，以减小测量误差。为此，测温元件应斜插安装或在弯头处安装。如图 2-102 所示。

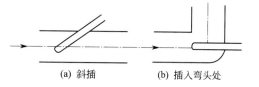

(a) 斜插　　(b) 插入弯头处

图 2-102　测温元件安装示意图之二

（4）若工艺管道过小（直径小于 80mm），安装测温元件处应接装扩大管，如图 2-103 所示。

（5）热电偶、热电阻的接线盒面盖应向上，以避免雨水或其他液体、脏物进入接线盒中影响测量。如图 2-104 所示。

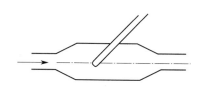

图 2-103　小工艺管道上测温元件安装示意图

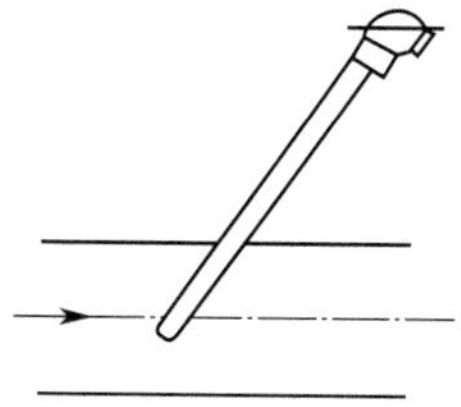

图 2-104　热电偶或热电阻安装示意图

（6）为了防止热量散失，测量元件应插在有保温层的管道或设备处。

（7）测温元件安装在负压管道中时，必须保证其密封性，以防止外界冷空气进入，使读数降低。

2. 布线要求

（1）按照规定的型号配用热电偶的补偿导线，注意热电偶的正、负极与补偿导线的正、负极相连接，不要接错。

（2）热电阻的线路电阻一定要符合所配二次仪表的要求。

（3）为了保护连接导线与补偿导线不受外来的机械损伤，应把连接导线或补偿导线穿入钢管或走槽板内。

（4）导线应尽量避免有接头。应有良好的绝缘。禁止与交流电线合用一根穿线管，以免引起感应。

（5）导线应尽量避开交流动力电线。

（6）补偿导线不应有中间接头，否则应加装接线盒。另外，最好与其他导线分开敷设。

（七）显示仪表

凡是能将生产过程中各种参数进行指示、记录或累积的仪表统称为显示仪表（或称为二次仪表）。

1. 显示仪表的分类

显示仪表按照显示的方式来分，可分为模拟式、数字式和屏幕显示式三种。

（1）模拟式显示仪表　是以仪表的指针（或记录笔）的线性位移或角位移来模拟显示被测参数连续变化的仪表。这类仪表由于要使用磁电偏转机构或机电式伺服机构，因此测量速度较慢、测量精度低、难以准确读数。但由于其结构简单、工作可靠、价廉且又能反映出被测参数的变化趋势，因而目前大量地应用于工业生产中。

（2）数字式显示仪表　是直接以数字形式显示被测参数大小的仪表。其特点是测量速度快、精度高、读数直观准确，便于和计算机等数字化装置联用，因而近年来得到迅速发展。

（3）屏幕显示仪表　是一种与计算机联用的新型显示装置，可以把生产过程中的工艺参数以文字、符号和图形等形式在屏幕上显示出来。它具有模拟式显示仪表和数字式显示仪表的两种特点。

2. 模拟式显示仪表

工业上常用的模拟式显示仪表有动圈式显示仪表和自动平衡式显示仪表。

（1）动圈式显示仪表　动圈式显示仪表具有结构简单、价格低廉、灵敏度高等优点。其输入信号为直流毫伏信号，因此可以与热电偶或热电阻等测温元件配合，作为温度显示、控制之用；也可以与其他变送器配合，用来测量、控制其他参数。如 XCZ 型动圈表可用作参数指示；而 XCT 型动圈表除可用作参数指示外，还有控制参数的功能。

测量机构及作用原理：动圈式显示仪表测量机构核心部件是一个磁电式毫伏计。其中动圈是用具有绝缘层的细铜线绕成的矩形框，如图 2-105 所示。用张丝把它吊置在永久磁钢的空间磁场中。当测量信号（即直流毫伏信号）通过张丝加在动圈上时，便有电流通过动圈。此时载流线圈将受到磁场力作用而转动，动圈的转动使作为其支承的张丝发生扭转，张丝就产生反抗动圈转动的反力矩，该反力矩随张丝扭转角的增大而增大。当两力矩平衡时，动圈就

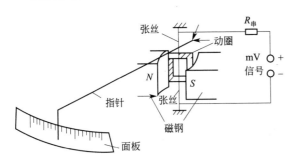

图 2-105　动圈式显示仪表的工作原理

停留在某一位置上。由于动圈的位置与输入毫伏信号相对应，当面板直接刻成温度标尺时，装在动圈上的指针就指示出被测对象的温度数值。

（2）自动平衡式显示仪表　常用的自动平衡式显示仪表有自动电子电位差计和自动电子平衡电桥。要求重点掌握自动电子电位差计的工作原理。

① 电压平衡原理　电子电位差计是根据"电压平衡原理"（电压补偿原理）工作的，如图 2-106 所示。图中 E_t 为被测热电势，滑线电阻 R 与稳压电源 E 组成一闭合回路，因此流过 R 上的电流 I 是恒定的，这样一来就可以将 R 的标尺刻成电压数值。G 为检流计。当移动滑动触点 C 使通过检流计的电流为零时，U_{BC} 应等于 E_t，因此滑动触点 C 所指的刻度即为被测电压 E_t。

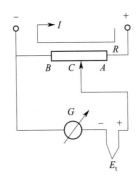

图 2-106　电压平衡原理

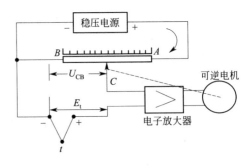

图 2-107　自动电子电位差计原理

② 自动电子电位差计　自动电子电位差计就是根据上述电压平衡原理进行工作的。与手动式电子电位差计不同，它用可逆电机及机械传动机构代替人工进行电压平衡操作，用放大器代替检流计来检测不平衡电压，并控制可逆电机的工作。图 2-107 所示为自动电子电位差计的原理。当热电势 E_t 与已知的直流压降 U_{BC} 相比较时，若 $E_t \neq U_{CB}$，其比较之后的差

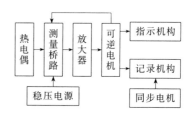

图 2-108　自动电子电位差计原理方框图

值（即不平衡信号）经放大器放大后，输出足以驱动可逆电机的功率，使可逆电机通过机械传动机构去带动滑动触点 C 的移动，直到 $E_t = U_{CB}$ 为止。这时放大器输入端的输入信号为零，可逆电机不再转动，测量线路达到了平衡，这样 U_{CB} 就可以代表被测量的 E_t 值。自动电子电位差计原理方框图如图 2-108 所示。

3. 数字式显示仪表

（1）数字式显示仪表的分类

① 按输入信号形式划分，可分为电压型和频率型两类。所谓电压型是指输入信号是电压或电流信号，而频率型是指输入信号是频率、脉冲或开关信号。

② 按输入信号的点数划分，可分为单点和多点两种。

③ 按显示位数划分，可分为 3 位半（$3\frac{1}{2}$）和 4 位半（$4\frac{1}{2}$）等多种。所谓半位的显示是指最高位是 1 或 0。如 $3\frac{1}{2}$ 位显示范围为 $-1999 \sim +1999$。

（2）数字式显示仪表的基本组成　数字式显示仪表的组成一般包括前置放大、非线性校正或开方等运算电路、模-数（A/D）转换、标度变换及显示装置等部分，其组成框图如图 2-109 所示。

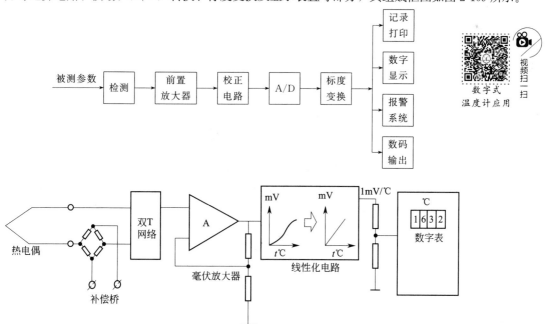

图 2-109　数字式（温度）显示仪表的基本组成

① 前置放大电路　输入信号往往很小（一般是毫伏级），必须经前置放大电路放大至伏级电压幅度，才能供线性化电路或 A/D 转换电路工作。有时输入信号夹带测量噪声（扰动信号），因此也可以在前置放大电路中加上一些滤波电路，抑制扰动影响。

② 非线性校正或开方等运算电路　许多检测元件（如热电偶、热电阻）具有非线性特性，须将信号经过非线性校正或开方等运算电路的处理后成线性特性，以提高仪表的测量精度。

③ 模-数（A/D）转换电路　数字式显示仪表的输入信号多数为连续变化的模拟量，须经 A/D 转换电路将模拟量转换成断续变化的数字量。A/D 转换是数字式显示仪表的核心。A/D 转换电路种类较多，常见的有双积分型、脉冲宽度调制型、电压/频率转换型和逐次比较型等。

④ 标度变换电路　标度变换电路的作用是对被测信号进行量纲换算，使仪表能以工程量形式显示被测参数的大小。

⑤ 数字显示电路　数字显示电路的数字显示方法很多，常用的有发光二极管显示器（LED）和液晶显示器（LCD）。

 思政课堂

　　从大庆到茂名再到广州，改变的是地理空间，不变的是一颗奉献一线、服务一线的心；从稚嫩学徒工到车间主任技师，改变的是身份标签，不变的是精益求精的职业态度。

　　"有问题，找老暴！"作为广东石化公司的技能工匠，暴沛然长期扎根基层一线摸爬滚打，练就一身绝活，书写着精益求精、锐意创新的故事，是年轻同事们最钦佩的"仪表工匠"。由于从小对航模及遥控电子产品的热爱，培养了他较强的动手能力。对于这份工作，暴沛然充满了好奇和期待。仪表专业的工作，让他接触到了各种各样先进的产品，并且有许多装置上换下来的旧的仪表设备和零件可以让他研究和琢磨。

　　在这个行业，各类装置林林总总：近千台泵，上万个阀门……为了对设备和系统的细枝末节了如指掌，乐观开朗的暴沛然还拜了好几位其他专业的"高手"为师傅。他铆足劲学技术，摘抄的笔记本摞起来有两尺多高。很快，他成为为数不多的班长。

（摘自：暴沛然：乙烯"开荒牛"屡次创新填空白，广州文明网 . 2019-9-12）

 思考练习题

1. 现用一支镍铬-铜镍热电偶测量某换热器内的温度，其冷端温度为 30℃，显示仪表的机械零位在0℃，这时指示值为400℃，则该换热器内的温度应是多少？

　　A. 430℃　　　B. 420℃　　　C. 400℃　　　D. 422.5℃

　　正确答案：D

　　题解：由于该热电偶的冷端温度为30℃，在测温时所产生的热电势为$E(t, 30)$，应等于测量仪表所接收到的热电势，即$E(t, 30) = E(400, 0) = 28943\mu V$（见表2-14）。

　　而$E(30, 0) = 1801\mu V$，可知

$$E(t, 0) = E(t, 30) + E(30, 0) = 28943 + 1801 = 30744\mu V$$

　　A为错误答案。查分度表可得$E(430, 0) = 31350\mu V$，因此换热器内的温度不是430℃。

　　B也为错误答案。因$E(420, 0) = 30546\mu V$。而$E(400, 0) = 28943\mu V$，C也是错误答案。

　　查表换算可得出换热器内的温度为

$$t = 420 + \frac{30744 - 30546}{31350 - 30546} \times 10 = 420 + \frac{198}{804} \times 10 \approx 422.5℃$$

　　D是正确答案。

　　2. 用Cu50的铜电阻测温，测得其热电阻R_t为80Ω，已知$R_0 = 50Ω$，$R_{100} = 71.4Ω$，该测温点的实际温度为（　　　）。

　　A. 150℃　　　B. 130℃　　　C. 140.2℃　　　D. 135.5℃

　　3. 温度的单位为_____，热量的单位为_____。

　　4. 世界上华氏温标定义：标准大气压下水的冰点温度定义为_____℉，水的沸点温度定义为_____℉。

　　5. 摄氏温标定义：在一个标准压力下，稳定的_____的温度为0℃，水_____时对应的温度定义为100℃。0～100℃之间_____等份，每等份为温度单位1℃。

　　6. 将两根不同材料的导体一端焊接，另一端开路，就构成_____。焊接端为_____，开路端为_____。

　　7. 判断题

　　（1）接触电势表达式：$e_{AB}(t) = K \ln \dfrac{N_{AT}}{N_{BT}}$。（　　　）

　　（2）接触电势表达式，按字母排列顺序，字母在前面的为高电位。（　　　）

　　（3）接触电势表达式，按数学表达式表示时，在分子上的材料代表高电位。（　　　）

　　（4）接触电势表达式，如果使用箭头表示电动势方向，则箭头指向高电位。（　　　）

　　（5）温差电势表达式：$e_A(t, t_0) = \displaystyle\int_{t_0}^{t} N_{AT}(t)\mathrm{d}t$。（　　　）

　　（6）温差电势表达式，使用箭头表示温差电势时，箭头指向高电位。（　　　）

　　（7）温差电势表达式，使用字母表示电位高低时，括号中在前面代表温度的字母表示高电位。（　　　）

　　（8）温差电势表达式，使用积分表达式时，积分顺序是从对应的低电位积分到高电位（t_0代表低电位，t代表高电位）。（　　　）

　　（9）由同种材料组成的热电偶，如果该材料为均质结构，无论热端和冷端温度如何分布，都不会产生回路电势。（　　　）

　　（10）如果使用同种材料形成的热电偶当热端和冷端不相同时有热电势产生，则说明该材料不为均质材料。（　　　）

（11）不均质材料不能用来制作热电偶。（　　）

（12）在热电偶回路中接入第三种导体时，只要第三种材料两端温度相等，则接入第三种材料后不影响热电偶回路电势的大小。（　　）

（13）中间温度定律：$E_{AB}(t,t_n)=E_{AB}(t,0)+E_{AB}(0,t_n)$。（　　）

（14）热电偶分度表只能查出 $E_{AB}(t,0)$ 对应的热电势。（　　）

（15）无论字母顺序或温度顺序变化，回路电势表达式都应该在热电势前面增加负号。（　　）

（16）在低温下和被补偿的热电偶具有相同的热电特性（在低温下可以取代原热电偶进行温度测量），这种材料（也是两种材料组成）称为补偿导线。（　　）

（17）补偿导线也有正负之分。（　　）

（18）冷端补偿器也称为冷端补偿盒。（　　）

（19）当热电偶冷端不等于零度时，热电偶产生的电动势会带来指示误差。（　　）

（20）冷端补偿盒可以补偿误差，冷端温度变化时，回路需要多少电动势，补偿盒就补偿多少，所以又称为自动补偿回路。（　　）

8. 简答题

（1）温度测量在热力生产过程中的作用是什么？

（2）电厂常用的测温仪表有哪几种？测温范围各是多少？

（3）什么叫热电效应？简述热电偶的测温原理。

（4）电厂常用的标准热电偶有哪几种？分度号、名称、正负极各是什么？

（5）热电偶的基本定律有哪些？意义是什么？

（6）热电偶有哪几种结构类型？各有什么特点？

（7）为什么要对热电偶进行冷端温度补偿？补偿方法有哪些？

（8）仅采用补偿导线能否消除热电偶冷端温度变化的影响？为什么？

（9）简述热电阻的测温原理。电厂中常用的热电阻有哪几种？并说明其分度号、零度时电阻值和测温范围。

（10）画出采用动圈式显示仪表的热电偶测温系统原理图。

（11）为什么动圈式显示仪表的测量准确等级比平衡式显示仪表的等级低？

（12）电子电位差计与自动平衡电桥有何异同？

（13）数字式显示仪表由哪几部分组成？有什么特点？

任务五　物位检测仪表选型、使用与校准

 学习目标

1. 了解物位检测仪表的类型、结构、工作原理。
2. 了解仪表检测的基本知识。
3. 理解物位检测仪表的安装、使用方法。

一、任务分析

（1）通过课前预习相关参考资料以及项目任务书，了解仪表检测相关内容，了解物位检测仪表的类型、结构、工作原理。

（2）通过课前预习，理解物位检测仪表在自动控制系统中所起到的作用，试总结一些物位仪表在生活中应用的典型案例。

（3）10min 汇报预习内容。课堂上实行教学做一体，采用小组分析、讨论、汇报的教学方法。根据项目情景，要求学生根据教师安排，通过分析、讨论以及现场操作实训，完成相应的学习目标，达到以下几项技能：

① 能总结物位检测仪表的类型；

② 能举出一些简单物位检测的例子；

③ 能分析典型物位检测仪表的结构、工作原理；

④ 能根据要求对物位检测仪表进行安装；

⑤ 能正确选用物位检测仪表。

（4）通过小组共同讨论、参与操作，增强学生的人际沟通能力、团队协作能力。

二、案例引入

图 2-110 所示为某容器（反应釜）内液位控制系统，该自动控制系统中的检测元件为液

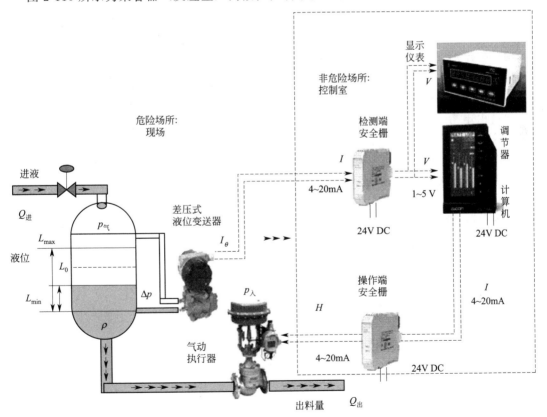

图 2-110 某容器内液位控制系统

位检测仪表，可以实时检测容器内的液位的高低，当容器内液位变化时，会影响下游设备的供应，所以需要对容器内的液位进行控制，而控制容器出料口的流量便是保持容器内液位不变化的一种手段，当容器内液位降低时，液位检测仪表将及时检测出该信号，经差压式液位变送器运算后，将会控制调节阀，使其开度减小，以降低出口流量，此时进入容器的流量不变，而出口流量变小，所以很快液位便得到补充。该系统的控制方框图如图2-111所示。本次任务主要介绍检测仪表之液位检测仪表的有关内容。

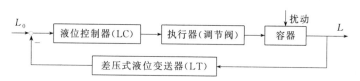

图 2-111　某反应釜内温度控制方框图

三、任务实施

（一）1151 电容式变送器的工作原理和结构认识

1151系列电容式变送器有一个可变电容的传感组件，称为"δ"室（见图2-112）。传感器是一个完全密封的组件，过程压力通过隔离膜片和灌充液硅油传到传感膜片引起位移。传感膜片和两电容极板之间的电容差由电子部件转换成4～20mA DC的二线制输出的电信号。

电容变送器的基本组成可用方框图2-113表示，它分成测量部件和转换放大电路两部分。输入差压Δp_i作用于测量部件的感压膜片，使其产生位移，从而使感压膜片（即可动电极）与两固定电极所组成的差动电容器之电容量发生变化。此电容变化量由电容-电流转换电路转换成直流电流信号，电流信号与调零信号的代数和同反馈信号进行比较，其差值送入放大电路，经放大得到整机的输出电流I_0。

在实验装置的三个水槽旁有相应的液位测量变送器。整个仪表可分为两大部分（见图2-114）：下部是传感器组件，过程压力通过导压管引入本体内的测压室；上部是电路板组件，设有电流输出端子、量程和零位校验按键等。图2-115给出1151变送器的装配分解示意图。

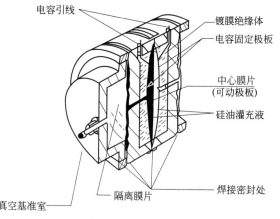

图 2-112　电容（差压）变送器的"δ"室

（1）同学们可以打开端盖认识一下基本结构。

（2）识读铭牌，并回答问题：

① 是差压式变送器还是压力变送器？

② 变送器的量程范围多少？

③ 工作电压是多少？

（二）液位测量

接下来进行液位测量训练。

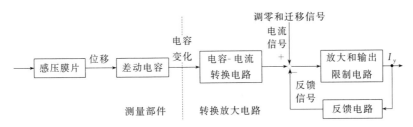

图 2-113 电容变送器的组成方框图

适用于 DP、HP、DP$\sqrt{\Delta P}$ 和 DR 型变送器

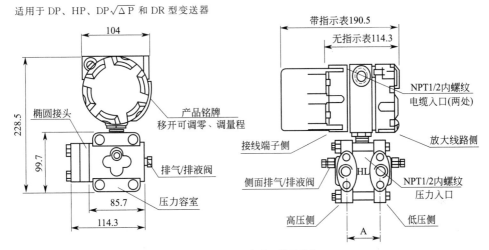

图 2-114 1151 变送器外形结构

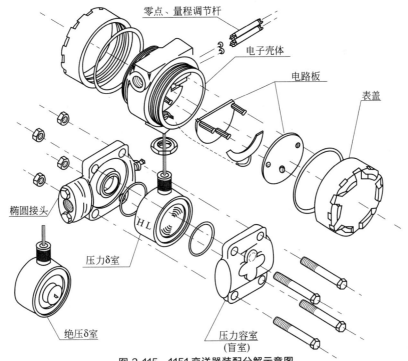

图 2-115 1151 变送器装配分解示意图

1. 准备工作

（1）首先按照图 2-116 连接好控制线路和水泵控制电路。

（2）检查线路无误后，启动水泵将水槽的水灌满。

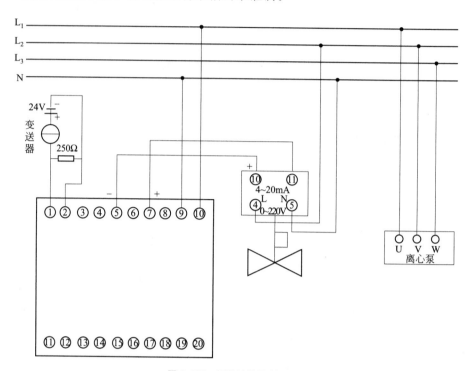

图 2-116　锅炉液位控制系统

2. 仪表校验

（1）用万用表测量负载电阻两端的电压，同时记下此时的水位值。

（2）放空水槽，测量负载电阻两端此时的电压，是否为 1V？

（3）对测量数据分析后发现，各组的数据可能都不相同——无水时理应测得的电压为 1V，但实际各有偏差；同时，对满水位的测量数据作一简单的计算：（电压值−1V）×量程，其结果可能与实际水位有较大差别。怎么办？

（4）打开变送器的铭牌端盖，用小起子调节标有"Z"字母的旋钮（要小心，用力不要过猛，以免损坏仪表），直至测量电压为 1V；将水灌满，调节标有"R"字母的旋钮，直至（测量电压值−1V）×量程＝实际值。反复三次即可。

　　刚才大家通过液位测量训练，掌握了通过调节"Z""R"字母的旋钮后，可以使仪表的输出值等于实际值的操作方法，其理论依据是什么？这要分析变送器的测量原理。

四、相关知识

(一)常用物位仪表

　　测量物位的仪表种类很多，按其工作原理主要有下列几种。

（1）直读式　这类仪表主要有玻璃管液位计、玻璃板液位计等（图 2-117、图 2-118）。它们是根据流体力学的连通性原理来测量液位的。

图 2-117　玻璃管液位计

图 2-118　玻璃板液位计

（2）差压式　这类仪表又可分为压力式和差压式两类（图 2-119、图 2-120）。它们是根据液柱或物料堆积对某定点产生压力的原理而工作的。

图 2-119　压力式液位计

图 2-120　差压式液位计

（3）浮力式　这类仪表可分为浮子式、浮球式和沉桶式等几种（图 2-121、图 2-122）。它们是利用浮子的高度随液位变化而变化，或液体对沉浸于液体中的浮子（或沉桶）的浮力随液位高度而变化的原理工作的。

图 2-121　浮子式液位计

图 2-122　浮球式液位计

浮球式液位计原理

动画扫一扫

（4）电磁式　这类仪表可分为电阻式（即电极式）、电容式和电感式等几种（图 2-123、图 2-124）。

动画扫一扫

电磁式液位计原理

图 2-123　电极式液位计

图 2-124　电容式液位计

（5）核辐射式　这类仪表是利用核辐射透过物料时，其强度随物质层的厚度而变化的原理工作的（图 2-125），目前应用较多的是 γ 射线。

（6）声波式　这类仪表可根据其工作原理分为声波遮断式、反射式和阻尼式等几种（图 2-126）。它们的原理是：由于物料厚度的变化引起声阻抗的变化、声波的遮断和声波反射距离的不同，测出这些变化就可测出物位的变化。

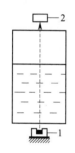

动画扫一扫

声波式液位计原理

图 2-125　核辐射式液位计

1—辐射源；2—接收器

图 2-126　声波式液位计

（7）光学式　这类仪表是利用物位对光波的遮断和反射原理而工作的。所利用的光源可以有白炽灯光或激光等。

（二）差压式液位变送器

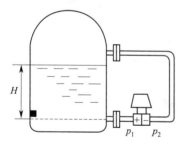

图 2-127　差压式液位变送器原理

1. 工作原理

差压式液位变送器是利用容器内的液位改变时，由液柱产生的静压也相应变化的原理工作的。如图 2-127 所示。

设密闭容器内的气相压力为 p，则

正压室：$p_1 = H\rho g + p$

负压室：$p_2 = p$

$$\Delta p = p_1 - p_2 = H\rho g$$

式中，H 为液位高度；ρ 为介质密度；g 为重力加速度；p_1、p_2 分别为差压变送器正、负压室的压力。

通常被测介质的密度是已知的，差压变送器测得的差压与液位高度成正比。这样就把测量液位高度转换为测量差压的问题了。

当被测容器是敞口的，气相压力为大气压时，只需将差压变送器的负压室通大气即可。若不需要远传信号，也可以在容器底部安装压力表，如图 2-128 所示。根据压力 p 与液位 H 成正比的关系，可直接在压力表上按液位进行刻度。

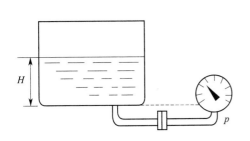

图 2-128　压力表式液位计

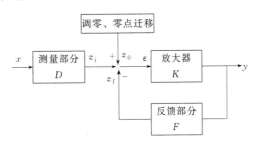

图 2-129　变送器构成原理

2. 变送器的构成原理

变送器的构成原理如图 2-129 所示。主要由测量部分（即输入转换部分）、放大器和反馈部分组成。测量部分的作用是检测工艺变量 x，并把变量 x 转换成电压、电流、位移、作用力或力矩等物理量，作为放大器的输入信号 z_i。反馈部分则把变送器的输出信号 y 转换成反馈信号 z_f，输入信号 z_i 与调零信号 z_0 的代数和同反馈信号进行比较，其差值 ε 送给放大器进行放大，并转换成标准的气压或直流电流输出信号 y。

根据负反馈放大器原理，由图 2-130 可以求得整个变送器输出与输入关系为

$$Y = \frac{K}{1+KF}(Dx + z_0) \qquad (2\text{-}25)$$

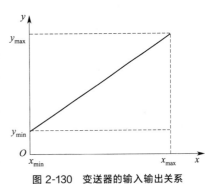

图 2-130　变送器的输入输出关系

式中　D——测量部分的转换系数；

　　　K——放大器放大系数；

　　　F——反馈部分的反馈系数。

当放大器的放大系数足够大，且满足 $KF \gg 1$ 时，上式变为

$$Y = \frac{1}{F}(Dx + z_0) \qquad (2\text{-}26)$$

由式(2-26) 可知，在满足 $KF \gg 1$ 的条件下，变送器的输出与输入之间的关系仅取决于测量部分和反馈部分的特性，而与放大器的特性几乎无关。

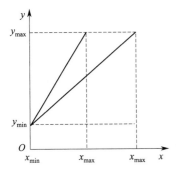

图 2-131　变送器量程调整
前后的输入输出特性

变送器的量程确定后，其测量部分转换系数 D 和反馈系数 F 都是常数，因此变送器的输出与输入关系为线性关系，可用图 2-131 表示。图中 x_{max}、x_{min} 分别为变送器测量范围的上限值和下限值（图中 $x_{min} = 0$）；y_{max}、y_{min} 分别为输出

信号上限值和下限值。

为了将信号变换成统一的标准信号，在使用前必须对变送器进行调校，其主要内容有变送器的量程调整、零点调整和零点迁移。

3. 量程调整

量程调整的目的是使变送器的输出信号的上限值 y_{max} 与测量范围的上限值 x_{max} 相对应。

图 2-131 所示为变送器量程调整前后的输入输出特性。由图 2-131 可见，量程调整相当于改变输入输出特性曲线的斜率，也就是改变变送器输出信号 y 与输入信号 x 之间的比例系数。

量程调整的方法，通常是改变反馈部分的反馈系数 F。F 愈大，量程就愈大；F 愈小，量程就愈小。有些变送器还可以用改变测量转换部分的转换系数 D 来调整量程。

4. 零点调整和零点迁移

使用差压变送器测量液位时，一般来说，压差 Δp 与液位高度 H 之间关系为 $\Delta p = H\rho g$。这是一般的"无迁移"的情况。当 $H = 0$ 时，作用在正负压室的压力是相等的。

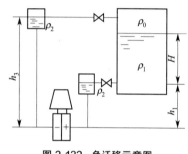

图 2-132　负迁移示意图

（1）负迁移　在实际测量中，常在差压变送器的正、负压室与取压点之间加装隔离罐，并充以密度为 ρ_2 的中性隔离液，以防止具有腐蚀作用的液体或气体进入变送器而造成对仪表的腐蚀，如图 2-132 所示。此时差压变送器的正、负压室的压力分别为

$$p_1 = H\rho_1 g + h_1\rho_2 g + p_0$$
$$p_2 = h_2\rho_2 g + p_0$$

则

$$\Delta p = H\rho_1 g - (h_2 - h_1)\rho_2 g \qquad (2\text{-}27)$$

即当被测液位 $H = 0$ 时，$\Delta p_{min} = -(h_2 - h_1)\rho_2 g < 0$，相当于在负压室多了一项附加压差 $(h_2 - h_1)\rho_2 g$，此即为负迁移。可通过调整变送器上的零点迁移弹簧来消除该固定压差的作用，使变送器的输出仍为零信号。

（2）正迁移　当仪表安装高度与容器最低液位（$H_{min} = 0$）不在同一水平位置上时，如图 2-133 所示，则正、负压室的压力分别为

$$p_1 = H\rho g + h_1\rho g + p$$
$$p_2 = p$$

则

$$\Delta p = p_1 - p_2 = H\rho g + h_1\rho g \qquad (2\text{-}28)$$

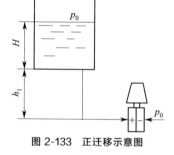

图 2-133　正迁移示意图

式中，h_1 为差压计正压室到液位起点处的垂直高度。

当 $H = 0$ 时，$\Delta p_{min} = h_1\rho g > 0$。对比无迁移情况，相当于在正压室多了一项附加压差 $h_1\rho g$，此即为正迁移。可通过调整变送器上的零点迁移弹簧来消除该固定压差的作用，使变送器的输出仍为零信号。

迁移同时改变了测量范围的上、下限，相当于测量范围的平移，它并不改变量程的大小。例如某差压变送器的测量范围为 0～5000Pa，对于 DDZ-Ⅲ型差压变送器，当压差由 0 变化到 5000Pa 时，变送器的输出将由 4mA 变化到 20mA，这是无迁移情况，如图 2-135 中的曲线 a。

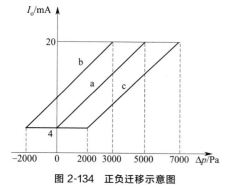

图 2-134　正负迁移示意图

假定固定压差为 $(h_2-h_1)\rho_2 g=2000\text{Pa}$，则当 $H=0$ 时，附加压差 $\Delta p=-2000\text{Pa}$，此时当压差由 -2000Pa 变化到 3000Pa 时，变送器的输出将由 4mA 变化到 20mA，这是负迁移情况，如图 2-134 中的曲线 b。

假定固定压差为 $h_1\rho g=2000\text{Pa}$，则当 $H=0$ 时，附加压差 $\Delta p=h_1\rho g=2000\text{Pa}$，此时当压差由 2000Pa 变化到 7000Pa 时，变送器的输出将由 4mA 变化到 20mA，这是正迁移情况，如图 2-134 中的曲线 c。

零点调整和零点迁移的目的，是使变送器输出信号的下限值 $y_{\min}$ 与测量信号的下限值 $x_{\min}$ 相对应。在实际工程测量中，常常需要将测量的起始点迁移到某一数值（正值或负值），即所谓的零点迁移。在未加迁移时，测量起始点为零；当测量的起始点由零变为某一正值，称为正迁移；反之，当测量起始点由零变为某一负值，称为负迁移。

图 2-135 所示为变送器零点迁移前后的输入输出特性。由图 2-135 可见，零点迁移后，变送器的输入输出特性曲线沿 x 坐标向右或向左平移了一段距离，其斜率并没有改变，即变送器的量程不变。若采用零点迁移后，再辅以量程调整，可以提高仪表的测量精度和灵敏度。通常，经过调整后使 $x_{\min}=0$ 为零点调整；而 $x_{\min}\neq 0$ 时，为零点迁移调整。

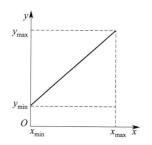 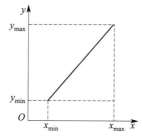 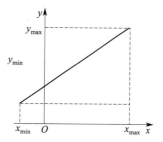

图 2-135　变送器零点迁移前后的输入输出特性

实现零点调整和零点迁移的方法，是在负反馈放大器的输入端加上一个零点调整信号 z_0，如图 2-135 所示。当 z_0 为负值时可实现正迁移；而当 z_0 为正值时则可实现负迁移。

5. 用法兰式差压变送器测量液位

测量具有腐蚀性或含有结晶颗粒以及黏度大、易凝固等液体的液位时，为避免引压管线被腐蚀、被堵塞，应使用在导压管入口处加隔离膜盒的法兰式差压变送器，如图 2-136 所示。作为敏感元件的法兰式测量头 1（金属膜盒）经毛细管 2 与变送器 3 的测量室相通。在膜盒、毛细管和测量室所组成的封闭系统内充有硅油作为传压介质，并使被测介质不进入毛细管与变送器，以免堵塞。法兰式差压变送器按其结构形式又分为单法兰式和双法兰式两种。图 2-136 中所示的为双法兰式，单法兰式只在正压室的导压管入口处加装有隔离膜盒，负压室直接与大气相通，用于测量敞口容器的液位。

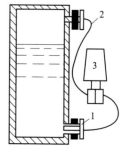

图 2-136　法兰式差压变送器测量液位示意图
1—法兰式测量头；2—毛细管；3—变送器

(三)其他物位检测仪表

1. 电容式物位传感器

测量原理：在电容器的极板之间充以不同非导电介质时，电容量的大小也有所不同。因此，可通过测量电容量的变化来测量物位（包括液位、料位和界面）。

图 2-137 所示为由两个同轴圆柱极板组成的电容器，在两圆筒间充以介电常数为 ε 的介质时，则两圆筒间的电容量表达式为

$$C = \frac{2\pi\varepsilon L}{\ln\dfrac{D}{d}} \tag{2-29}$$

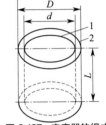

图 2-137　电容器的组成
1—内电极；2—外电极

式中，L 为两极板相互遮盖部分的长度；d、D 为圆筒形内电极的外径和外电极的内径。

所以，当 D 和 d 一定时，电容量 C 的大小与极板的长度 L 和介电常数 ε 的乘积成比例。这样，将电容传感器（探头）插入被测物料中，电极浸入物料中的深度随物位高低变化，必然引起其电容量的变化，从而可检测出物位。

2. 核辐射物位计

核辐射物位计如图 2-138 所示。射线的透射强度随着通过介质层厚度的增加而减弱，具体关系见式(2-30)。

$$I = I_0 e^{-\mu H} \tag{2-30}$$

核辐射物位计特点如下。

① 适用于高温、高压容器、强腐蚀、剧毒、有爆炸性、黏滞性、易结晶或沸腾状态的介质的物位测量，还可以测量高温熔融金属的液位。

② 可在高温、烟雾等环境下工作。

③ 但由于放射线对人体有害，使用范围受到一些限制。

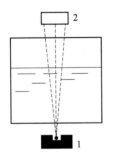

图 2-138　核辐射物位计示意图
1—辐射源；2—接收器

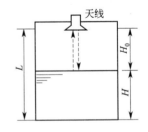

图 2-139　雷达式液位计示意图

3. 雷达式液位计

雷达式液位计是一种采用微波技术的液位检测仪表（图 2-139）。

雷达波由天线发出到接收到由液面来的反射波的时间 t 由下式确定

$$t = \frac{2H_0}{c} \tag{2-31}$$

式中　t——雷达波由发射到接收的时间差，s；

$\qquad H_0$——天线到被测介质液面间的距离，km；

$\qquad c$——电磁波传播速度，300000km/s。

由于　$\qquad\qquad\qquad\qquad\qquad H = L - H_0$

故　$\qquad\qquad\qquad\qquad\qquad H = L - \dfrac{c}{2}t$

雷达探测器对时间的测量有微波脉冲法及连续波调频法两种方式。

4. 称重式液罐计量仪

称重式液罐计量仪（图 2-140）既能将液位测得很准，又能反映出罐中真实的质量储量。

称重仪根据天平原理设计。

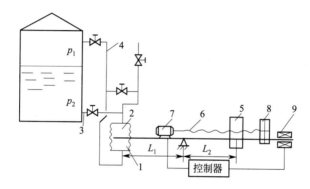

图 2-140　称重式液罐计量仪

1—下波纹管；2—上波纹管；3—液相引压管；4—气相引压管；5—砝码；
6—丝杠；7—可逆电机；8—编码盘；9—发讯器

【**例 2-10**】　如图 2-141 所示，用一台差压变送器测量某容器的液位，其最高液位和最低液位到仪表的距离分别为 $h_1 = 1\text{m}$ 和 $h_2 = 4\text{m}$，被测介质的密度为 980kg/m^3。则变送器的量程和迁移量分别是多少？

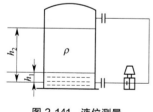

图 2-141　液位测量安装示意图

A. 30kPa、9613.8Pa　　　　B. 28.8kPa、－9613.8Pa

C. 30kPa、－9613.8Pa　　　D. 28.8kPa、9613.8Pa

正确答案：A。

题解：

（1）当不考虑迁移量时，变送器的测量范围应根据液位的最大变化范围来计算。

$$\Delta p_{\max} = (h_2 - h_1)\rho g = (4-1)\times 980 \times 9.81 = 28841\text{Pa} \approx 28.8\text{kPa}$$

故依据仪表量程规范，可选量程范围为 0～30kPa。

（2）正、负压室的压力差分别为

$$p_+ = H\rho g + h_1 \rho g + p_0$$

$$p_- = p_0$$

正、负压室的压力差为 $\Delta p = p_+ - p_- = H\rho g + h_1 \rho g$

当 $H = 0$ 时，$\Delta p_{\min} = h_1 \rho g > 0$，故需要正迁移，迁移量为

$$\Delta p = h_1 \rho g = 1 \times 980 \times 9.81 = 9613.8 \text{Pa}$$

B. 答案是量程和迁移方向错误；

C. 答案是迁移方向错误；

D. 答案是量程错误。

 思政课堂

　　扬州优秀工匠——顾春勇，一直从事化工仪器仪表及计算机集散控制系统的选型、调试、维护。工作中他刻苦钻研，积极进取，以其精湛的仪表维修技艺和丰富的实践经验，为企业发展做出了突出贡献。他参加的各个项目被列入 2011 年国家火炬计划、江苏省科技支撑计划，个人先后荣获江苏省企业首席技师、江苏省有突出贡献的中青年专家、扬州优秀工匠、江苏制造工匠等光荣称号！

　　顾春勇坚持"使用、维护与计划检修相结合"的理念，每天深入现场，了解每台设备的运行情况，力争对全部设备的运行状况做到心中有数。积极开展各种设备检查活动，杜绝设备的"跑、冒、滴、漏"现象。精心组织、协调，合理安排，在确保检修质量的前提下，圆满完成了每次维修工作，保证了公司主要设备完好率！

　　（摘自：顾春勇：用"工匠精神"做好人大代表履职．扬州发布．2021-7-7）

 思考练习题

　　用一台双法兰式差压变送器测量某容器的液位，如图 2-142 所示。已知被测液位的变化范围为 $0 \sim 5\text{m}$，被测介质密度 $\rho_1 = 900\text{kg/m}^3$。变送器的安装尺寸为 $h_1 = 1.5\text{m}$，$h_2 = 6\text{m}$，求变送器的测量范围，并判断零点迁移方向，计算迁移量。

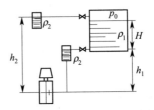

图 2-142　双法兰式差压变送器

项目三
简单控制系统的分析、控制

任务一　对象特性测试

 学习目标

1. 掌握单容水箱液位对象特性的测试方法与步骤；
2. 通过实训，加深对放大系数 K，时间常数 Γ 的了解，理解其物理意义。

一、任务分析

（1）通过课前预习相关参考资料以及项目任务书，了解简单液位自动控制系统的结构与组成。

（2）通过课前预习，理解对象特性这一概念，知晓放大系数 K、时间常数 Γ 和滞后时间 τ 的含义。

（3）5～10min 汇报学生的预习内容。采用小组分析、讨论、汇报的教学方法。根据项目情景，要求学生根据教师安排，通过分析、讨论以及现场操作实训，完成相应的学习目标，达到以下几项技能：

① 能正确描述对象特性概念的涵义；

② 知晓描述对象特性的三个基本参数，即放大系数 K、时间常数 Γ 和滞后时间 τ；

③ 能正确描述放大系数 K、时间常数 Γ 和滞后时间 τ 的物理涵义，知晓其对对象的影响；

④ 能正确连接和利时 MACS DCS 的各个组成部分，并熟练地使用其操作员站。

（4）通过小组讨论、参与操作，增加学生的人际沟通能力，团队协作能力。

二、案例引入

在项目一中，我们认识了自动控制系统的基本组成，即由检测变送元件、控制元件、执行元件和被控对象四部分组成，本次任务主要对被控对象进行研究，测试影响被控对象特性三个参数中的放大系数 K、时间常数 Γ。

三、任务实施

本次任务采用的实训装置为浙江天煌教仪公司的 THJ-3 型 DCS 分布式过程控制系统实训

平台，其中对象部分如图 3-1 单容水箱对象特性测试实训装置所示（DCS 系统部分未列出）。

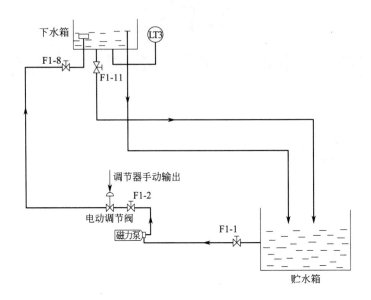

图 3-1 单容水箱对象特性测试实训装置

1. 实训设施与工具

（1）天煌教仪公司的 THJ-3 型 DCS 分布式过程控制系统实训平台。

（2）螺丝刀。

（3）连接导线。

2. 操作步骤

（1）强电连线。将三相电源输出端 U、V、W 对应连接到三相磁力泵（0～380V）的输入端 U、V、W；将电动调节阀的～220V 输入端 L、N 接至单相电源Ⅲ的 3L、3N 端；并将 LT3 下水箱液位旋钮开关拨到"ON"位置。将控制屏上的直流 24V 电源（＋、－）端对应接到 FM 模块电源输入（＋、－）端。

（2）按图 3-1 连接实验系统，并将对象相应的水路打开（打开阀 F1-1、F1-2 和 F1-8，将阀 F1-11 开至一定开度，其余阀门均关闭）。

（3）用电缆线将对象和 DCS 控制台连接起来。

（4）合上 DCS 控制屏电源，启动服务器和主控单元。

（5）在工程师站的组态中选择"DCSsystem"工程进行编译下装。

（6）启动操作员站，在其运行界面中选择实验一，进入实验一流程图。

（7）启动对象总电源，并合上相关电源开关（三相电源、单相Ⅲ、24V 电源），开始实验（如果是控制柜，打开三相电源总开关、三相电源、单相开关，并同时打开三相磁力泵电源开关、电动调节阀电源开关、控制站电源开关）。

（8）在流程图的液位测量值上点击左键，弹出 PID 窗口，手动调节输出为一适当的值，使下水箱的液位处于某一平衡位置。

（9）增大或减小手动输出量的大小，使其输出有一个正或负阶跃增量的变化（此增量不宜过大，以免水箱中的水溢出），让下水箱的液位进入新的平衡状态。

（10）在实验中可点击窗口中的"趋势"下拉菜单中的"综合趋势"，选择实验 1 曲线，可查看相应的实时曲线和历史曲线，并分析和计算出下水箱在固定的出水阀开度下的对象参数 K 及 Γ 值。

四、相关知识

1. 被控对象的特性

通过前几个项目以及任务的学习和实施，我们对自动控制系统的组成有了清晰的认识，即自动控制系统是由被控对象、测量变送器、控制器和执行器组成的。而测量变送器以及控制器（调节器）在前面做了介绍，在此主要介绍组成自动控制系统的重要环节——被控对象和执行器。系统的控制品质与组成系统的每一个环节的特性都有关系，特别是被控对象的特性对控制品质影响很大，往往是确定控制方案的依据。在化工生产控制中，常见的对象是各类换热器、精馏塔、流体输送设备和化学反应器等。各类对象的结构、原理千差万别，特性也就不同。有的对象稳定，操作容易；有的对象只要稍不小心就会超越正常工艺条件，甚至造成事故。有经验的操作人员通常都很熟悉这些对象的特性，只有充分了解这些对象，才能使生产操作得心应手，获得高产、优质、低能耗的效果。同样，在自动控制系统中，也必须深入了解对象的特性，才能根据工艺对控制品质的要求，设计合理的控制方案，选用合适的检测仪表和控制器算法。

被控对象的输入与输出之间的关系称为对象的特性。由图 3-2 可知，被控对象具有两个输入，一个是控制作用，另一个是干扰作用；具有一个输出，即被控变量。因此对象的特性就有两种，一种是控制作用与被控变量之间的关系，称为控制通道的特性；另一种是干扰作用与被控变量之间的关系，称为干扰通道的特性。

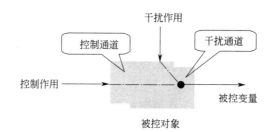

图 3-2　对象的控制通道和干扰通道

当对象的输入变化之后，输出是如何变化的呢？显然，对象的输出与对象的输入形式有关，为使问题简便起见，下面假定对象的输入是具有一定幅值的阶跃作用。在实际的工作中常用放大系数 K、滞后时间 τ 和时间常数 Γ 三个参数来描述对象的特性。

2. 放大系数 K

对于图 3-3 所示的蒸汽加热器系统，当蒸汽的流入流量 Q 有一定的阶跃变化后，温度 T 也会有相应的变化，但最后会稳定在某一数值上。如果将蒸汽加热量 Q 的变化看做对象输入，而温度 T 的变化看做对象输出，那么在稳定状态时，对象一定的输入就对应着一定的输出，这种对象特性称为对象的静态特性。

假设 Q 的变化量用 ΔQ 表示，T 的变化量用 ΔT 表示，在一定的 ΔQ 下，T 的变化情况如图 3-4 所示，在重新达到稳定状态后，一定的 ΔQ 对应一定的 ΔT 值。令 K 等于 ΔT 与 ΔQ 的比值，即

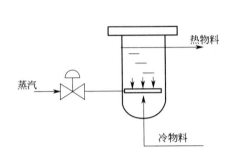

图 3-3 蒸汽加热器系统

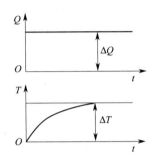

图 3-4 物料温度变化曲线

$$K = \frac{\Delta T}{\Delta Q} \tag{3-1}$$

K 在数值上等于对象重新稳定后的输出变化量与输入变化量之比。它的意义可以这样理解：如果有一定的输入变化量 ΔQ，通过对象就被放大了 K 倍变为输出变化量 ΔT，所以称 K 为对象的放大系数。由于 ΔT 是稳定以后的输出变化量，所以这里 K 是静态放大系数。

在工业生产中经常会发现，有的阀门开度对生产影响很大，开度稍微变化就会引起对象输出量大幅度变化，甚至造成事故；有的阀门则相反，开度的变化对生产的影响很小。这说明在一个设备上，各种量的变化对被控变量的影响是不相同的。换句话说，就是各个输入量与被控变量之间的放大系数有大有小。放大系数越大，被控变量对这个量的变化就越敏感，这在选择自动控制方案时是需要考虑的。

控制通道的放大系数越大，操纵变量的变化对被控变量的影响就越大，控制作用对扰动作用的补偿能力就越强，有利于克服扰动作用的影响，余差就越小；反之，放大系数小，控制作用影响不显著，被控变量变化缓慢。但放大系数过大，会使控制作用对被控变量的影响过强，使系统稳定性下降。

当干扰频繁且幅度较大时，如果干扰通道的放大系数大，被控变量的波动就会变大，使得最大偏差大；而放大系数小，即使扰动较大，对被控变量仍然不会产生多大影响。

3. 时间常数 Γ

当对象的输入作阶跃变化后，输出以最快速度达到新稳态值所需要的时间，称为对象的时间常数（也称惯性滞后），用符号 Γ 表示。不同的反应曲线的时间常数如图 3-5 所示。

时间常数 Γ 反映了被控对象在受到输入作用后，其输出（被控变量）跟随变化的快慢程度。

在相同的控制作用下，时间常数大，被控变量的变化比较缓慢，此时过程比较平缓，容易进行控制，但过渡过程时间较长；若时间常数小，则被控变量的变化速度快，控制过程比较灵敏，不易控制。时间常数过大或过小，对控制都不利。

对于扰动通道，时间常数大，扰动作用比较平缓，被控变量的变化比较平缓，过程较易控制。

4. 滞后时间 τ

对象的输出（被控变量）变化落后于输入（控制作用或干扰作用）变化的现象，叫做滞后。滞后一般分为纯滞后 τ_0 和容量滞后 τ_c 两种。

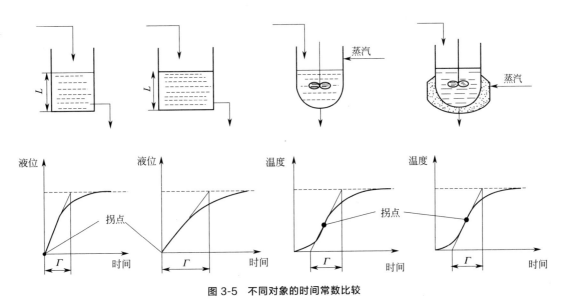

图 3-5　不同对象的时间常数比较

当对象的输入作阶跃变化后，输出不是立即跟随变化，而是要经过一段时间后才开始变化的现象叫做纯滞后，用符号 τ_0 表示。它是由于物料或能量在传输过程中需要一段时间而引起的。如图 3-6 所示。

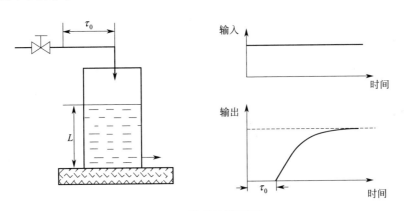

图 3-6　对象的纯滞后现象

当对象的输入做阶跃变化后（图 3-7 所示釜式反应器的蒸汽阀迅速开启一个幅度），输出变化量（生成物温度）开始变化的速度非常缓慢，然后才慢慢加快，最后又变慢，这种现象叫做容量滞后，用符号 τ_c 表示。容量滞后一般是由于物料量或能量在传递过程中有一定的阻力引起的。

从理论上讲，纯滞后与容量滞后有着本质的区别，但在实际生产过程中两者同时存在，有时很难区别。通常用滞后时间 τ 来表示纯滞后与容量滞后之和，即 $\tau=\tau_0+\tau_c$。图 3-8 为滞后时间（τ）示意图。

控制通道的滞后对控制质量的影响非常大。由于存在滞后，使控制作用落后于被控变量的变化，从而使被控变量的偏差增大，控制质量下降。滞后时间越大，控制质量越差。

对于扰动通道，如果存在纯滞后，相当于扰动延迟了一段时间才进入系统，而扰动在时间出现，本来就是无从预知的，因此并不影响控制系统的品质。扰动通道中存在容量滞后，

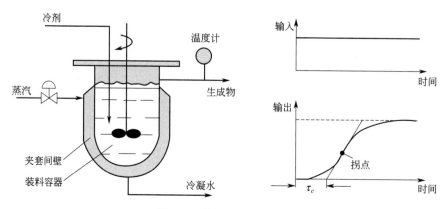

图 3-7　对象的容量滞后现象

可使阶跃扰动的影响趋于缓和，对控制系统是有利的。

通常用纯滞后时间 τ_0 与时间常数 Γ 的比值来表示对象纯滞后的严重程度，$\dfrac{\tau_0}{\Gamma}<0.3$ 为一般纯滞后对象，$0.3<\dfrac{\tau_0}{\Gamma}<1$ 为较大纯滞后对象，$\dfrac{\tau_0}{\Gamma}>1$ 为大纯滞后对象。被控对象的控制通道的纯滞后时间直接影响控制质量。纯滞后严重到一定程度，常规的 PID 控制系统就无能为力了。

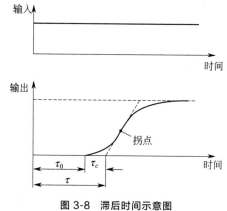

图 3-8　滞后时间示意图

 思政课堂

　　美国石油大王洛克菲勒刚参加工作时，因学历不高，又没有特别的技术，他在公司做的工作连小孩都能胜任——巡视并确认石油罐盖有没有自动焊接好。

　　在工作中，洛克菲勒发现罐子旋转一次，焊接剂滴落三十九滴，焊接工作便结束。这显然是一件很平常的小事，所有参与过这项工作的人都知道，但没人把这项工作中的小细节当回事。洛克菲勒却不愿放过这个细节，他不断向技术人员询问有关技术参数，寻找改良焊接技术的办法。当时公司很多人暗地笑他傻，"算了，让他折腾吧，这种小事也只有他这样的小工才会去想。"他们说。

　　经过一番研究，洛克菲勒终于研制出"三十七滴型"焊接机。但是，利用这种机器焊接出来的石油罐偶尔会漏油，并不实用。但他不灰心，又研制出了"三十八滴型"焊接机。这次研制非常完美，公司对他评价很高，不久便开始生产这种机器。

　　洛克菲勒的"三十八滴型"焊接机在公司全方位使用后，虽然每次焊接只节省了一滴焊接剂，一年下来却给公司带来了五亿美元的新利润。

　　将小事做好既是一种认真的工作态度，也是一种科学的工作精神。一个连小事都做不好的人，很难想象他会有什么大的成就。

　　所以每次实验实训我们都要认真对待，认真思考，发现规律，总结提升。

任务二　简单液位自动控制系统分析、控制

 学习目标

1. 进一步加深对控制系统的理解，了解简单液位自动控制系统的组成、控制原理。
2. 掌握单容液位定值控制系统调节参数的整定和投运方法。
3. 了解控制器（调节器)相关参数的变化对系统的静、动态的影响。
4. 了解 PID 原理及参数整定方法。
5. 了解同一控制系统采用不同控制方案的实现过程。
6. 了解一阶对象定值控制方法，并观察过渡过程曲线。

一、任务分析

（1）通过课前预习相关参考资料以及项目任务书，了解自动控制系统相关内容，了解简单液位自动控制系统的结构与组成。

（2）通过课前预习，总结简单液位控制系统在生产或者生活中应用的案例。

（3）10min 汇报学生的预习内容。课堂上实行教学做一体，采用小组分析、讨论、汇报的教学方法。根据项目情景，要求学生根据教师安排，通过分析、讨论以及现场操作实训，完成相应的学习目标，达到以下几项技能：

① 能总结简单液位控制系统的结构与组成；
② 能举出一些简单自动控制的例子；
③ 能分析简单液位控制系统进行控制的原理；
④ 能根据要求对单容液位定值控制系统进行参数的整定和投运；
⑤ 能正确连接线路。

（4）通过小组讨论、参与操作，增加学生的人际沟通能力，团队协作能力。

二、案例引入

在项目一中，我们认识了自动控制系统的基本组成，即由检测变送元件、控制元件、执行元件和被控对象四部分组成，本次任务主要进行单容液位定值控制系统整定与投运的有关内容。

三、任务实施: 单容水箱液位定值控制实验

1. 实验目的
（1）进一步加深控制系统概念。
（2）了解一阶对象定值控制方法，并观察过渡过程曲线。
（3）了解 PID 原理及参数整定方法。

2. 实验原理
本实验系统结构图和方框图如图 3-9 所示。被控变量为中水箱（也可采用上水箱或下水

箱）的液位高度，实验要求中水箱的液位稳定在给定值。将压力传感器 LT_2 检测到的中水箱液位信号作为反馈信号，与给定量比较后，将差值通过控制器（调节器）控制电动调节阀的开度，以达到控制水箱液位的目的。为了实现系统在阶跃给定和阶跃扰动作用下的无静差控制，系统的调节器应为 PI 或 PID 控制。

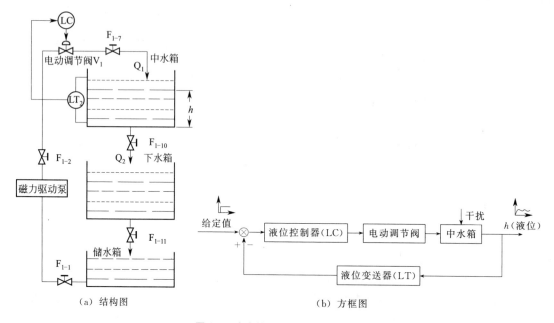

图 3-9　中水箱单容液位定值控制系统

3. 实验设施

工业自动化仪表实验平台、实验导线、计算机、MCGS 组态软件、RS485/232 转换器。

4. 实验内容与步骤

本实验选择中水箱作为被控对象。实验之前先将储水箱中储足水量，然后将阀门 F_{1-1}、F_{1-2}、F_{1-7}、F_{1-11} 全开，将中水箱出水阀门 F_{1-10} 开至适当开度（30%～80%），其余阀门均关闭。

具体实验内容与步骤按两种方案分别叙述，这两种方案的实验与用户所购的硬件设备有关，可根据实验需要选做或全做。

（1）智能仪表控制

① 将 "SA-12 智能调节仪控制" 挂件挂到屏上，并将挂件的通信线插头插入屏内 RS485 通信口上，将控制屏右侧 RS485 通信线通过 RS485/232 转换器连接到计算机串口 1，并按照图 3-10 所示的控制屏接线图连接实验系统。将 "LT_2 中水箱液位" 钮子开关拨到 "ON" 的位置。

② 接通总电源空气开关和钥匙开关，打开 24V 开关电源，给压力变送器上电，按下启动按钮，合上单相 I、单相 III 空气开关，给电动调节阀及智能仪表上电。

③ 打开上位机 MCGS 组态环境，打开 "智能仪表控制系统" 工程，然后进入 MCGS 运行环境，在主菜单中点击 "实验三、单容液位定值控制系统"，进入 "实验三" 的监控界面。

④ 在上位机监控界面中点击 "启动仪表"。将智能仪表设置为 "手动"，并将设定值和

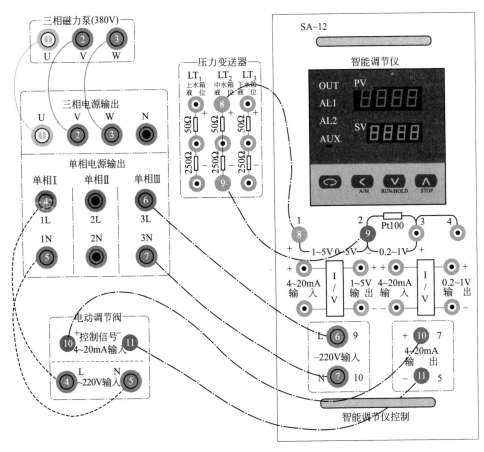

图 3-10 智能仪表控制"单容液位定值控制"实验接线图

输出值设置为一个合适的值，此操作可通过调节仪表实现。

⑤ 合上三相电源空气开关，磁力驱动泵上电打水，适当增加/减少智能仪表的输出量，使中水箱的液位平衡于设定值。

⑥ 按经验法或动态特性参数法（见本任务"相关知识"）整定调节器参数，选择 PI 控制规律，并按整定后的 PI 参数进行调节器参数设置。

⑦ 待液位稳定于给定值后，将调节器切换到"自动"控制状态，待液位平衡后，通过以下几种方式加干扰：

a. 突增（或突减）仪表设定值的大小，使其有一个正（或负）阶跃增量的变化（此法推荐，后面三种仅供参考）；

b. 将电动调节阀的旁路 F_{1-4}（同电磁阀）开至适当开度；

c. 将下水箱进水阀 F_{1-8} 开至适当开度（改变负载）；

d. 接上变频器电源，并将变频器输出接至磁力泵，然后打开阀门 F_{2-1}、F_{2-4}，用变频器支路以较小频率给中水箱打水。

以上几种干扰均要求扰动量为控制量的 $5\%\sim15\%$，干扰过大可能造成水箱中水溢出或系统不稳定。加入干扰后，水箱的液位便离开原平衡状态，经过一段调节时间后，水箱液位稳定至新的设定值（采用后面三种干扰方法仍稳定在原设定值），记录此时的智能仪表的设定值、输出值和仪表参数，液位的响应过程曲线将如图 3-11 所示。

⑧ 分别适量改变调节仪的 P 及 I 参数，重复步骤⑦，用计算机记录不同参数时系统的阶跃响应曲线。

⑨ 分别用 P、PD、PID 三种控制规律重复步骤④~⑧，用计算机记录不同控制规律下系统的阶跃响应曲线。

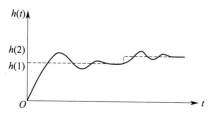

图 3-11　单容水箱液位的阶跃响应曲线

（2）DCS 分布式控制

① 按照"图 3-12"用网线和交换机连接电脑（IP 设为 128.0.0.1，虚拟 IP 设为 128.0.0.50）和主控单元，将"SA-31 FM148 现场总线远程 I/O 模块""SA-33 FM151 现场总线远程 I/O 模块"挂件（见图 3-13）挂到屏上，并将挂件的通信线插头插入屏内 Profibus DP 总线接口上，将控制屏左侧 Profibus DP 总线连接到主控单元 DP 口，并按照图 3-14 所示的控制屏接线图连接实验系统。将"LT$_2$ 中水箱液位"钮子开关拨到"ON"的位置。

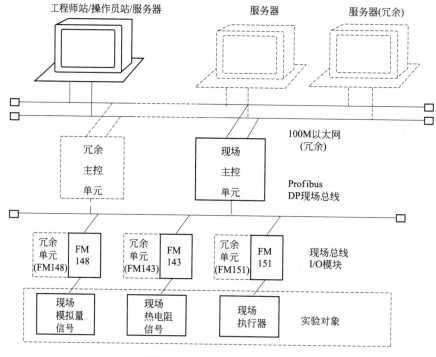

图 3-12　DCS 分布式系统框图

② 接通总电源空气开关和钥匙开关，打开 24V 开关电源，给现场总线 I/O 模块及压力变送器上电，打开主控单元电源。启动服务器程序，在工程师站的组态中选择"单回路控制系统"工程进行编译下装，再重启服务器程序。

③ 启动操作员站，打开主菜单，点击"实验三、单容液位定值控制"，进入"实验三"的监控界面。在流程图的液位测量值上点击左键，弹出 PID 窗口，可进行相关参数的设置。

④ 按下启动按钮，合上单相 I 空气开关，给电动调节阀上电。

⑤ 以下步骤请参考前面"（1）智能仪表控制"的步骤⑤~⑨。

5. 实验报告要求

（1）画出单容水箱液位定值控制实验的结构框图。

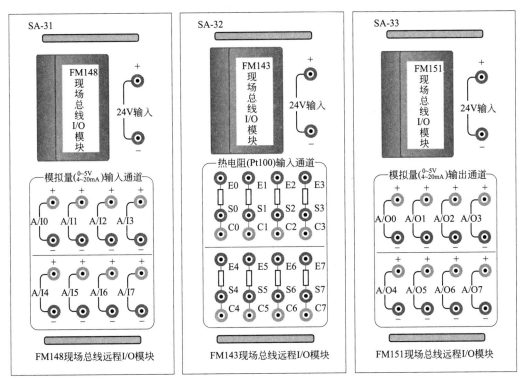

图 3-13　MACS 系统挂件

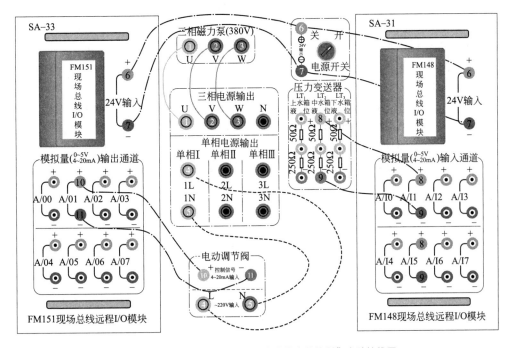

图 3-14　DCS 分布式控制"单容液位定值控制"实验接线图

（2）用实验方法确定调节器的相关参数，写出整定过程。

（3）根据实验数据和曲线，分析系统在阶跃扰动作用下的静、动态性能。

（4）比较不同 PID 参数对系统的性能产生的影响。

（5）分析 P、PI、PD、PID 四种控制规律对本实验系统的作用。

（6）综合分析两种控制方案的实验效果。

四、相关知识

（一）自动控制系统的分类

对自动控制系统，从不同的使用角度，可以有不同的分类方法。从生产工艺的角度看，常把自动控制系统按被控变量的种类分为压力控制系统、流量控制系统、液位控制系统、温度控制系统等。从化工生产过程自动控制角度看，常把自动控制系统按其结构分为闭环控制系统和开环控制系统，或简单控制系统和复杂控制系统。从给定值形式的角度看，自控控制系统又可分为定值控制系统、随动控制系统和程序控制系统。

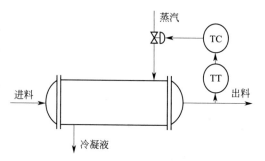

图 3-15　蒸汽加热器温度控制系统

1. 闭环控制系统

如图 3-15 所示就是一个典型的闭环控制系统，当进料流量或温度引起出口物料温度的变化时，温度变送器 TT 测得被控变量——出口物料的温度，并将其信号以负反馈的形式输出至温度控制器 TC，与温度控制器的比较机构进行比较得出偏差 e，温度控制器再根据 e 的特点给出适当的输出送至控制阀，以改变加热蒸汽量来维持物料的出口温度始终等于给定值。从这里可以看出，这个系统的明显的特点就是被控变量以负反馈的形式重新被送至控制器进行运算，这种具有被控变量负反馈的自动控制系统称为闭环控制系统。

2. 开环控制系统

当被控变量不反馈到控制器时，这种控制系统称为开环控制系统，如图 3-16 所示的化肥厂造气机自动操纵系统。这种系统在操作时，不管煤气发生炉的工况如何，甚至炉子灭火也不管，自动机只是周而复始地不停运转，除非操作人员干预，自动机是不会自动地根据炉子的情况改变自己的操作的。自动机不能随时"了解"炉子的工况并据此改变自己的操作状态，这是开环控制系统的缺点。

图 3-16　自动操纵系统

3. 定值控制系统

如果自动控制系统的给定值是恒定不变的，也就说生产工艺上要求被控变量保持在一个恒定值，这种自动控制系统称为定值控制系统。化工生产过程的自动控制系统大部分都是定值控制系统。定值控制系统的给定信号通常都是由控制器内部设定的。

4. 随动控制系统

如果给定值是一个事先不确定的，随着另外一个有关变量变化而变化的自动控制系统称为随动控制系统。如图 3-17 所示的合成氨生产中合成塔进料 N_2 和 H_2 的比值控制系统，它控制 N_2 的流量近似 1：3 的比例随 H_2 流量值变化，即控制器的给定信号是随 H_2 流量的变化而变化的。显然随动控制系统的给定值是由外部的专用装置把另一个有关变量的信号转换而来的。

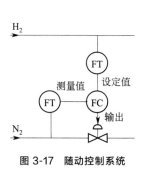

图 3-17　随动控制系统

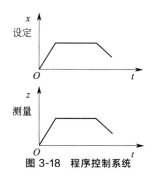

图 3-18　程序控制系统

5. 程序控制系统

给定值按着事先设置好的规律变化的自动控制系统称为程序控制系统。如锦纶生产中定型锅熟化罐温度控制系统就是一个程序控制系统，它控制被控变量——熟化罐内温度随事先设定好的规律变化，如图 3-18 所示。程序控制系统的设定信号是由控制器外部专用装置发生的。

(二)自动控制系统的过渡过程及其品质指标

1. 过渡过程

自动控制系统的工作过程可以用图 3-19 来形象描述。在自动控制系统中，干扰作用和控制作用是一对矛盾，干扰作用使被控变量偏离给定值，而控制作用使被控变量回到给定值。干扰作用的存在是控制系统存在的前提和原因，控制作用补偿干扰作用，其目的就是使被控变量与给定值保持一致。控制作用对干扰作用的补偿越好，自动控制系统的控制质量就越好。

在控制系统的整个工作过程中，可以出现两种工作状态：一种是静态，另一种是动态。

(1) 静态　被控变量与给定值相一致的工作状态。在此状态下，控制作用与干扰作用对被控变量的影响相互抵消，被控对象的物料或能量处于平衡状态。

(2) 动态　被控变量与给定值不一致的工作状态。在新的干扰到来之后，系统的静态被破坏，被控变量不再等于给定值，出现误差，此时控制系统开始发挥控制作用以便将被控变量拉回给定值附近，在干扰作用和控制作用的共同作用下，被控变量将做如图 3-19 下部所示的波动，最后系统又重新回到一个新的静态，动态过程结束。

自动控制系统总是在静态和动态之间不停地转换，当干扰发生新的变化之后，原来的控制作用不能抵消它对被控变量的影响，系统失去平衡就进入了动态，在经过控制系统的控制之后，系统又慢慢重新进入一个新的静态。所以生产过程的控制并不是一劳永逸的，而是贯穿整个生产过程。

自动控制系统在动态过程中，被控变量随时间不断变化的过程称为自动控制系统的过渡过程。也就是系统从一个静态过渡到另外一个静态的过程。

由于干扰作用是随机、不可估计的，所以自动控制系统的静态是暂时的和相对的。自动控制系统处于静态时，被控变量与给定值相等，控制任务完成。所以静态对自动控制系统的

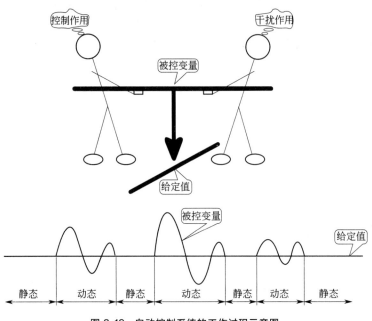

图 3-19　自动控制系统的工作过程示意图

控制质量没有影响。那么，影响自动控制系统的质量的主要因素就来自于自动控制系统的动态过程，也就是它的过渡过程。

　　在化工生产过程中，出现的干扰形式是不固定的，波形和大小都是随机的。现在以系统在阶跃干扰下的过渡过程来说明。所谓阶跃干扰就是在某一瞬间 t_0，干扰突然阶跃地加到系统上，并继续保持这个幅度，如图 3-20 所示。采取阶跃干扰是因为它比较突然、比较危险，对被控变量的影响也最大。如果一个控制系统能够有效地克服阶跃干扰，对于其他形式的干扰也就应付自如了，而且阶跃干扰波形简单，容易实现，其他复杂的干扰作用可以用分步阶跃信号来逼近。

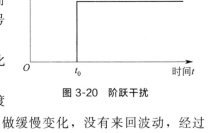

图 3-20　阶跃干扰

　　自动控制系统在阶跃干扰的作用下，被控变量的变化过程有如图 3-21 所示四种基本的形式。

　　（1）非周期衰减过程　如图 3-21（a）所示，这种过渡过程的特点是在干扰作用下，被控变量在给定值的某一侧做缓慢变化，没有来回波动，经过很长时间才能重新接近给定值。这种过渡过程的被控变量需要很长时间才能回到给定值，反应速度慢，恢复时间长，生产过程一般不采用。只有当被控变量不允许出现上下波动时才采用这种形式。

　　（2）衰减振荡过程　如图 3-21（b）所示，这种过渡过程的特点是在干扰作用下，被控变量在给定值上下波动，但幅度逐渐减小，经过几个周期的波动后终能稳定下来。这种过渡过程是稳定的过程，因此大多数情况下，生产过程的自动控制系统在阶跃干扰作用下采用衰减振荡过渡过程。

　　（3）等幅振荡过程　如图 3-21（c）所示，这种过渡过程的特点是在干扰作用下，被控变量在给定值附近来回波动，且波动幅度保持不变。这种过渡过程属于不稳定的过程，控制要求高的控制系统不采用，但对于要求不高的场合，如液位的双位控制，就是等幅振荡过程。

（4）发散振荡过程　如图 3-21(d) 所示，这种过渡过程的特点是在干扰作用下，被控变量上下来回波动，且波动幅度逐渐变大，偏离给定值越来越远。这种过渡过程属于不稳定过程，一旦控制系统有干扰信号进入，被控变量偏离给定值越来越大直至失控，生产过程不能采用这种过渡过程。

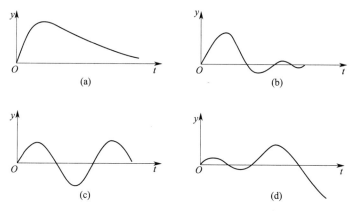

图 3-21　过渡过程的四种形式

通过分析，四种过渡过程只有非周期衰减过程和衰减振荡过程两种情况下，被控变量在干扰作用下能回到给定值。但非周期衰减过程需要较长时间系统才能重新恢复平衡，生产上一般不采用。只有衰减振荡过程能较快地重新达到稳定状态，因此，生产过程的自动控制系统在阶跃干扰作用下采用衰减振荡过渡过程。

2. 过渡过程的品质指标

衡量自动控制系统的控制质量好坏，主要看其抗干扰能力的强弱，而自动控制系统的过渡过程就是衡量控制系统品质的依据，通常采用在衰减振荡过程中被控变量的变化情况来衡量控制系统的品质。假设自动控制系统在阶跃干扰作用下的过渡过程曲线如图 3-22 所示，自动控制系统的品质指标主要有以下几项。

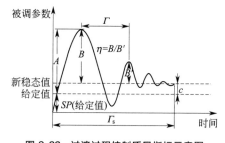

图 3-22　过渡过程控制质量指标示意图

（1）最大偏差 A　是指过渡过程中被控变量偏离给定值的最大数值，它是衡量自动控制系统准确性的质量指标。如图 3-22 所示，最大偏差越大，过渡过程偏离给定值的幅度也就越远。过大的最大偏差可能会影响化工生产的稳定性，严重的甚至会超过工艺指标的要求引起生产事故，因此常常要限制在最大偏差的值。

（2）衰减比 η　前面提到生产过程的自动控制系统在阶跃作用下采用衰减振荡过程，但衰减快慢多少才合适呢，一般用衰减比表示，衰减比是指过渡过程曲线方向上同方向第一个波峰值 B 与第二个波峰值 B' 之比，即

$$\eta = \frac{B}{B'} \tag{3-2}$$

式中　B——被控变量偏离给定值的最大数值与新稳定值之差，称为超调量；

B'——同方向的第二个波峰的最大值与新稳定值之差。

根据 η 值的大小可以判断自动控制系统是哪种过渡过程，当 $\eta=1$ 时，前后两个波峰相同，是等幅振荡过程；当 $\eta<1$，第二个波峰比第一个波峰大，是发散振荡过程。η 值越大，过渡过程衰减越快，系统稳定越快，但是它也不能太大，当 η 太大时，自控控制系统便成了非周期衰减过程，过渡过程过于缓慢。工程上一般去衰减比 η 在 $4:1\sim10:1$ 之间，这是操作人员经过长期实践总结出来的，在干扰作用下，过渡过程开始时变化速度较大，能很快达到一个峰值，但很快会降下来，而且第二个波峰值比第一个波峰值小很多，当操作人员看到这种情况，心里就比较踏实，知道很快会稳定下来，不会随便改变给定值，增加人为干扰。

（3）余差 c　也称残余偏差，用 c 表示，是指自动控制系统稳定后，被控变量与给定值之差。余差的数值可正可负。在生产中，给定值是生产的技术指标，当然希望经过调节以后，被控变量越接近给定值越好，也就是余差越小越好。

（4）过渡时间 T_s　过渡时间用 T_s 表示，是从干扰作用发生的时刻起，直到系统重新建立新的平衡时止，过渡过程所经历的时间叫过渡时间。从理论上讲，过渡过程要完全达到新的平衡状态需要无限长时间，实际上受仪表灵敏度限制，当被控变量接近稳态值时，指示值就基本不动了。因此，一般在稳态值的上下规定一个小范围，当被控变量进入该范围并不再越出时，就认为被控变量已经达到新的稳态值，或者说过渡过程已经结束，这个范围一般定为稳态值的 $\pm5\%$（也有的规定为 $\pm2\%$）。

过渡时间反映了系统克服干扰快慢的能力，过渡时间短，表示过渡过程进行比较快，即使干扰频繁出现，系统也能克服，系统的控制质量高。过渡时间长，第一个干扰引起的过渡还没结束，第二个干扰又已出现，这时就可能出现几个干扰作用同向叠加的情况，使被控变量超出工艺允许的范围，甚至会使系统出现发散振荡，无法正常工作。

（5）振荡周期 T　过渡过程同向两波峰（或波谷）之间的间隔时间叫振荡周期或工作周期，其倒数称为振荡频率。在衰减比相同的情况下，周期与过渡时间成正比，一般希望振荡周期短一些为好。一个自动控制系统可以概括成两大部分，即工艺过程部分（被控对象）和自动化装置部分。前者指与该自动控制系统有关的部分。后者指为实现自动控制所必需的自动化仪表设备，通常包括测量与变送装置、控制器和执行器三部分。

对于一个自动控制系统，过渡过程品质的好坏，在很大程度上取决于对象的性质。例如在前所述的温度控制系统中，属于对象性质的主要因素有：换热器的负荷大小，换热器的结构、尺寸、材质等，换热器内的换热情况、散热情况及结垢程度等。不同自动化系统要具体分析。

【例 3-1】　某换热器的温度调节系统在单位阶跃干扰作用下的过渡过程曲线如图 3-23 所示。试分别求出最大偏差、余差、衰减比、振荡周期和过渡时间（给定值为 200℃）。

解： 最大偏差：$A=230-200=30$（℃）

余差 $c=205-200=5$（℃）

由图 3-22 可以看出，第一个波峰值 $B=230-205=25$（℃）

第二个波峰值 $B'=210-205=5$（℃）

衰减比应为 $B:B'=25:5=5:1$

振荡周期为同向两波峰之间的时间间隔，故周期 $T=20-5=15$（min）

过渡时间与规定的被控变量限制范围大小有关，假定被控变量进入额定值的 $\pm2\%$，就可以认为过渡过程已经结束，那么限制范围为 $200\times(\pm2\%)=\pm4$℃，这时，可在新稳态值

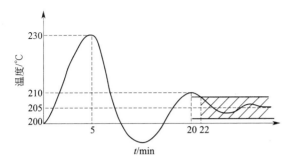

图 3-23　某换热器的温度调节系统过渡过程曲线

（205℃）两侧以宽度为±4℃画一区域，图 3-23 中以画有阴影线的区域表示，只要被控变量进入这一区域且不再超出，过渡过程就可以认为已经结束。

因此，从图 3-23 可以看出，过渡时间为 22min。

(三)控制器的认识

控制器是自动控制系统的核心，它接受变送器送来的信号，然后求取偏差，再根据偏差的大小、方向和变化速率等做出控制决策，并将控制决策以一定的形式传送给执行器，操作阀门动作，如图 3-24 所示。在化工生产中，常用的执行器为控制阀（电动调节阀和气动调节阀）

图 3-24　控制器在控制系统中的位置

1. 控制器正、反作用的确定

控制器的正、反作用是关系到控制系统能否正常运行与安全操作的重要问题。要通过改变控制器的正、反作用，以保证整个控制系统是一个具有负反馈的闭环系统。

控制器的作用的方向：输入变化后，输出的变化方向。

(1) 正作用方向　当某个环节的输入增加时，其输出也增加，则称该环节为"正作用"方向。

(2) 反作用方向　当环节的输入增加时，输出减少的称"反作用"方向。

当给定值不变，被控变量测量值增加时，控制器的输出也增加，称为"正作用"方向，或者当测量值不变，给定值减小时，控制器的输出增加的称为"正作用"方向。反之，如果测量值增加时，控制器的输出减小的称为"反作用"方向。

2. 控制器的控制规律

所谓控制器的控制规律具体是指控制器的输出信号 $u(t)$ 与输入信号 $e(t)$ 之间的关系。即

$$p(t) = f[e(t)] \tag{3-3}$$

式中，$p(t)$ 为控制器在 t 时刻的输出，即控制作用，通常是以 4～20mA DC 的形式出现，它与执行器的阀门动作有一一对应的关系；$e(t)$ 为控制器在 t 时刻的输入，即偏差。

在化工生产过程常规控制系统中，应用的基本控制规律主要有双位控制、比例控制、积分控制和微分控制以及比例、积分、微分控制的组合。

(1) 双位控制　双位控制是一种使控制阀要么全开要么全关的控制规律。即正偏差时，控制阀全开（或全关），如图 3-25 所示。

图 3-26(a) 所示是一个双位控制系统的实例，要求贮槽液位保持在一定的高度（给定值）$L_{给定}$ 附近。为实现这个要求，在液面放置一个浮球，浮球杠顶端装置一对触点，利用这对触点的开关信号，通过双位控制器操纵电磁阀，打开或关闭进料阀，当贮槽液位低于给

定值 $L_{给定}$，动触头离开静触头，发出"打开"信号，双位控制器操纵电磁阀，打开进料阀进料，进料量大于出料量，使液位升高。随着液位升高，浮球上升，带动浮球顶端动触头靠近静触头。当液位达到给定值 $L_{给定}$ 以后，动触头与静触头闭合，发出"关闭"信号，双位控制器操纵电磁阀关闭进料阀，停止进料，出料量大于进料量，使液位下降。当液位低于给定值 $L_{给定}$ 后，浮球随着液位下降，带着动触头离开静触头，又发出"打开"信号，打开进料阀使液位上升。如此循环往复，交替不断地进行着进料与停止进料的操作，使被控变量（贮槽液位）在给定值附近一定范围内周期性波动。

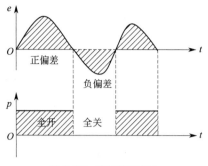

图 3-25　双位控制特性

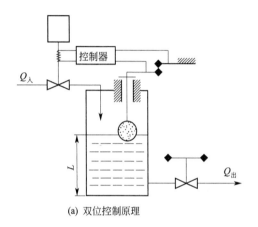

(a) 双位控制原理

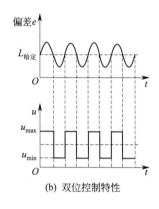

(b) 双位控制特性

图 3-26　双位控制

上述双位控制器的开关动作过于频繁，尤其是对时间常数较小的被控对象来讲，这将使执行器操作过于频繁而易被损坏，为此可适当改进，如图 3-27 所示，开始液位较低，进料量大于出料量，液位逐渐上升，浮球随之上升，带动其上端的动触头接近上限静触头。当液位达到上限给定值 $L_上$ 时，动触头与上限静触头接触，发出"关"的信号，通过控制器操纵电磁阀关闭进料，这时进料量小于出料量，液位下降。在液位低于 $L_上$ 但高于 $L_下$ 时，进料

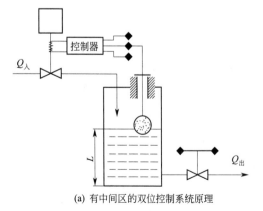

(a) 有中间区的双位控制系统原理

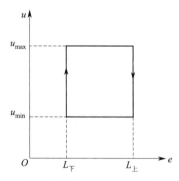

(b) 有中间区的双位控制系统特性

图 3-27　有中间区的双位控制

阀仍被关闭。直到液位 L 下降至下限给定值 $L_\text{下}$ 时，浮球带着动触头与下限静触头接触，发出"开"的信号，控制操纵电磁阀，打开进料，这时进料量大于出料量，液位随之上升。这样动触头与上限静触头和下限静触头交替接触，进料阀重复地关闭与打开，被控变量总是在上限给定值 $L_\text{上}$ 和下限给定值 $L_\text{下}$ 之间周期性地等幅振荡。上、下限给定值之间的范围叫做中间区。这种控制特性称为有中间区的双位控制特性。双位控制系统的应用是很普遍的，它常在被控变量允许一定范围内波动的、控制要求不高的场合的控制系统中使用，如恒温箱、电冰箱、电烘箱、管式炉等。

（2）比例控制（P）　在上述的双位控制中，由于控制阀在两个极限位置上下不断切换，使得被控变量不可避免地会产生持续的等幅振荡过程。这对于要求被控变量比较稳定的系统（化工生产过程中绝大多数是这样的系统）是不能满足的。在人工控制的实践中，人们认识到，如果能够使控制阀的开度与被控变量的偏差成比例的话，那就有可能使输入量等于输出量，从而使被控变量趋于稳定，达到平衡状态。这种阀门开度的变化量，即控制器输出的变化量与被控变量的偏差信号成正比例的控制规律，就是比例控制，一般用字母 P 表示。

① 比例控制规律及其特点　具有比例控制特性的控制器，其输出 Δp 与偏差 e 之间的关系可用下式表示

$$\Delta p(t) = K_\text{p} e(t) \tag{3-4}$$

式中，K_p 为控制器的比例增益或比例放大系数（简称比例系数）。比例控制作用的输入-输出特性可以用图 3-28 描述。

从图 3-28 可以得出以下结论

a. 比例控制器的输出变化量与偏差的大小成比例关系，即偏差大，比例控制器的输出变化量就大。反之，偏差小，比例控制器的输出变化量就小。如果偏差为零，比例控制器的输出变化量就为零，即没有比例控制作用产生，这意味着在比例控制系统中，没有控制作用与干扰作用平衡，那么自动控制系统就不可能平衡。所以由比例控制器构成的自动控制系统为有差调节系统，即在过渡过程终了时，存在余差。

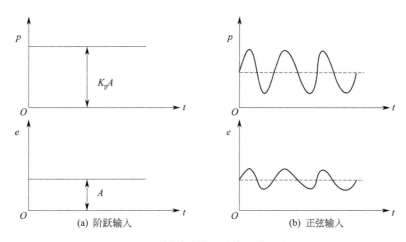

图 3-28　比例控制作用的输入-输出特性

b. 比例控制器的输出与输入是同步的，如图 3-28（b）所示。它是一种根据"偏差的大小"采取措施的控制系统，控制及时、有力，但有余差。比例控制适用于负荷变化较小，纯滞后不太大、工艺要求不高，允许有余差的对象。

    c. 比例控制器实际上是一个放大系数可调的放大器。在偏差一定的情况下，K_p 越大，控制器的输出 Δu 越大，控制作用越强；反之，K_p 越小，比例控制作用越弱。

    图 3-29 所示为一个简单的比例控制系统实例。初始状态时，系统是平衡的，进料阀有一定的开度。这时进料量 Q_i 等于出料量 Q_o，液位稳定在设定值 $L_{给定}$ 上。当某种干扰产生后（如进料压力改变或出料量改变等），液位发生变化。假设出料量增加引起液位 L 降低，浮球位置也随液位的降低而降低。通过杠杆系统的作用，使进料阀开大，进料量 Q_i 增加，制止液面降低。如果进料的增加恰好等于出料的减少，则液位就稳定在新的位置上。比例控制系统的工作过程如下：

干扰作用(出料量 Q_o↑)⇨ 液位 L↓ ⇨ 浮球下降 ⇨ 负偏差增大 ⇨ 阀门开大——

液位 L↑ ⟸ 进料量 Q_i↑ ◁——————

利用相似三角形原理可以得出

$$\frac{a}{e}=\frac{b}{\Delta p}$$

所以
$$\Delta p=\frac{b}{a}e=K_p e \tag{3-5}$$

式中，K_p 为该控制器的放大系数，可以通过改变支点 O 的位置加以调整。

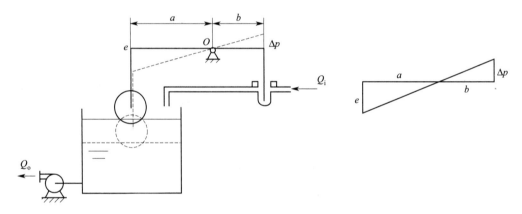

图 3-29　简单的比例控制系统

    ② 比例度　从前述可知，比例控制器的放大系数 K_p 是一个很重要的参数，决定了比例作用的强弱。但在工程上常常用物理意义更明确的比例度 δ 来衡量比例控制作用的强弱。

    比例度指的是控制器输入的相对变化量与相应输出的相对变化量之比的百分数，用公式表示为

$$\delta=\left(\frac{e}{x_{max}-x_{min}}\right)\Big/\left(\frac{\Delta p}{p_{max}-p_{min}}\right) \tag{3-6}$$

式中 e——控制器的输入变化量（偏差）；

$x_{max}-x_{min}$——控制器的输入量程；

$p_{max}-p_{min}$——控制器输出的工作范围。

    【例 3-2】　一只比例作用的电动温度控制器，它的量程是 $100\sim200℃$，电动控制器的输出是 $0\sim10\text{mA}$，假如当指示值从 $140℃$ 变化到 $160℃$ 时，相应的控制器输出从 3mA 变化到 8mA，这时的比例度为

解：
$$\delta = \frac{(160-140)/(200-100)}{(8-3)/(10-0)} \times 100\% = 40\%$$

当温度变化全量程的 40% 时，控制器的输出从 0mA 变化到 10mA。在这个范围内，温度的变化和控制器的输出变化 Δp 是成比例的。但是当温度变化超过全量程的 40% 时（在上例中即温度变化超过 40℃时），控制器的输出就不能再跟着变化了。这是因为控制器的输出最多只能变化 100%。所以，比例度实际上就是使控制器输出变化全范围时，输入偏差改变量占满量程的百分数。

进一步，如果控制器的输出直接代表控制阀开度的变化量，那么比例度就代表了控制阀开度变化 100%（即控制阀从全关到全开）时的系统被控变量的允许变化范围。当被控变量变化处于这个范围之内时，控制阀的开度变化才与偏差成比例，超出这个范围之外，控制阀处于全开或全关状态，控制器就失去作用了。这就是比例度的物理意义，也是工程上使用比例度而不使用比例系数 K_p 的原因所在，因为通过比例系数并不能直观地看出被控变量允许的变化范围。

式(3-6) 可改写成

$$\delta = \frac{e}{\Delta p}\left(\frac{p_{max}-p_{min}}{x_{max}-x_{min}}\right) \times 100\% \tag{3-7}$$

又因为 $\Delta p = K_p e$
所以

$$\delta = \frac{1}{K_p}\left(\frac{p_{max}-p_{min}}{x_{max}-x_{min}}\right) \times 100\% \tag{3-8}$$

对于一个具体的比例控制器，仪表的输入量程与控制器的输出范围都是固定的，令

$$K = \frac{p_{max}-p_{min}}{x_{max}-x_{min}}$$

则

$$\delta = \frac{K}{K_p} \times 100\% \tag{3-9}$$

特别地，在单元组合仪表中，控制器的输入和输出信号都是统一的标准信号，因此 $K=1$。所以在单元组合仪表中，比例度 δ 就与比例系数 K_p 互为倒数关系

$$\delta = \frac{1}{K_p} \times 100\% \tag{3-10}$$

③ 比例度对系统过渡过程的影响　在比例控制系统中，控制器的比例度不同，过渡过程也不同。下面分析比例度 δ 对系统过渡过程的影响。

a. 比例度 δ 对余差的影响　比例度 δ 越大，放大系数 K_p 就越小，由于 $\Delta p = K_p e$，要获得相同的控制作用，所需的偏差 e 就越大。因此在相同的扰动下，过程终止时的余差就越大；反之，减小比例度有助于减小余差。

b. 比例度 δ 对系统稳定性的影响　比例度对系统过渡过程的影响如图 3-30 所示。比例度 δ 越大，则控制器的输出变化越小，被控变量变化越缓慢，过渡过程越平稳；随着比例度 δ 的减小，系统的振荡程度增加，衰减比减小，稳定程度降低。当比例度降低到一定数值时，系统将出现等幅振荡，如图 3-30 曲线 2 所示，这时的比例度称为临界比例度 δ_k。当比

例度小于临界比例度时，系统出现发散振荡，这是很危险的。所以，并不是装了控制器就一定能起到自动控制作用，还需要正确使用控制器。一般来说，如果对象本身是稳定的，对象滞后较小、时间常数较大及放大系数较小时，控制器的比例度可以选得小一些，以提高系统的灵敏度。如果对象的滞后大、时间常数小、放大系数大，比例度就应该选得大一些，否则由于控制作用过强，会使系统不稳定。

c. 比例度对最大偏差、振荡周期的影响　比例度越小，比例控制作用越强，在相同的扰动下，控制器的输出较大，被控变量偏离给定值较小；被控变量恢复到给定值附近所需的时间也就越短。因此，在满足系统稳定的前提下，比例度越小，最大偏差越小，振荡周期越短。

（3）积分控制（I）

① 积分控制规律与特点　具有积分控制作用的控制器，其输出 Δp 与偏差 e 的关系可用下式表示：

$$\Delta p(t) = \frac{1}{T_I} \int_0^t e(t) \mathrm{d}t \tag{3-11}$$

式中，T_I 为积分时间，常数。

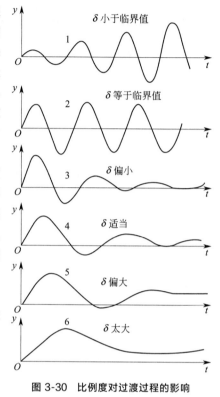

图 3-30　比例度对过渡过程的影响

从式(3-11)可知，t 时刻控制器的输出，不仅与 t 时刻本身的偏差 e 有关，还与从干扰开始出现误差时起，一直到 t 时刻即 $0 \sim t$ 时刻内所有的误差有关。也就是说积分控制器的输出变化量与输入偏差随时间的累积量成比例。它是一种考虑"过去"误差数据的控制算法。

将式(3-11)进行微分可得

$$\frac{\mathrm{d}\Delta p(t)}{\mathrm{d}t} = \frac{1}{T_I} e(t) \tag{3-12}$$

式中左边表示控制器输出的变化速度，即表示阀门开度变化的速度。从式(3-11)可以看出，要使阀门开度不再变化，则 e 必须为零，这就说明积分控制在误差不为零的情况下，它将持续地改变阀门开度，直到最后误差为零为止。也就是说积分控制有消除余差的作用，这是它的最大优点。

虽然积分控制作用可以消除余差，但是积分作用是随着时间的积累而逐渐加强的，这就导致在干扰突然出现时，控制作用不够抵消干扰作用的影响，而随着时间的推移，控制作用又大大增强远远超过干扰作用对被控变量的影响。这就导致了积分控制缓慢、过调，在时间上总是落后于偏差的存在和变化，使被控变量波动得厉害，系统难以稳定下来，所以，积分作用很少单独使用。可见积分控制作用的特点可归纳为：

a. 积分控制可消除余差；

b. 积分控制作用缓慢，且往往导致过度调节导致系统波动大。

② 比例积分控制规律（PI）　比例积分控制规律是比例与积分控制作用的组合，一般用PI表示。其数学表达式为

$$\Delta p = K_p \left(e + \frac{1}{T_I} \int e \, dt \right) \tag{3-13}$$

当输出偏差为一阶跃信号 A 时，比例积分控制器的输出是比例和积分两部分作用之和，其规律如图 3-31 所示。开始时比例作用使输出值为 $K_C A$，然后是积分作用使输出随时间线性增长。由此可以看出，比例作用是及时的、快速的；而积分作用是缓慢的、渐进的。比例积分控制器是在比例作用"粗调"的基础上，再加上积分作用的"细调"，所以它具有及时，克服偏差能力强的特点，又具有消除余差的能力。

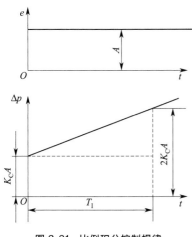

图 3-31 比例积分控制规律

K_C—比例放大倍数；A—输入为

某一幅值 A 的阶跃信号

在比例积分控制器中，通常用积分时间来表示积分作用的强弱。由图 3-31 可知，当 $t = T_I$ 时，控制器的输出为 $\Delta p = 2 K_C A$。因此，积分时间的定义为：在阶跃输入作用下，当由积分作用引起的输出变化量与由比例作用引起的输出变化量相等时，所经历的时间即为积分时间 T_I。积分时间表征了积分控制的强弱，积分时间 T_I 越小，则积分速度越大，积分控制作用越强；反之，T_I 越大，积分控制作用就越弱。若积分时间为无穷大，则表示没有积分作用，控制器也就变为纯比例作用了。工业用控制器，都有调整积分时间的旋钮。

③ 积分时间 T_I 对过渡过程的影响　积分时间对过渡过程的影响如图 3-32 所示。

根据积分控制的特点，积分控制可以克服余差，但其控制缓慢，往往导致过调。因此，如果 T_I 过小，容易导致系统振荡甚至不稳定（曲线 1）；但如果 T_I 太大，积分作用太弱，余差消除太慢（曲线 3），当 $T_I \to +\infty$，就成为纯比例控制器，余差将得不到消除（曲线 4）。只有当 T_I 适当时，过渡过程能较快地衰减而且没有余差。

比例积分控制器具有比例和积分控制两者的优点，有比例度 δ 和积分时间 T_I 两个可调参数，适应范围广，在多数控制系统中均采用。控制器的积分时间应按控制对象的特性来选择，对于管道压力、流量等滞后不大的对象，T_I 可以适当选择小一点。温度对象滞后比较大，应该选择大一点。

（4）微分控制（D）　比例积分控制在工业上应用广泛，但如果对象滞后大，时间常数大，负荷变化剧烈时，由于积分作用控制缓慢的特点，控制质量往往不理想，这时可以考虑在系统中加入微分作用。

① 微分控制规律及其特点　微分控制规律：控制器的输出变化量与输入偏差变化的速度成正比，用公式表达为

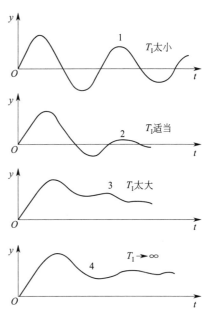

图 3-32 积分时间对过渡过程的影响

$$\Delta p = T_D \frac{de}{dt} \tag{3-14}$$

式中 T_D——微分时间；

$\dfrac{\mathrm{d}e}{\mathrm{d}t}$——偏差的变化速度。

从式(3-14)可知，微分控制器的输出只与偏差的变化速度有关，换句话说，即使偏差 e 很大，只要它固定不变，控制器的输出都为 0。所以，微分控制不能单独使用。微分时间 T_D 表示了微分作用的强弱，T_D 越大，微分作用越强，反之，则越弱。

微分控制器在阶跃输入作用下，其输出特性如图 3-33 所示，在输入变化的瞬间，微分输出趋于无穷大，以后由于输入不再变化，输出立即降为 0。这种理想的微分控制作用很难实现，不能单独使用。图 3-33(c) 是一种近似微分作用，在阶跃输入发生时刻，输出 Δp 突然上升到一个较大的有限数值（一般为输入幅值的 5 倍或更大），然后呈指数规律衰减直至零。

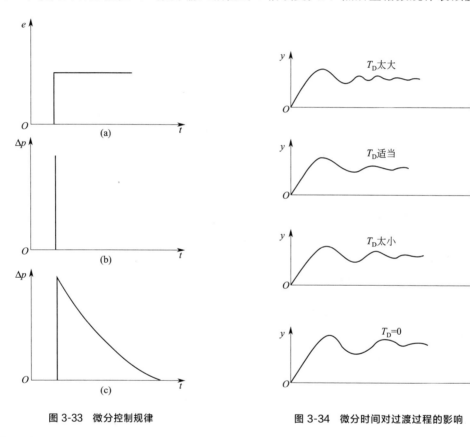

图 3-33 微分控制规律   图 3-34 微分时间对过渡过程的影响

② 比例微分控制规律（PD） 比例微分控制规律用公式表示如下

$$\Delta p = \Delta p_P + \Delta p_D = K_p\left(e + T_D\,\frac{\mathrm{d}e}{\mathrm{d}t}\right) \tag{3-15}$$

式中 K_p——比例放大系数；

T_D——微分时间；

e——偏差。

从式(3-15)可知比例微分控制器的输出 Δp 等于比例作用输出 Δp_P 与微分输出 Δp_D 之和。改变比例度 δ 和微分时间 T_D 分别可以改变比例作用的强弱和微分作用的强弱。

在一定的比例度下，微分时间 T_D 对过渡过程的影响如图 3-34 所示。由于微分作用的输出是与偏差的变化速度成正比的，而且由于负反馈的作用，它总是力图阻止被控变量的任何变化。当被控变量增大时，微分作用就改变控制阀开度阻止它增大；反之，当被控变量减小时，微分作用就改变控制阀开度去阻止它减小。所以，微分作用具有抑制振荡的效果，在控制系统中适当加入微分作用，可以提高系统的稳定性，减少被控变量的波动，降低余差。但是微分作用不能加太大，否则由于控制作用过强，控制器的输出剧烈变化，不仅不能提高系统的稳定性，反而引起被控变量大幅度地振荡。特别对于噪声比较严重的系统，采用微分作用要特别慎重。工业上常用控制器的微分时间可在数秒至几分的范围内调整。

微分控制作用是根据偏差的变化速度来控制的，在扰动作用的瞬间，尽管开始偏差很小，但如果它的变化速度较快，则微分控制器就有较大的输出，它的作用较之比例作用还要及时，且更大。对于一些滞后较大、负荷变化较快的对象，当较大的干扰施加之后，由于对象的惯性，偏差在开始一段时间内都是比较小的，如果采用比例控制作用，则偏差小，控制作用也小，这样一来，控制作用就不能及时加大来克服已经加入的干扰作用的影响。但是如果加入微分作用，可以在偏差尽管不大，但偏差开始剧烈变化时刻，立即产生一个较大的控制作用，及时抑制偏差的继续增长。所以，微分作用具有一种抓住"苗头"预先控制的性质，这是一种"超前"性质。因此微分控制又被称为"超前控制"。

对于温度对象，由于其容量滞后较大，使用具有"超前"控制作用的微分控制是比较有效的，因此在化工过程控制中，对于温度对象的控制，一般都会加入微分作用。

（5）比例积分微分控制（PID）　具有比例、积分、微分控制器的特性，其输出 Δp 与偏差 e 的关系可用下式表示：

$$\Delta p = K_p e + K_p \frac{1}{T_I} \int e\,\mathrm{d}t + K_p T_D \frac{\mathrm{d}e}{\mathrm{d}t} \qquad (3\text{-}16)$$

由式(3-16)可知，PID控制器作用的输出分别是比例、积分、微分三种控制作用输出的叠加。PID三作用控制器在阶跃输入作用下的输入-输出关系如图3-35所示。

结合图3-35及前面分析的比例、积分、微分控制特性，可以得出以下几个结论。

① PID控制器在阶跃输入作用下，开始时微分作用的输出最大，使总的输出大幅度地变化，产生强烈的"超前"控制作用，这种控制作用可看成"预调"。然后微分作用逐渐消失，积分作用的输出逐渐占主导地位，只要余差存在，积分作用的输出就不断增加（或减小），这种控制作用可看成"细调"，一直到余差消失，积分作用才有可能停止。而在PID控制器的输出中，比例作用是自始至终与偏差相对应的，它一直是一种基本的控制作用。

② PID控制器可以调整的参数是 δ、T_I、T_D。适当选取这三个参数的数值，可以获得较好的控制质量。如果把微分时间调到零，就成为一台比例积分控制器；如果把积分时间调到最大，就成为一台比例微分控制器；如果把微分时间调到零，同时把积分时间放到最大，就

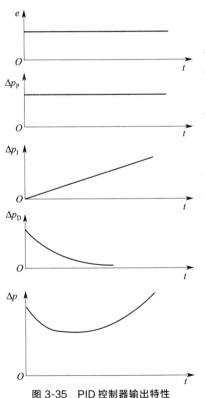

图 3-35　PID 控制器输出特性

成为一台纯比例控制器。

③ PID 控制器集比例、积分和微分三类控制作用的优点于一体，广泛用于容量滞后较大、纯滞后不太大、不允许有余差的场合。

3. 控制器（调节器）参数的整定方法

控制器（调节器）参数的整定一般有两种方法：一种是理论计算法，即根据广义对象的数学模型和性能要求，用根轨迹法或频率特性法来确定控制器（调节器）的相关参数；另一种方法是工程实验法，通过对典型输入响应曲线所得到的特征量，然后查照经验表，求得控制器（调节器）的相关参数。工程实验整定法有以下四种。

（1）经验法　若将控制系统按照液位、流量、温度和压力等参数来分类，则属于同一类别的系统，其对象往往比较接近，所以无论是控制器（调节器）形式还是所整定的参数均可相互参考。表 3-1 为经验法整定参数的参考数据，在此基础上，对控制器（调节器）的参数作进一步修正。若需加微分作用，微分时间常数按 $T_D = \left(\dfrac{1}{4} \sim \dfrac{1}{3}\right) T_I$ 计算。

表 3-1　经验法整定参数

系　统	参　数		
	$\delta / \%$	$T_I / \min$	$T_D / \min$
温　度	$20 \sim 60$	$3 \sim 10$	$0.5 \sim 3$
流　量	$40 \sim 100$	$0.1 \sim 1$	
压　力	$30 \sim 70$	$0.4 \sim 3$	
液　位	$20 \sim 80$		

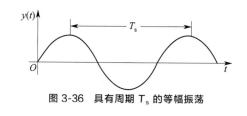

图 3-36　具有周期 T_s 的等幅振荡

（2）临界比例度法　这种整定方法是在闭环情况下进行的。设 $T_I = \infty$，$T_D = 0$，使调节器工作在纯比例情况下，将比例度由大逐渐变小，使系统的输出响应呈现等幅振荡，如图 3-36 所示。根据临界比例度 δ_k 和振荡周期 T_s，按表 3-2 所列的经验算式，求取调节器的参考参数值，这种整定方法是以得到 4:1 衰减为目标。

表 3-2　临界比例度法整定调节器参数

调节器参数　调节器名称	δ	T_I / s	T_D / s
P	$2\delta_k$		
PI	$2.2\delta_k$	$T_s / 1.2$	
PID	$1.6\delta_k$	$0.5 T_s$	$0.125 T_s$

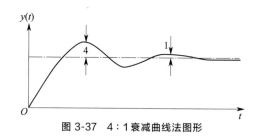

图 3-37　4:1 衰减曲线法图形

临界比例度法的优点是应用简单方便，但此法有一定限制。首先要产生允许受控变量能承受等幅振荡的波动，其次是受控对象应是二阶和二阶以上或具有纯滞后的一阶以上环节，否则在比例控制下，系统是不会出现等幅振荡的。在求取等幅振荡曲线时，应特别注意控制阀出现开、关的极端状态。

（3）衰减曲线法（阻尼振荡法）　在闭环系统中，先把调节器设置为纯比例作用，然后把比例度由大逐渐减小，加阶跃扰动观察输出响应的衰减过程，直至出现图 3-37 所示的 4:1 衰减过程为止。这时的比例度称为 4:1 衰减比例度，用 δ_s 表示之。相邻两波峰间的距离称为 4:1 衰减周期 T_s。根据 δ_s 和 T_s，运用表 3-3 所示的经验公式，就可计算出调节器预整定的参数值。

（4）动态特性参数法　所谓动态特性参数法，就是根据系统开环广义过程阶跃响应特性进行近似计算的方法，即根据对象特性的阶跃响应曲线测试法测得系统的动态特性参数（K、T、τ 等），利用表 3-4 所示的经验公式，就可计算出对应于衰减率为 4：1 时调节器的相关参数。如果被控对象是一阶惯性环节，或具有很小滞后的一阶惯性环节，若用临界比例度法或阻尼振荡法（4：1 衰减）就有难度，此时应采用动态特性参数法进行整定。

表 3-3　衰减曲线法计算公式

调节器参数 调节器名称	$\delta/\%$	T_I/min	T_D/min
P	δ_s		
PI	$1.2\delta_s$	$0.5T_s$	
PID	$0.8\delta_s$	$0.3T_s$	$0.1T_s$

表 3-4　经验计算公式

调节器参数 调节器名称	$\delta/\%$	T_I	T_D
P	$\dfrac{K\tau}{T}\times100\%$		
PI	$1.1\times\dfrac{K\tau}{T}\times100\%$	3.3τ	
PID	$0.85\times\dfrac{K\tau}{T}\times100\%$	2τ	0.5τ

 思政课堂

　　要得到比较理想的衰减曲线调控目标，需要 PID 三方协调控制，发挥各自优势和特点，才能获得好的结果。如同我们国家一样，在中国共产党的领导下，经过全党全国各族人民持续奋斗，我们实现了第一个百年奋斗目标，在中华大地上全面建成了小康社会，历史性地解决了绝对贫困问题。

思考练习题

　　1. 某换热器的温度控制系统（设定值是 30℃）在阶跃扰动作用下的过渡过程曲线如图 3-38 所示。则该系统的余差、衰减比、最大偏差分别是（　　）。

　　A. 5，3：1，40
　　B. 5，3：1，45
　　C. 5，2.5：1，45
　　D. 5，4：1，45

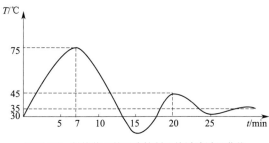

图 3-38　某换热器的温度控制系统过渡过程曲线

　　2. 多数情况下，人们希望自动控制系统在干扰作用下能够得到（　　）型的过渡过程。

A. 衰减振荡　　　　B. 非周期振荡　　　　C. 等幅振荡　　　　D. 发散振荡

3. 微分作用可用来（　　）。

A. 消除余差　　　B. 克服纯滞后　　　C. 克服容量滞后　　　D. 克服传输滞后

4. 积分作用可用来（　　）。

A. 消除余差　　　B. 克服纯滞后　　　C. 克服容量滞后　　　D. 克服传输滞后

5. 自动控制系统中，通常用（　　）表示液位控制器。

A. PC　　　　　　B. LC　　　　　　C. TC　　　　　　D. FC

6. 简单均匀控制系统中，控制规律一般采用（　　）。

A. PID　　　　　B. PI　　　　　C. PD　　　　　D. P

7. 在 PID 调节中，比例作用是依据_____来动作的，在系统中起着_____的作用；积分作用是依据_____来动作的，在系统中起着_____的作用；微分作用是依据_____来动作的，在系统中起着_____的作用。

答：偏差的大小；稳定被控变量；偏差是否存在；消除余差；偏差变化速度；超前调节

8. 调节器的比例度越大，则放大倍数_____，比例作用就_____，过渡过程曲线越_____，但余差也_____。

答：越小；越弱；平稳；越大

9. 调节器的积分时间越小，则积分速率_____，积分特性曲线的斜率_____，积分作用就_____，消除余差_____。微分时间越大，微分作用_____。

答：越大；越大；越强；越快、越弱

10. 调节器参数整定的任务是什么？工程上常用的调节器参数整定方法有哪几种？

答：调节器参数整定的任务是：根据已定的控制方案，来确定调节器的最佳参数值，包括比例度、积分时间、微分时间，以便系统能获得好的控制品质。调节器参数整定的方法有理论计算和工程整定两大类，其中常用的是工程整定法。

11. 在什么场合选用比例、比例积分和比例积分微分调节规律？

答：比例调节规律适用于负荷变化较小、纯滞后不太大而工艺要求不高、又允许有余差的控制系统。比例积分调节规律适用于对象调节通道时间常数较小、系统负荷变化较大，纯滞后不大而被控参数不允许与给定值有偏差的调节系统。比例积分微分调节规律适用于容量滞后较大、纯滞后不大、不允许有余差的调节系统。

任务三　简单温度自动控制系统分析、控制

学习目标

1. 进一步加深控制系统概念，了解简单温度自动控制系统的组成、控制原理。

2. 熟悉温度定值控制系统调节参数的整定和投运方法。

3. 了解控制器（调节器）相关参数的变化对系统的静、动态的影响。

4. 了解 PID 原理及参数整定方法。

5. 了解同一控制系统采用不同控制方案的实现过程。

6. 了解一阶对象定值控制方法，并观察过渡过程曲线。

一、任务分析

（1）通过课前预习相关参考资料以及项目任务书，了解自动控制系统相关内容，了解简单温度自动控制系统的结构与组成。

（2）通过课前预习，总结简单温度控制系统在生产或者生活中应用的案例。

（3）10min 汇报学生的预习内容。课堂上实行教学做一体，采用小组分析、讨论、汇报的教学方法。根据项目情景，要求学生根据教师安排，通过分析、讨论以及现场操作实训，完成相应的学习目标，达到以下几项技能：

① 能总结简单温度控制系统的结构与组成；

② 能举出一些简单自动控制的例子；

③ 能分析简单温度控制系统进行控制的原理；

④ 能根据要求对温度定值控制系统进行参数的整定和投运；

⑤ 能正确连接线路。

（4）通过小组共同参与，增加学生的人际沟通能力、团队协作能力。

二、案例引入

在上一个任务中，认识了简单液位控制系统的控制过程，了解了其控制原理、控制器（调节器）相关参数的变化对系统的静、动态的影响以及 PID 原理及参数整定方法。本任务主要进行温度定值控制系统整定与投运的有关内容。

三、任务实施：锅炉内胆水温定值控制实验

1. 实验目的

（1）进一步加深控制系统概念。

（2）了解一阶对象定值控制方法，并观察过渡过程曲线。

（3）了解 P、PI、PD 和 PID 四种调节器分别对温度系统的控制作用。

2. 实验原理

本实验以锅炉内胆作为被控对象，内胆的水温为系统的被控制量。本实验要求锅炉内胆的水温稳定至给定量，将铂电阻检测到的锅炉内胆温度信号 TT1 作为反馈信号，在与给定量比较后的差值通过调节器控制三相调压模块的输出电压（即三相电加热管的端电压），以达到控制锅炉内胆水温的目的。在锅炉内胆水温的定值控制系统中，其参数的整定方法与其他单回路控制系统一样，但由于加热过程容量时延较大，所以其控制过渡时间也较长，系统的调节器可选择 PD 或 PID 控制。本实验系统结构图和方框图如图 3-39 所示。

可以采用两种方案对锅炉内胆的水温进行控制：

（1）锅炉夹套不加冷却水（静态）；

（2）锅炉夹套加冷却水（动态）。

显然，两种方案的控制效果是不一样的，后者比前者的升温过程稍慢，降温过程稍快，过渡过程时间稍短。

3. 实验设施

工业自动化仪表实验平台、实验导线、计算机、MCGS 组态软件、RS485/232 转换器。

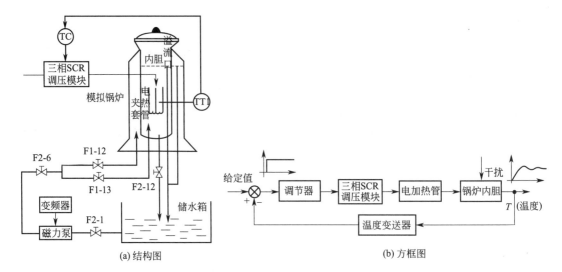

图 3-39　锅炉内胆水温特性测试系统

4. 实验内容与步骤

本实验选择锅炉内胆水温作为被控对象，实验之前将储水箱中储足水量，然后将阀门 F2-1、F2-6、F1-13 全开，将锅炉出水阀门 F2-12 关闭，其余阀门也关闭。将变频器输出 A、B、C 三端连接到三相磁力驱动泵（220V），打开变频器电源并手动调节其频率，给锅炉内胆储一定的水量（要求至少高于液位指示玻璃管的红线位置），然后关闭阀 F1-13，打开阀 F1-12，为给锅炉夹套供冷水做好准备。

具体实验内容与步骤按两种方案分别叙述，这两种方案的实验与用户所购的硬件设备有关，可根据实验需要选做或全做。

（1）智能仪表控制

① 将 SA-11、SA-12 挂件挂到屏上，并将挂件的通信线插头插入屏内 RS485 通信口上，将控制屏右侧 RS485 通信线通过 RS485/232 转换器连接到计算机串口 1，并按照图 3-40 所示控制屏接线图连接实验系统。

② 接通总电源空气开关和钥匙开关，按下启动按钮，合上单相 I 空气开关，给智能仪表上电。

③ 打开上位机 MCGS 组态环境，打开"智能仪表控制系统"工程，然后进入 MCGS 运行环境，在主菜单中点击"实验六、锅炉内胆水温定值控制"，进入"实验六"的监控界面。

④ 将智能仪表设置为"手动"，并将输出值设置为一个合适的值（50%～70%），此操作可通过调节仪表实现。

⑤ 合上三相电源空气开关，三相电加热管通电加热，适当增加/减少智能仪表的输出量，使锅炉内胆的水温平衡于设定值。

⑥ 按本项目任务一中的经验法或动态特性参数法整定调节器参数，选择 PID 控制规律，并按整定后的 PID 参数进行调节器参数设置。

⑦ 待锅炉内胆水温稳定于给定值时，将调节器切换到"自动"状态，待水温平衡后，突增（或突减）仪表设定值的大小，使其有一个正（或负）阶跃增量的变化（即阶跃干扰，此增量不宜过大，一般为设定值的 5%～15% 为宜），于是锅炉内胆的水温便离开原平衡状

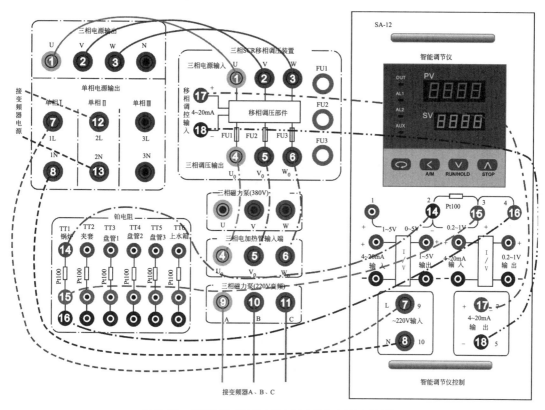

图 3-40　仪表控制"锅炉内胆水温定值"实验测试接线图

态，经过一段调节时间后，水温稳定至新的设定值，记录此时智能仪表的设定值、输出值和仪表参数，内胆水温的响应过程曲线将如图 3-41 所示。

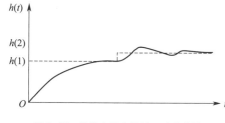

图 3-41　锅炉内胆水温阶跃响应曲线

⑧ 适量改变调节仪的 PID 参数，重复步骤⑦，用计算机记录不同参数时系统的响应曲线。

⑨ 打开变频器电源开关，给变频器上电，将变频器设置在适当的频率（19Hz 左右），变频器支路开始往锅炉夹套打冷水，重复步骤④～⑧，观察实验的过程曲线与前面不加冷水的过程有何不同。

⑩ 分别采用 P、PI、PD 控制规律重复实验，观察在不同的 PID 参数值下，系统的阶跃响应曲线。

（2）DCS 分布式控制

① 按照前面的实验组成 DCS 控制系统，将 SA-32 挂件、SA-33 挂件挂到屏上，并将挂件的通信线插头插入屏内 Profibus DP 总线接口上，将控制屏左侧 Profibus DP 总线连接到主控单元 DP 口，并按照如图 3-42 所示的控制屏接线图连接实验系统。

② 接通总电源空气开关和钥匙开关，按下启动按钮，打开 24V 开关电源，给现场总线 I/O 模块上电，打开主控单元电源。启动服务器程序，在工程师站的组态中选择"单回路控制系统"工程进行编译下装，再重新启动服务器程序。

③ 启动操作员站，打开主菜单，点击"实验六、锅炉内胆水温定值控制"，进入"实验

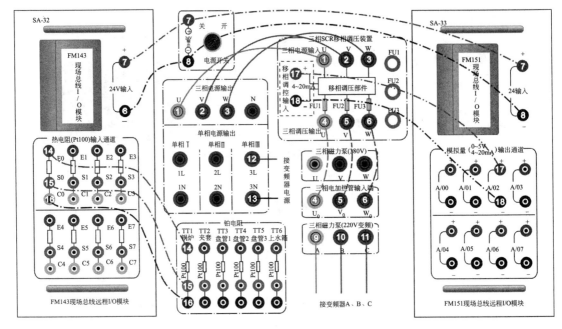

图 3-42　DCS 控制"锅炉内胆水温定值控制"实验接线图

六"的监控界面。在流程图的温度测量值上点击左键，弹出 PID 窗口，可进行相关参数的设置。

④ 以下步骤请参考前面"（1）智能仪表控制"的步骤④～⑩。

5. 实验报告要求

（1）画出锅炉内胆水温定值控制实验的结构框图。

（2）用实验方法确定调节器的相关参数，写出整定过程。

（3）根据实验数据和曲线，分析系统在阶跃扰动作用下的静、动态性能。

（4）比较不同 PID 参数对系统性能产生的影响。

（5）分析 P、PI、PD、PID 四种控制方式对本实验系统的作用。

（6）综合分析两种控制方案的实验效果。

 思政课堂

温室效应大家想必都清楚，自工业革命以来，人类向大气中排入的二氧化碳等吸热性强的温室气体逐年增加，大气的温室效应也随之增强，导致全球变暖，引发一系列问题。所以我们对温度的调节要准确，否则就意味着浪费燃料和能源，与我国的 2030 年碳达峰和 2060 年碳中和的宏伟目标背道而驰。

思考练习题

1. 在温度控制系统中，为什么用 PD 和 PID 控制，系统的性能并不比用 PI 控制时有明显的改善?

2. 为什么内胆动态水的温度控制比静态水时的温度控制更容易稳定，动态性能更好?

3. 图 3-43 所示为锅炉汽包液位控制系统示意图，要求锅炉不能烧干。试画出该系统的方框图，分析控制过程。

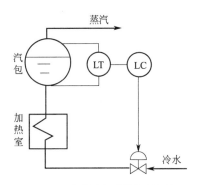

图 3-43　锅炉汽包液位控制系统

任务四　简单流量自动控制系统分析、控制

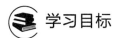 学习目标

1. 进一步加深控制系统概念，了解简单流量自动控制系统的组成、控制原理。
2. 了解单闭环流量控制系统的结构组成与原理。
3. 熟悉单闭环流量控制系统调节器参数的整定方法。
4. 了解调节器相关参数的变化对系统静、动态性能的影响。
5. 了解 P、 PI、 PD 和 PID 四种控制分别对流量系统的控制作用。
6. 熟悉同一控制系统采用不同控制方案的实现过程。

一、任务分析

（1）通过课前预习相关参考资料以及项目任务书，了解自动控制系统相关内容，了解简单流量自动控制系统的结构与组成。

（2）通过课前预习，总结简单流量控制系统在生产或者生活中应用的案例。

（3）10min 汇报学生的预习内容。课堂上实行教学做一体，采用小组分析、讨论、汇报的教学方法。根据项目情景，要求学生根据教师安排，通过分析、讨论以及现场操作实训，完成相应的学习目标，达到以下几项技能：

① 能总结简单流量控制系统的结构与组成；
② 能举出一些简单自动控制的例子；
③ 能分析简单流量控制系统进行控制的原理；
④ 能根据要求对流量定值控制系统进行参数的整定和投运；
⑤ 能正确连接线路。

（4）通过小组共同参与，增加学生的人际沟通能力，团队协作能力。

二、案例引入

在上一个任务中，认识了简单温度控制系统的控制过程，了解了其控制原理、控制器（调节器）相关参数的变化对系统的静、动态的影响以及 PID 原理及参数整定方法。本任务主要进行流量定值控制系统整定与投运的有关内容。

三、任务实施: 单闭环流量定值控制系统实验

1. 实验目的

（1）了解单闭环流量控制系统的结构组成与原理。

（2）了解单闭环流量控制系统调节器参数的整定方法。

（3）了解调节器相关参数的变化对系统静、动态性能的影响。

（4）了解 P、PI、PD 和 PID 四种控制分别对流量系统的控制作用。

（5）理解同一控制系统采用不同控制方案的实现过程。

2. 实验原理

本实验系统结构图和方框图如图 3-44 所示。被控量为电动调节阀支路（也可采用变频器支路）的流量，实验要求电动阀支路流量稳定至给定值。将涡轮流量计 FT1 检测到的流量信号作为反馈信号，并与给定量比较，其差值通过调节器控制电动调节阀的开度，以达到控制管道流量的目的。为了实现系统在阶跃给定和阶跃扰动作用下的无静差控制，系统的调节器应为 PI 控制，并且在实验中 PI 参数设置要比较大。

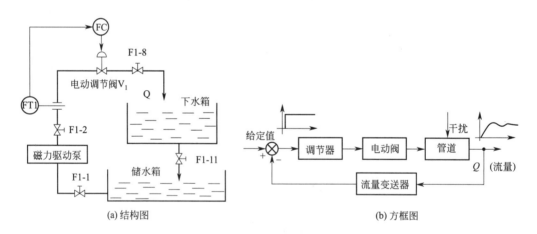

图 3-44　单闭环流量定值控制系统

3. 实验设施

工业自动化仪表实验平台、实验导线、计算机、MCGS 组态软件、RS485/232 转换器。

4. 实验内容与步骤

本实验选择电动阀支路流量作为被控对象。实验之前先将储水箱中储足水量，然后将阀门 F1-1、F1-2、F1-8、F1-11 全开，其余阀门均关闭。将"FT1 电动阀支路流量"钮子开关拨到"ON"的位置。

　　具体实验内容与步骤可根据本实验的目的与原理参照前面的单闭环定值控制中相应方案进行，这里只给出实验的接线图（图 3-45、图 3-46）。

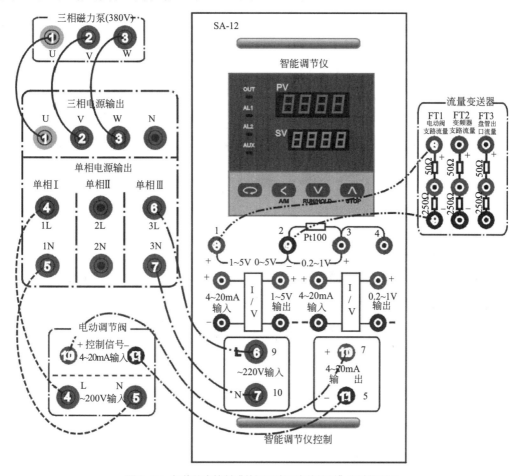

图 3-45　智能仪表控制"单闭环流量定值控制"实验接线图

5. 实验报告要求

（1）画出单闭环流量定值控制实验的结构框图。

（2）用实验方法确定调节器的相关参数，写出整定过程。

（3）根据实验数据和曲线，分析系统在阶跃扰动作用下的静、动态性能。

（4）比较不同 PI 参数对系统的性能产生的影响。

（5）分析 P、PI、PD、PID 四种控制方式对本实验系统的作用。

（6）综合分析两种控制方案的实验效果。

四、相关知识

　　执行器的作用是接受控制器的输出信号，直接控制能量或物料等调节介质的输送量，达到控制温度、压力、流量、液位等工艺参数的目的。执行器按能源形式分为气动执行器、电动执行器、液动执行器。

　　1. 气动执行器

　　（1）气动执行器的组成与分类　气动执行器由气动执行结构和控制阀组成。常用辅助设

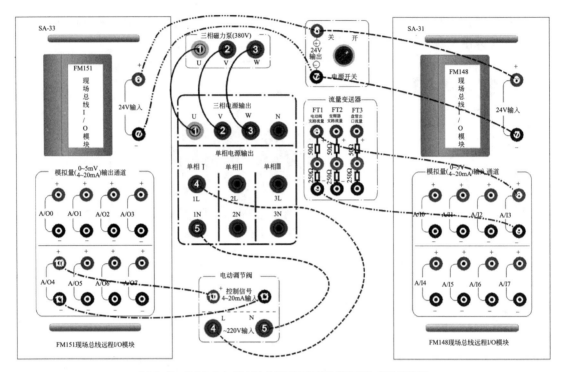

图 3-46 DCS 分布式控制"单闭环流量定值控制"实验接线图

备有阀门定位器、手轮机构。

气动执行器的执行机构分为以下几种：

① 薄膜式 结构简单、价格便宜、维修方便，应用广泛（图 3-47～图 3-49）。

图 3-47 气动薄膜控制阀外形

图 3-48 气动薄膜控制阀实物

② 活塞式 推力较大，用于大口径、高压降控制阀或蝶阀的推动装置。

③ 长行程 行程长、转矩大，适于输出转角（60°～90°）和力矩。

气动薄膜式执行机构有正作用和反作用两种形式。根据有无弹簧可分为有弹簧的及无弹簧的执行机构。

（2）气动执行器的控制阀的分类 根据不同的使用要求，控制阀的结构形式主要有以下几种。

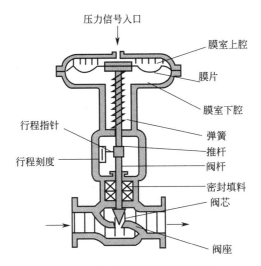

图 3-49　气动薄膜控制阀结构组成

① 直通单座控制阀　阀体内只有一个阀芯与阀座，见图 3-50。

特点　结构简单、价格便宜、全关时泄漏量少。

缺点　在压差大的时候，流体对阀芯上下作用的推力不平衡，这种不平衡力会影响阀芯的移动。

② 直通双座控制阀　阀体内有两个阀芯和两个阀座，见图 3-51。

特点　流体流过的时候，不平衡力小。

缺点　容易泄漏。

③ 角形控制阀　角形控制阀的两个接管呈直角形，见图 3-52。

特点　流路简单、阻力较小，适于现场管道要求直角连接，介质为高黏度、高压差和含有少量悬浮物和固体颗粒物的场合。流向一般是底进侧出。

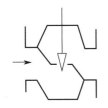

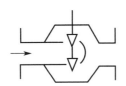

图 3-50　直通单座控制阀　　　图 3-51　直通双座控制阀　　　图 3-52　角形控制阀

④ 高压控制阀　高压控制阀的结构形式大多为角形，阀芯头部掺铬或镶以硬质合金，以适应高压差下的冲刷和汽蚀。

为了减少高压差对阀的汽蚀，有时采用几级阀芯，把高压差分开，各级都承担一部分以减少损失。

⑤ 三通控制阀　共有三个出入口与工艺管道连接。按照流通方式分合流型和分流型两种，见图 3-53。

⑥ 隔膜控制阀　采用耐腐蚀衬里的阀体和隔膜。

特点　结构简单，流阻小，流通能力比同口径的其他种类的阀要大；不易泄漏；耐腐蚀性强，适用于强酸、强碱、强腐蚀性介质的控制，也能用于高黏度及悬浮颗粒状介质的控制。

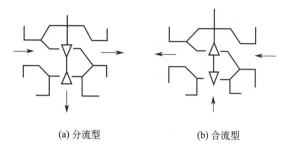

(a) 分流型　　　　　　　　　　(b) 合流型

图 3-53　三通控制阀

2. 电动执行器

（1）电动执行器的特点

① 由于工频电源取用方便，不需增添专门装置，特别是执行器应用数量不太多的单位，更为适宜；

② 动作灵敏，精度较高，信号传输速度快，传输距离可以很长，便于集中控制；

③ 在电源中断时，电动执行器能保持原位不动，不影响主设备的安全；

④ 与电动控制仪表配合方便，安装接线简单；

⑤ 体积较大，成本较贵，结构复杂，维修麻烦，并只能应用于防爆要求不太高的场合。

（2）电动执行器的组成　电动执行器由两大部分组成：电动执行机构、调节机构。电动执行机构根据其输出形式不同分为：角行程电动执行机构、直行程电动执行机构、多转式电动执行机构。

① 角行程电动执行机构　DKJ 型角行程电动执行机构以交流 220V 为动力，接受控制器的直流电流输出信号，并转变为 0°～90°的转角位移，以一定的机械转矩和旋转速度自动操纵挡板、阀门等调节机构，完成调节任务。

② 直行程电动执行机构　直行程电动执行机构（DKZ 型）是以控制仪表的指令作为输入信号，使电动机动作，然后经减速器减速并转换为直线位移输出，去操作单座、双座、三通等各种控制阀和其他直线式调节机构，以实现自动调节的目的。

3. 执行器的作用方向

执行器的作用方向取决于是气开阀还是气关阀。如图 3-54 所示为气动薄膜式执行机构，则该执行器的作用方向为气开型执行器。

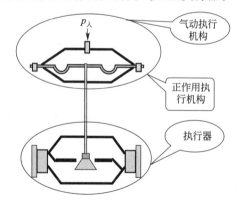

图 3-54　气动薄膜式执行机构

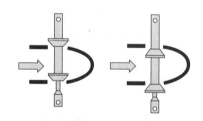

图 3-55　阀芯的正装与反装

而阀芯的正装与反装将可以改变气开或气关型执行器。如图 3-55 所示。

如图 3-56 所示，执行机构为反作用方向，而控制阀为气关式，综合起来，该执行器为气开式执行器。

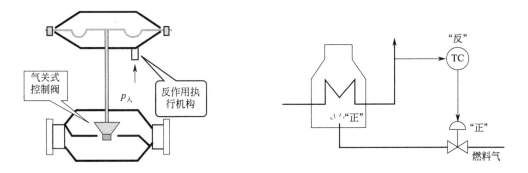

图 3-56 气开式执行器　　　　　　　图 3-57 加热炉出口温度控制系统

【例 3-3】 一个简单的加热炉出口温度控制系统如图 3-57 所示。分析各个环节的作用方向。

分析：

① 检测变送器，一般都属于正作用方向；

② 被控对象，判断被控对象的作用方向，主要看操纵变量的变化会引起被控变量怎样变化，本题中当操纵变量增加时，被控变量显然增加，所以被控对象属于正作用方向；

③ 执行器，如果执行器选择气开阀，则其作用方向应该属于正作用方向；

④ 控制器，为了保证整个系统是负反馈，则该控制器应选什么性质的控制器？显然应该选择副作用方向的控制器。

 思政课堂

气动薄膜调节阀离不开高质量的气动元件，我国国产气动元件品牌企业有温州浙文气动有限公司、浙江正泰电器集团、德力西电气有限公司等，与国际品牌霍尼韦尔国际公司（美国）、欧姆龙株式会社 OMRON（日本）、尼尔森（英国）等企业产品形成竞争优势，在国内市场上占据上风。所以我们要不懈努力，不断创新，在技术上取得新超越。

 思考练习题

1. 如果采用变频器支路做实验，其响应曲线与电动阀支路的曲线有什么异同？并分析差异的原因。

2. 改变比例度 δ 和积分时间 TI 对系统的性能产生什么影响？

3. 在本实验中为什么采用 PI 控制规律，而不用纯 P 控制规律？

4. 根据下列四种组合，试判断

（1）执行机构是正作用还是反作用？

（2）判断执行器属于气关、气开式？

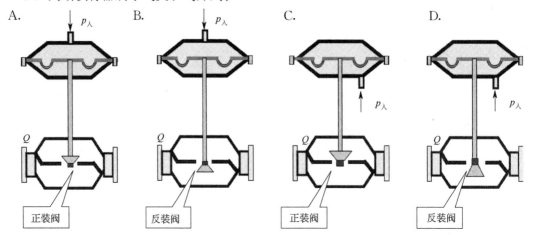

5. 一个简单的液位控制系统如图 3-58 所示。若执行器选择气开阀，试分析各个环节的作用方向。

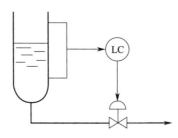

图 3-58　简单的液位控制系统

项目四
带控制点的工艺流程图分析

任务一　带控制点管路拆装工艺流程分析

 学习目标

1. 熟悉管道布置、安装及连接方法。
2. 了解管路拆装工艺流程绘制方法。
3. 了解流量计、压力表、液位计等化工仪表基本知识。
4. 了解电动调节阀、手动阀、泵等设备的相关知识。

一、任务分析

（1）通过课前预习相关参考资料以及项目任务书，了解流体输送装置工艺流程图绘制相关内容，了解阀门、仪表、泵类型。

（2）通过课前预习，总结常见的阀门、压力仪表、流量仪表、泵有哪几种，各有何特征？试总结一些阀门、压力仪表、流量计、泵在企业、生活中应用的典型案例。电动调节阀是如何工作的，在整个系统中起到什么作用？

（3）10min汇报学生的预习内容。课堂上实行教学做一体，根据项目情景，要求学生现场完成流体输送装置流程分析、绘制及装置清单填写的工作任务，通过本次任务实施，要求学生完成相应的学习目标，达到以下几项技能：

① 能绘制管路拆装工艺流程图；
② 能准确列出管件、仪表、阀门、流量计、泵等设备清单；
③ 能正确操作阀门；
④ 能分析阀门、流量计、压力表等在系统中的作用。

（4）通过小组共同参与，增强学生的人际沟通能力，团队协作能力。

二、任务实施

1. 工艺流程图绘制

结合管路拆装实训装置用相关图符绘制工艺流程图，管路拆装实训装置模型如图4-1、图4-2所示。

2. 填写阀门、仪表等设备清单

按照管路拆装平面图、立面图以及现场观察的结果，列出清单（样表见表4-1）。

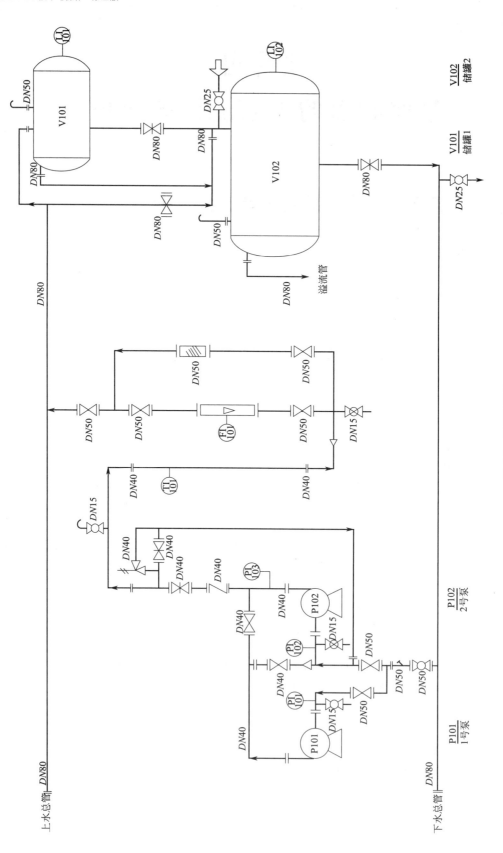

图 4-1　管路流程图

三、相关知识: 管道及仪表流程图（PID 图）

这种流程图用图示的方法把化工工艺流程和所需的全部设备、机器、管道、阀门及管件和仪表表示出来（图 4-3）。它是在方案流程图的基础上绘制的，既是设备布置和管道布置设计的依据，也是施工安装的依据，并且是操作运行及检修的指南，故亦简称施工流程图。

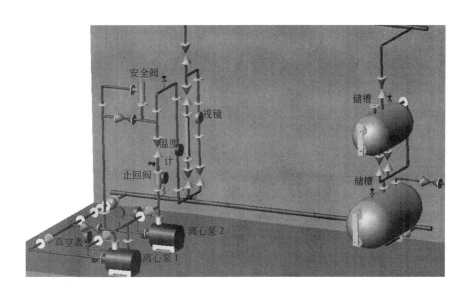

图 4-2 管路拆装装置模型

表 4-1 阀门、仪表等设备清单（部分）

序 号	名 称	规 格	数 量	备 注
1	转子流量计	$1\sim200\text{m}^3/\text{h}$	1	
2	弹簧指针压力表	$0\sim1.5\text{MPa}$	2	
3	真空表	$-0.1\sim0\text{MPa}$	2	
4	双金属温度计	$0\sim100℃$	1	
5	不锈钢球阀	$Q11\text{-}16P,DN15$	6	
6	不锈钢球阀	$Q41\text{-}16P,DN50,L=300$	2	
7	不锈钢截止阀	$J41\text{-}16P,DN50,L=300$	1	
8	不锈钢截止阀	$J41\text{-}16P,DN40,L=300$	1	
9	不锈钢闸阀	$Z41\text{-}16P,DN40,L=260$	1	
10	不锈钢止回阀	$H42\text{-}16P,DN40,L=260$	1	
11	不锈钢安全阀	$A40Y\text{-}16P,DN40$	1	
12				
13				

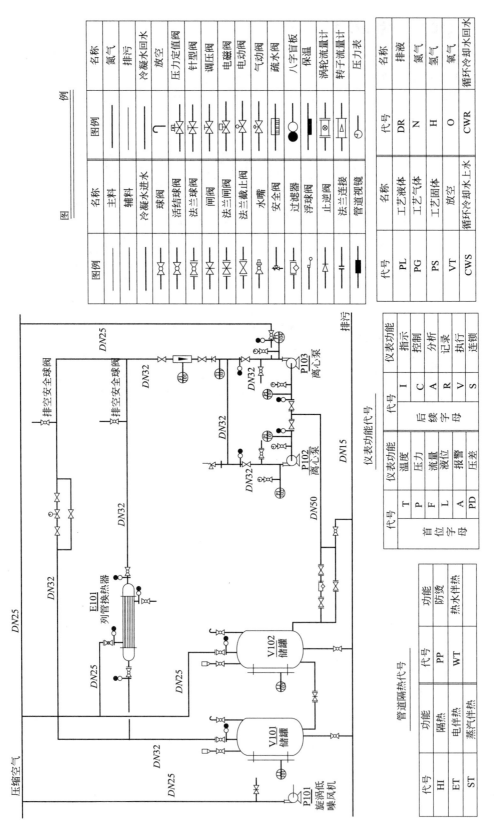

图 4-3 管道及仪表流程图（PID 图）

图例

图例	名称	图例	名称
	主料		氮气
	辅料		排污
	冷凝水进水		冷凝水回水
	球阀		放空
	活结球阀		压力定值阀
	法兰球阀		针型阀
	闸阀		调压阀
	法兰闸阀		电磁阀
	法兰截止阀		电动阀
	水嘴		气动阀
	安全阀		八字盲板
	过滤器		保温
	浮球阀		涡轮流量计
	止逆阀		转子流量计
	法兰连接		压力表
	管道视镜		

代号	名称	代号	名称
PL	工艺液体	DR	排液
PG	工艺气体	N	氮气
PS	工艺固体	H	氢气
VT	放空	O	氧气
CWS	循环冷却水上水	CWR	循环冷却水回水

仪表功能代号

	仪表功能	代号		仪表功能	代号
首位字母	温度	T	后续字母	指示	I
	压力	P		控制	C
	流量	F		分析	A
	液位	L		记录	R
	报警	A		执行	V
	压差	PD		连锁	S

管道隔热代号

代号	功能	代号	功能
HI	隔热	PP	防烫
ET	电伴热	WT	热水伴热
ST	蒸汽伴热		

（一）带控制点的工艺流程图的内容

（1）图形　各种设备的简单轮廓形状或规定的示意图形，管道流程线以及管件、阀门、仪表控制点等图形符号。

（2）标注　标注设备位号与名称、管道编号、仪表控制点的代号、物料的走向及必要的数据等。

（3）图例　施工流程图中所采用的管件、阀门、仪表控制点的图例、符号、代号及其他标注（如管道编号、物料代号）等说明，应以图表的形式单独绘制成首页图。本例则将其放在图形的下方空白处。

（4）标题栏　注写图名、图号及责任者签名等。

它是在方案流程图的基础上经过进一步的修改、补充和完善而绘制出来的图样。此类图纸的基本特征如下。

（1）按工艺流程次序自左向右用流程线将设备示意图形连接起来的展开图。

（2）按标准图例详细画出一系列相关设备、辅助装置的图形和相对位置，并配以带箭头的物料流程线。同时在流程图上需标注出各物料的名称、管道规格与管段编号、控制点的代号、设备的名称与位号，以及必要的尺寸、数据等。

（3）在流程图上按标准图例详细绘制需配置的工艺控制用阀门、仪表、重要管件和辅助管线的相对位置，以及自动控制的实施方案等有关图形，并详细标注仪表的种类与工艺技术要求等。

（4）图纸上常给出相关的标准图例、图框与标题栏，以及设备位号与索引等。

（二）工艺流程图中的图例与代号

在工艺流程图中，用流程线表示物流管道、辅助管道，还应对每一根管道进行编号和标注（包括物料代号）；对于按标准图例详细画出的相关设备、辅助装置还需标注设备编号与名称；在实际生产工艺流程中所使用的所有控制点，应在物流线上用标准图例、代号或符号加以表示。

1. 工艺流程图的设备代号与图例

在工艺流程图上，所有的设备都应按照 HG/T 20519.2—2009 规定的标准图例绘制，未列入标准的设备，可参照已有图例编制新图例，无类似图例的，只要求用细实线画出其简单的外形轮廓和其内部的主要特征。常用的标准图例见表 4-2。

表 4-2　工艺流程图的设备代号与标准图例

设备名称	代号	图例				
塔	T	填料塔	筛板塔	浮阀塔	泡罩塔	喷淋塔
换热器	E	固定管板式	浮头式	U形管式	蛇管式	

设备名称	代号	图 例			
反应器	R	固定床反应器	列管式反应器	反应釜	流化床反应器
容器	V	卧式	立式	球罐	锥顶罐 / 平顶罐
泵	P	离心泵	往复泵 / 齿轮泵	喷射泵	水环真空泵
压缩机 鼓风机	C	旋转压缩机	离心压缩机	鼓风机	

其中热交换器的图形在必要的时候可简化成符号形式，如图 4-4 所示。

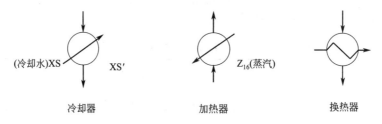

图 4-4 热交换器的简化符号

2. 工艺流程图上的物料代号

对于带控制点的工艺流程图，在用流程线表示物流管道及辅助管道的同时，还要对工艺物料采用管道编号加以表示。其中，物料代号如表 4-3 所示。

3. 阀门、主要管件和管道附件的图例

在带控制点的工艺流程图上，除需要绘制工艺管道线外，同时还应按 HG/T 20519.2—2009 标准图例绘出和标注管道线上相应的阀门、主要管件和管道附件。常用阀门图例见表 4-4。

4. 检测仪表的图例与图形符号或代号

在带控制点的工艺流程图上，应按标准图例画出和标注全部与工艺有关的检测仪表、调节控制系统和取样点、取样阀（组）。其中，常用测量仪表图例见表 4-5，测量仪表安装要求的图形符号见表 4-6，仪表常用检测参数代号见表 4-7，仪表测量功能代号见表 4-8。

表 4-3　物料代号（HG/T 20519.2—2009）

类别	物　料　名　称	代号	类别	物　料　名　称	代号
工艺物料	工业空气	PA	制冷剂	气氨	AG
	工艺气体	PG		液氨	AL
	工艺液体	PL		气体乙烯或乙烷	ERG
	工艺固体	PS		液体乙烯或乙烷	ERL
	工艺物料（气液两相流）	PGL		氟利昂气体	FGR
	工艺物料（气固两相流）	PGS		氟利昂液体	FRG
	工艺物料（液固两相流）	PLS		气体丙烯或丙烷	PRG
	工艺水	PW		液体丙烯或丙烷	PRL
空气	空气	AR		冷冻盐水回水	RWR
	压缩空气	CA		冷冻盐水上水	RWS
	仪表用空气	IA	其他物料	排液、导淋	DR
蒸汽及冷凝水	高压蒸汽（饱和或微过热）	HS		熔盐	FSL
	中压蒸汽（饱和或微过热）	MS		火炬排放气	FV
	低压蒸汽（饱和或微过热）	LS		氢	H
	高压过热蒸汽	HUS		加热油	HO
	中压过热蒸汽	MUS		惰性气	IG
	低压过热蒸汽	LUS		氮	N
	伴热蒸汽	TS		氧	O
	蒸汽冷凝水	SC		泥浆	SL
水	锅炉给水	BW		真空排放气	VE
	化学污水	CSW		放空	VT
	循环冷却水回水	CWR	油料	污油	DO
	循环冷却水上水	CWS		燃料油	FO
	脱盐水	DNW		填料油	GO
	饮用水、生活用水	DW		润滑油	LO
	消防水	FW		原油	RO
	热水回水	HWR		密封油	SO
	热水上水	HWS	增补代号	气氨	AG
	原水、新鲜水	RW		液氨	AL
	软水	SW		氨水	AW
	生产废水	WW		转化气	CG
燃料	燃料气	FG		天然气	NG
	液体燃料	FL		合成气	SG
	固体燃料	FS		尾气	TG
	天然气	NG			

表 4-4 常用阀门图例 (HG/T 20519.2—2009)

阀门	截止阀	闸阀	蝶阀	球阀	旋塞阀	角阀	止回阀	安全阀	减压阀	疏水阀
图例	▷◁	▷◁	⬡	▷●◁	▷●◁	△	▷▽	⬡	SV	SV

表 4-5 常用测量仪表图例 (HG/T 20519.2—2009)

测量仪表	孔板流量计	转子流量计	文氏流量计	电磁流量计	靶式流量计	液位计
图例	F	▽	▷◁	⊙	▭	LG

表 4-6 测量仪表安装要求的图形符号

安装要求	就地盘面安装	就地盘后安装	就地安装	就地嵌装	集中盘面安装	集中盘后安装
图例	⊖	⊖	○	⊖	⊖	⊖

表 4-7 仪表常用检测参数代号

测量参数	代号	测量参数	代号	测量参数	代号	测量参数	代号
物料组成	A	压力或真空	P	长度	G	放射性	R
流量	F	温度	T	电导率	C	转速	N
物位	L	数量或件数	Q	电流	I	重力或力	W
水分或湿度	M	密度	D	速度和频率	S	未分类参数	X

表 4-8 仪表测量功能代号

功能	代号	功能	代号	功能	代号	功能	代号	功能	代号	功能	代号	功能	代号
指示	I	扫描	J	控制	C	联锁	S	检出	E	指示灯	L	多功能	U
记录	R	开关	S	报警	A	积算	Q	变送	T	手动	K	未分类	X

（三）带控制点工艺流程图的绘制步骤

图 4-5 所示为某装置的带控制点的工艺流程图。图中除画出主要物料的流程线外，还应画出辅助物料的流程线。流程线上的管段、管件、阀门和仪表控制点等，都要用符号表示，并编号或作适当标注。

带控制点工艺流程图的一般画法步骤如下。

（1）图幅定比例。由于图样采用展开形式，因而图幅常采用一号或二号图幅面加长的规格。图中的设备图形及其高低位置，可大致按 1∶100 或 1∶50 的比例，在图上注明比例。

（2）用细实线画出厂房地平线。

（3）根据流程，用细实线由左向右依次画出设备的简略外形和内部特征（如塔的填充物和塔板，容器的搅拌器等），设备管口不予画出。对于过大、过小的设备可适当缩小、放大。各设备间应留有一定距离，以便布置流程线。

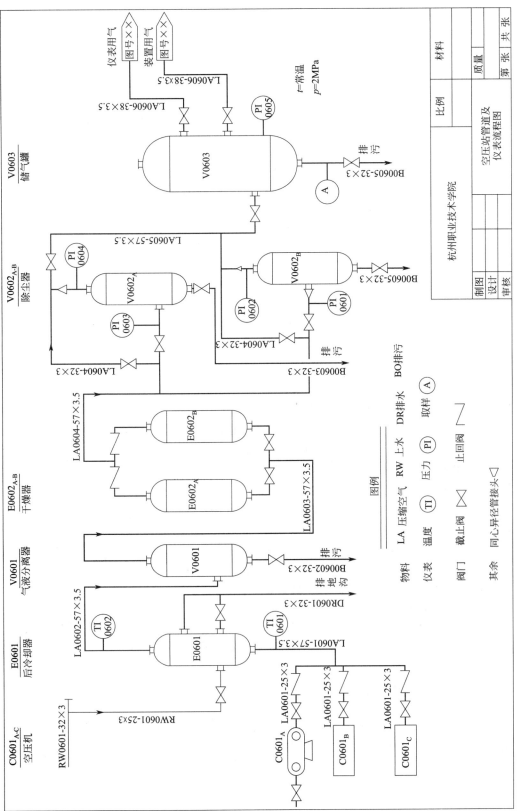

图 4-5 带控制点的工艺流程图

（4）标注设备位号和名称，一般写在相应设备的图形下方或上方，其位置横向排成一行。设备位号的标注方法如图 4-6 所示，它由设备位号、位号线和设备名称三部分组成。设备位号由设备分类代号、工段（分区）序号、设备顺序号和相同设备的尾号构成。设备分类代号的统一规定见表 4-1，如塔用 T 表示；容器用 V 表示；泵用 P 表示；换热器用 E 表示等。设备位号应分类编制，工段（分区）序号采用两位数（由工艺总负责人给定）；设备顺序号用两位数 01、02、03…表示。对于同一位号的相同设备，用英文大写字母 a、b、c…尾号表示。

图 4-6　设备位号的组成　　　　　　　　图 4-7　管道标注

在设备位号线的下方需注明所表示设备的名称，设备的名称应尽量反映该设备的用途。

（5）用粗实线画主要物料流程线；用中实线画辅助介质流程线；管线的高低位置应近似反映管线的实际安装位置；图中两线相交时，相交处应有一线断开画出。在流程线的适当位置画出流向箭头，表明物料的来龙去脉。

（6）标注管道号、管径和管道等级三部分。前两部分为一组，其间用短线隔开，一般均标在管道上方。管道的标注方法如图 4-7 所示。

物料代号，见表 4-3；工段序号，与设备位号规定相同；管道序号，按生产流向依次编号，用两位数 01、02、03…表示；管径，一律标公称直径，公制管按外径×壁厚标注。除此之外，根据需要还可标注管道技术要求（包括管道等级、隔热与隔声）。管道等级一般可以不标，但对高温、高压、易燃易爆的管线一定要标注。

（7）在流程线上画出阀门、主要管件和管道附件以及仪表控制点等符号与代号；流程线的起始与终了处应注明物料的来源去向，如图 4-5 中粗实线，画出来自×××工段去 V0601 容器的物料流程线（管线），管线上装有阀门（截止阀），流程线上标有 RW0601-32×3、RW0601-25×3、LA0602-57×3.5 等。

（8）标出工艺流程图中仪表的符号。仪表符号包括图形符号和字母代号，这两部分合起来，表达仪表所处理被测变量的功能，或表示仪表的名称；字母代号和数字编号组合起来构成仪表位号。图形符号见表 4-6，字母代号见表 4-7、表 4-8。

如 $\overset{\text{TIC}}{\underset{101}{\bigcirc}}$，图形符号表示为集中盘面安装的仪表，字母 T 表示被测变量（温度），IC 表示功能代号（指示、控制）。数字编号 101 中的前一位数字"1"表示工段号，后两位数字"01"表示回路序号。

标注仪表位号的方法，如图 4-8 所示，字母代号填圆内上半圆中，数字编号写下半圆中。

（9）编制图例，填写标题栏。工艺施工（带控制点工艺）流程图中所用管件和阀门的常用画法、参量代号、功能代号及仪表控制点的符号，均有国标规定。但每张图中所用的符号和代号，必须在图幅内显著位置编列图例，说明符号和代号的含义，以便读图时对照。

在读工艺施工（带控制点工艺）流程图时，首先了解标题栏和图例说明，从中掌握所读图样的名称、各种图形符号、代号的意义及管路标注等；然后在掌握设备的名称和代号、数量的

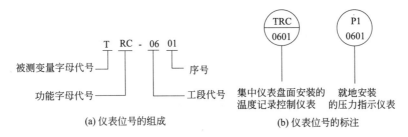

图 4-8　仪表位号标注

基础上，了解主要物料流程线，按箭头方向逐一找其所通过的设备、控制点和经每台设备后的生成物和最后物料的排放处；最后了解其他流程线，如蒸汽线、冷凝水线及上、下管线等。

思政课堂

一位资深化工工艺技术员总结出他的工作要领和经验：要进行全厂工艺流程和操作规程的学习，掌握每个车间岗位涉及的仪器设备工作原理、工艺流程、主要工艺指标等，这样在设备出现问题时才能及时解决，要不断努力学习专业知识，不能在工作时放松对自己专业知识的要求，经常同车间的老员工进行交流，他们工作时间长，经验丰富，是我们进行学习和交流的好人选。另外化工企业车间是有一定危险性的工作场所，认真工作的同时也要注意自身的安全。

思考练习题

1. 电动调节阀、流量仪表、压力仪表如何标注，如何书写？
2. 电动调节阀、流量计、液位计等设备在系统中的作用。
3. 电动调节阀如何操作？
4. 管路拆装艺流程图的绘制注意事项。

任务二　管路拆装装置投运作业

学习目标

1. 熟悉管路拆装装置的组成、投运过程中出现的问题；
2. 了解管路拆装过程中的操作规程；
3. 熟悉各种阀门、仪表在投运过程中的操作。

一、任务分析

（1）通过课前预习相关参考资料以及项目任务书，预习管路拆装装置投运的相关知识内容，熟悉操作流程。

（2）通过课前预习，总结管路拆装装置具备哪些功能，哪些可作为工艺控制点，整个系统在操作时属于手动操作还是自动操作？如何改换成自动操作？

（3）课上实行教学做一体，选择一套管路拆装装置，根据项目情景，要求学生现场完成管路拆装装置的投运作业。通过本次任务实施，要求学生完成相应的学习目标，达到以下技能：

① 能利用工具对管路拆装装置进行正确的操作；

② 能正确操作各种阀门、仪表；

③ 能总结自动控制与手动控制的区别。

（4）通过小组共同参与，增加学生的人际沟通能力，团队协作能力。

二、任务实施

（一）管路拆装装置图分析

管路拆装装置布置模型参见图 4-2，其管道布置如图 4-9 所示。

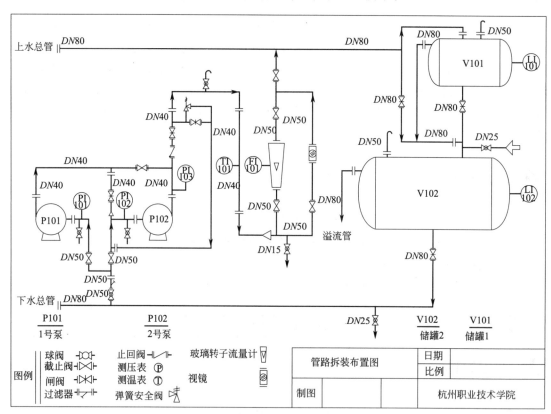

图 4-9　管路拆装装置管道布置

（二）管路拆装投运作业

根据上次任务列出拆装管道所需物件清单实施对管路的组装。

管道安装方法和步骤：

（1）领取管子、阀门、过滤器、流量计和仪表等配件。

（2）领取拆装工具和易耗品。

（3）安装进水母管至泵进口处的低位管道（球阀→过滤器→三通异径管→真空表…）。

（4）安装泵出口处的配件（短接管→止回阀→闸阀→带放空阀的弯管→…）。

（5）安装旁路（截止阀→视镜→直角弯管→…）。

（6）从泵出口管段的最上端与直角弯管连接处至经过流量计和视镜两路的截止阀处的水压试验。

（7）水压试验完毕后拆除泄压口和试压口盲板。

（8）重新安装泵出口试压管段。

（9）管路采用法兰连接，应在法兰密封面之间安放垫片，选用合适的螺栓对称拧紧。

（10）管路采用螺纹连接，应在螺纹处缠绕生料带或密封垫圈后旋紧螺纹。

（11）管道安装时要按装配路线和顺序进行操作，随时注意调整安装位置避免管道发生偏斜。

（12）通过管道系统的试运行及停车操作后，先进行管路排液，再进行下一步管道拆卸。

（13）拆除的各物件经清点后，将所有工具和管件归类放置在原先的货架位置上。

（14）实训操作完成后清理现场，将自己的操作区域进行环境整理。

（三）管路拆装装置操作（实训）规程

（1）上岗操作前，须穿戴好个人安全防护用品，包括安全帽、工作服、工作鞋、手套、必要时还须佩戴防护眼镜。

（2）实训操作时所有学生应该注意自身安全，必须有老师在旁边监督指导。

（3）在指定的划线范围内进行操作，不撞头或伤害到别人，做到文明安全操作。如果在实训过程中有同学受伤，立刻通知指导老师，积极采取措施进行救护。

（4）每个任务开始投运之前，必须先向指导老师叙述整个流程的检查情况：各阀门处于什么状态，最终控制的目标是什么等，经允许后，方可启动水泵进行投运作业。

（5）如果学生有事要离开实训室，一定要向同伴和指导老师告知其去处，以避免突发危险事件发生。

（6）爱护实训室的公共设施和物品。工具必须轻拿轻放，不得乱扔，以免伤害自己或他人。

（7）学生不得擅自使用电柜（由老师负责开关）。

 思考练习题

1. 泵出口管路中的流量如何改变？
2. 管路拆装装置工艺流程图如何绘制？
3. 电动调节阀在这个系统中起到什么作用？与手动阀门相比效果如何？

任务三　流体输送装置投运作业

学习目标

1. 熟悉流体输送装置的组成、投运过程中出现的问题；
2. 熟悉流体输送装置工艺流程图的绘制方法；

3. 熟悉泵、阀门、仪表在投运过程中的操作。

一、任务分析

（1）通过课前预习相关参考资料以及项目任务书，了解流体输送装置投运的相关知识内容，熟悉操作流程。

（2）通过课前预习，总结流体输送装置具备哪些功能，哪些可作为工艺控制点，整个系统在操作时属于手动操作还是自动操作？如何改换成自动操作？

（3）课上实行教学做一体，选择一套流体输送装置，根据项目情景，要求学生现场完成流体输送装置的投运作业，通过本次任务实施，要求学生完成相应的学习目标，达到以下技能：

① 能正确完成由低位槽向高位槽的流体输送任务；

② 能正确操作泵、阀门、仪表；

③ 能总结在流体输送过程中运用了哪些输送手段；

④ 能独立完成流体输送装置的工艺流程图的绘制。

（4）通过小组共同参与，增加学生的人际沟通能力，团队协作能力。

二、任务实施

（一）流体输送装置图分析

流体输送装置整体布局图及工艺流程图简图如图 4-10、图 4-11 所示。

（二）流体输送装置投运作业

1. 向高位槽进行流体输送

（1）开车准备

① 开离心泵进口阀。

② 检查相关阀门开关情况，主要包括：离心泵进口阀打开；离心泵出口阀关闭；通往高位槽玻璃转子流量计阀门关闭；高位槽出口阀关闭；高位槽溢流阀打开；通往合成器的流量计阀门以及电动调节阀关闭；其余阀均关闭。

③ 检查离心泵进、出口压力表阀门是否处于开的状态。

（2）开车操作规程

① 启动离心泵；

② 开离心泵出口阀；

③ 开玻璃转子流量计阀门，调整流量为一固定值。

（3）停车操作规程

① 关闭玻璃转子流量计调节阀门；

② 关闭离心泵出口阀；

③ 停离心泵。

2. 向合成器进行流体输送

（1）开车准备

① 开离心泵进口阀。

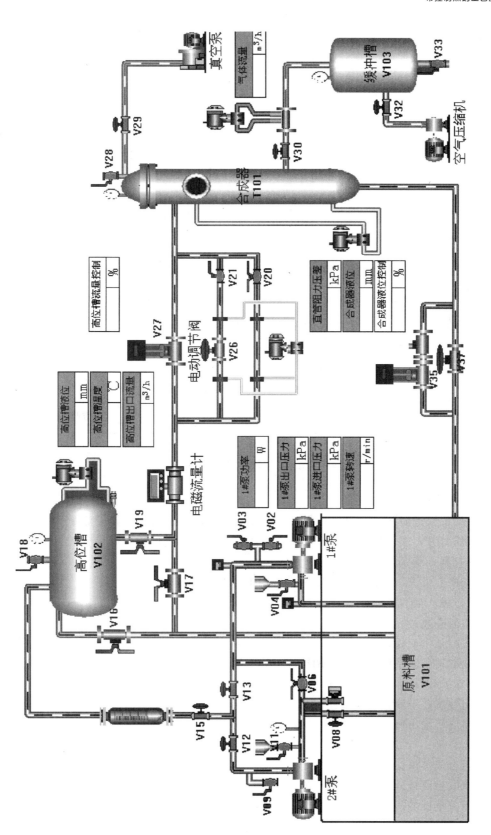

图 4-10 流体输送装置整体布局图

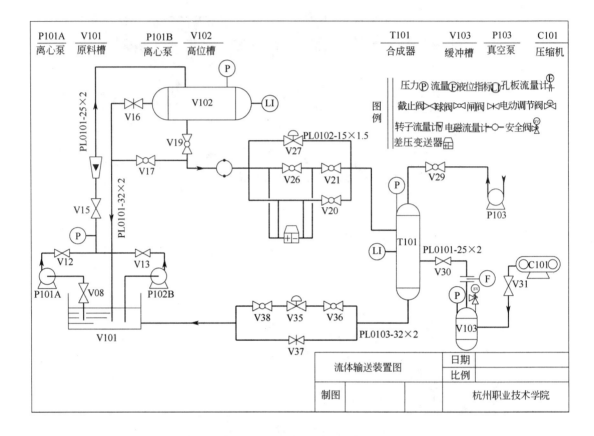

图 4-11　流体输送装置工艺流程图简图

　　② 检查相关阀门开关情况。

　　包括：离心泵进口阀打开；离心泵出口阀关闭；通往高位槽玻璃转子流量计阀门关闭；高位槽出口阀打开；高位槽溢流阀打开；通往合成器的电磁流量计阀门、电磁流量计开关、电动调节阀打开；其余阀均关闭。

　　③ 检查离心泵进、出口压力表阀门是否处于开的状态。

　　（2）开车操作规程

　　① 启动离心泵；

　　② 开离心泵出口阀；

　　③ 开玻璃转子流量计调节阀，调整流量为一固定值。

　　（3）停车操作规程

　　① 关闭玻璃转子流量计调节阀门；

　　② 关闭离心泵出口阀；

　　③ 停离心泵；

　　④ 关闭合成器进口阀；

　　⑤ 关闭电磁流量计开关；

　　⑥ 关闭电动调节阀。

3. 流体输送操作评分（表 4-9）

表 4-9　流体输送操作评分

操作阶段	考核内容	操作要求	标准分值	评 分 标 准	得分
流程叙述	操作过程描述	准确叙述操作过程规范，包括各个阶段的操作及阀门开关情况	10	准确叙述操作过程，各个阶段的阀门开关情况；叙述过程流畅（2 分）；叙述顺序按照为开车准备、开车、停车的顺序进行　叙述操作过程准确（8 分）　每错一处扣一分，最低分为零分	
开车准备	检查进出口、压力表的阀门开关情况	参照操作规范	15	操作过程准确，并在操作过程中准确说出每一步的操作名称　操作正确而描述错误扣 0.5 分。最低分为 0 分	
开车	开车顺序以及各阀门的开关	参照操作规范	15	操作过程准确，并在操作过程中准确说出每一步的操作名称　操作正确而描述错误扣 0.5 分。最低分为 0 分	
停车	开车顺序以及各阀门的开关	参照操作规范	10	操作过程准确，并在操作过程中准确说出每一步的操作名称　操作正确而描述错误扣 0.5 分。最低分为 0 分	

 思政课堂

　　做过化工设计的人都知道，一个工厂设计，可以没有反应釜，可以没有精馏塔，但不能没有泵和配管。中国有一项技术可以说是领先世界，那就是输水管道。要知道古代炼铁技术发展有限，相当长一段时间金属管道都是奢侈品，各地最早的给水管道都是木头的，而当西方人费尽心机地把树木做成管子的时候，我们却拥有天然可以作为木质管道的植物，那就是竹子，这种植物可以说是亚太地区特有。

 思考练习题

1. 流体输送装置可以完成几种不同方式的输送工作？
2. 运用所学的知识绘制带工艺控制点的流体输送装置工艺流程图。
3. 总结在对反应器进行真空进料操作过程中的注意事项。
4. 总结在对上位槽输送流体时的注意事项。

任务四　精馏单元带有控制点的工艺流程图分析

 学习目标

1. 熟悉精馏塔的组成；
2. 熟悉精馏单元带有控制点的工艺流程图；
3. 熟悉精馏单元操作。

一、任务分析

（1）通过课前预习相关参考资料以及项目任务书，了解精馏单元操作的相关知识内容，熟悉操作流程。

（2）通过课前预习，总结精馏单元操作有哪些为工艺控制点，整个系统在操作时的注意事项。

（3）课上实行教学做一体，选择一套精馏装置，根据项目情景，要求学生现场完成精馏装置带有控制点的工艺流程图的分析与绘制，通过本次任务实施，要求学生完成相应的学习目标，达到以下技能：

① 能正确操作精馏装置；

② 能正确分析、绘制带有控制点的精馏装置工艺流程图；

③ 能总结精馏操作过程中主要工艺控制点。

（4）通过小组任务的完成，增强学生的人际沟通能力，团队协作能力。

二、任务实施

精馏装置工艺流程图简图如图 4-12 所示。

1. 各项工艺操作指标分析

塔釜压力：0～2.0kPa

温度控制：进料温度≤65℃

　　　　　　塔顶温度 78.2～80.0℃

　　　　　　塔釜温度 90.0～92.0℃

加热电压：140～200V

流量控制：进料流量 3.0～8.0L/h

　　　　　　冷凝水流量 300～400L/h

液位控制：塔釜液位 220～350mm

　　　　　　塔顶凝液罐液位 100～200mm

2. 主要控制点的控制方法、仪表控制、装置和设备的报警联锁分析

（1）进料温度控制　如图 4-13 所示。

（2）塔釜加热电压控制　如图 4-14 所示。

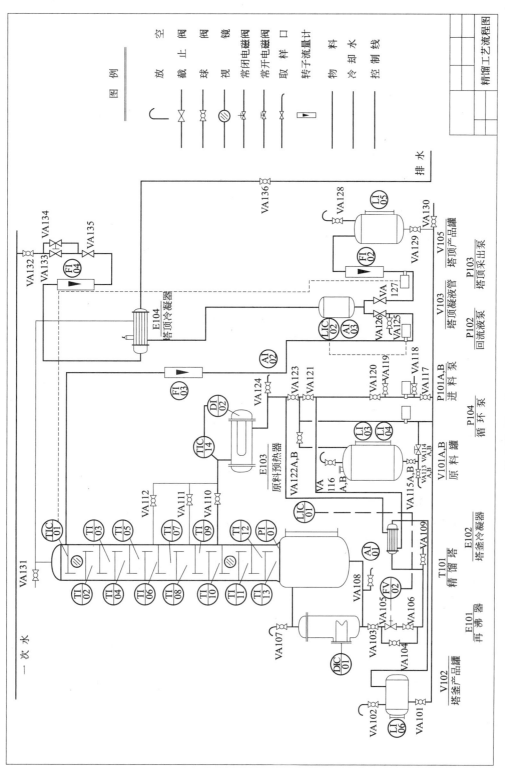

图 4-12 精馏装置工艺流程图简图

（3）塔顶温度控制 如图 4-15 所示。

（4）塔顶凝液罐液位控制 如图 4-16 所示。

（5）报警联锁

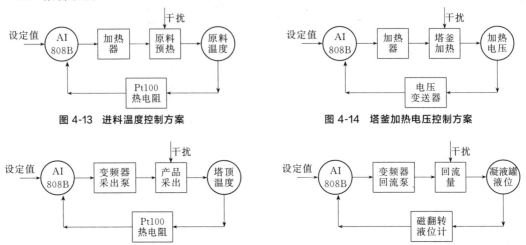

图 4-13 进料温度控制方案

图 4-14 塔釜加热电压控制方案

图 4-15 塔顶温度控制方案

图 4-16 塔顶凝液罐液位控制方案

① 在原料预热和进料泵 P101 之间设置了联锁，只有在进料泵开启的情况下进料预热才可以开启。

② 塔釜液位设置有上、下限报警功能。

当塔釜液位超出上限报警值（350mm）时，仪表输出报警信号给塔釜常闭电磁阀 VA105，电磁阀接收到信号后开启，塔釜排液；当塔釜液位降至上限报警值以下时，仪表停止输出信号，电磁阀关闭，塔釜停止排液。

当塔釜液位低于下限报警值时，仪表输出报警信号给再沸器加热器，使其停止工作，以避免其干烧；当塔釜液位升至下限报警值之上时，仪表停止输出信号，再沸器加热器重新开始工作。

3. 完成精馏操作

（1）熟悉各取样点及温度和压力测量与控制点的位置。

（2）检查公用工程（水、电）是否处于正常供应状态。

（3）设备上电，检查流程中各设备、仪表是否处于正常开车状态，动设备试车。

（4）检查塔顶产品罐，是否有足够空间贮存实训产生的塔顶产品；如空间不够，关闭阀门 VA101、VA115A（B）和 VA123，打开阀门 VA116A（或 B）、VA117、VA120、VA121、VA128、VA129、VA122A（或 B），启动循环泵 P104，将塔顶产品倒到原料罐 A（或 B）。

（5）检查塔釜产品罐，是否有足够空间贮存实训产生的塔釜产品；如空间不够，关闭阀门 VA115A（B）、VA129 和 VA123，打开阀门 VA101、VA102、VA116A（或 B）、VA117、VA120、VA121 和 VA122，启动循环泵 P104，将塔釜产品倒到原料罐 A 或 B。

（6）检查原料罐，是否有足够原料供实训使用，检测原料浓度是否符合操作要求（原料体积百分浓度 15%～20%），如有问题进行补料或调整浓度的操作。

（7）检查流程中各阀门是否处于正常开车状态。

关闭阀门：VA101、VA104、VA108、VA109、VA110、VA111、VA112、VA113A（B）、VA117、VA118、VA119、VA120、VA121、VA122A（B）、VA123、VA124、

VA125、VA126、VA127、VA129、VA130、VA133。

全开阀门：VA102、VA103、VA105、VA107、VA114A（B）、VA115A（B）、VA116A（B）、VA128、VA131、VA132、VA136。

（8）按照要求进行手动操作——全回流操作。

将变频器的频率控制参数 F011 设置为 0000

① 从原料取样点 AI02 取样分析原料组成。

② 精馏塔有 3 个进料位置，根据实训要求，选择进料板位置，打开相应进料管线上的阀门。

③ 接通仪表柜总电源。

④ 启动循环泵 P104。

⑤ 当塔釜液位指示计 LIC01 达到 300mm 左右时，关闭进料泵，同时关闭 VA107 阀门。注意：塔釜液位指示计 LIC01 严禁低于 260mm。

⑥ 打开再沸器 E101 的电加热开关，加热电压调至 200V，加热塔釜内原料液。

⑦ 通过第十二节塔段上的视镜和第二节玻璃观测段，观察液体加热情况。当液体开始沸腾时，注意观察塔内气液接触状况，同时将加热电压设定在 130～150V 之间的某一数值。

⑧ 当塔顶观测段出现蒸汽时，打开塔顶冷凝器冷却水调节阀 VA135，使塔顶蒸汽冷凝为液体，流入塔顶凝液罐 V103。

⑨ 当凝液罐中的液位达到教师规定值后，启动回流液泵 P102 进行全回流操作，适时调节回流流量，使塔顶凝液罐 V103 的液位稳定在 150～200mm 之间的某一值。

4. 完成精馏单元操作带有工艺控制点的流程图绘制

三、相关知识

（一）安全生产技术

可能发生的事故及处理预案介绍如下。

（1）塔顶温度的变化　本装置造成塔顶温度变化的原因，主要有进料浓度的变化，进料量的变化，回流量与温度的变化，再沸器加热量的变化。

稳定操作过程中，塔顶温度上升的处理措施有：

① 检查回流量是否正常，如是回流泵的故障，及时报告指导教师进行处理；如回流量变小，要检查塔顶冷凝器是否正常，对于风冷装置，发现风冷冷凝器工作不正常，及时报告指导教师进行处理，对于水冷装置，发现冷凝器工作不正常，一般是冷凝水供水管线上的阀门故障，此时可以打开与电磁阀并联的备用阀门；如是一次水管网供水中断，及时报告指导教师进行处理；

② 检查原料罐 V101A、B 罐底进料电磁阀的状态，如发现进料发生了变化，及时报告指导教师，同时检测进料浓度，根据浓度的变化调整进料板的位置和再沸器的加热量；

③ 当进料量减小很多，如再沸器的加热量不变，经过一段时间后，塔顶温度会上升，此时可以将进料量调整回原值或减小再沸器的加热量；

④ 当塔顶压力升高后，在同样操作条件下，会使塔顶温度升高，应降低塔顶压力为正常操作值。

待操作稳定后，记录实训数据。

稳定操作过程中，塔顶温度下降的处理措施有：

① 检查回流量是否正常，适当减小回流量加大采出量。检查塔顶冷凝液的温度是否过低，适当提高回流液的温度；

② 检查原料罐 V101A、B 罐底进料电磁阀的状态，如发现进料发生了变化，及时报告指导老师，同时检测进料浓度，根据浓度的变化调整进料板的位置和再沸器的加热量；

③ 当进料量增加很多，如再沸器的加热量不变，经过一段时间后，塔顶温度会下降，此时可以将进料量调整回原值或加大再沸器的加热量；

④ 当塔顶压力减低后，在同样操作条件下，会使塔顶温度下降，应提高塔顶压力为正常操作值。

（2）液泛或漏液　当塔底再沸器加热量过大、进料轻组分过多可能导致液泛。处理措施为：

① 减小再沸器的加热电压，如产品不合格停止出料和进料；

② 检测进料浓度，调整进料位置和再沸器的加热量。

当塔底再沸器加热量过小、进料轻组分过少或温度过低可能导致漏液。处理措施为：

① 加大再沸器的加热电压，如产品不合格停止出料和进料；

② 检测进料浓度和温度，调整进料位置和温度，增加再沸器的加热量。

（二）工业卫生和劳动保护

化工单元实训基地的老师和学生进入化工单元实训基地后必须穿戴劳防用品：在指定区域正确戴上安全帽，穿上安全鞋，在进入任何作业过程中佩戴安全防护眼镜，在任何作业过程中佩戴合适的防护手套。无关人员不得进入化工单元实训基地。

1. 动设备操作安全注意事项

（1）启动电动机，上电前先用手转动一下电机的轴，通电后，立即查看电机是否已转动；若不转动，应立即断电，否则电机很容易烧毁。

（2）检查柱塞计量泵润滑油油位正常。

（3）检查冷却水系统是否正常。

（4）确认工艺管线，工艺条件正常。

（5）启动电机后看其工艺参数是否正常。

（6）观察有无过大噪声，振动及松动的螺栓。

（7）观察有无泄漏。

（8）电机运转时不可接触转动件。

2. 静设备操作安全注意事项

（1）操作及取样过程中注意防止静电产生。

（2）装置内的塔、罐、储槽在需清理或检修时应按安全作业规定进行。

（3）容器应严格按规定的装料系数装料。

3. 安全技术

进行实训之前必须了解室内总电源开关与分电源开关的位置，以便出现用电事故时及时切断电源；在启动仪表柜电源前，必须清楚每个开关的作用。

设备配有压力、温度等测量仪表，一旦出现异常将发出报警信号并将所获取的测量信息输送至中控机，对相关设备的工作进行集中监视并做适当处理。

由于本实训装置产生蒸汽，因此凡是有蒸汽通过的地方都有烫伤的可能，尤其是保温层没有覆盖的地方更应注意。尤其不能站在再沸器旁边以免烫伤。

不能使用有缺陷的梯子，登梯前必须确保梯子支撑稳固，面向梯子上下并双手扶梯，一人登梯时要有同伴护稳梯子。

4. 防火措施

乙醇属于易燃易爆品，操作过程中要严禁烟火。尤其是当塔顶温度升高时，要时刻注意塔顶冷凝器的放风口处是否有白色雾滴出现。

5. 职业卫生

（1）噪声对人体的危害　噪声对人体的危害是多方面的，噪声可以使人耳聋，引起高血压、心脏病、神经官能症等疾病。还污染环境，影响人们的正常生活降低劳动生产率。

工业企业噪声的卫生标准：

工业企业生产车间和作业场所的工作点的噪声标准为 85dB；

现有工业企业经努力暂时达不到标准时，可适当放宽，但不能超过 90dB。

（2）噪声的防护　噪声的防护方法很多，而且不断改进，主要有三个方面，即控制声源、控制噪声传播、加强个人防护。当然，降低噪声的根本途径是对声源采取隔声、减震和消除噪声的措施。

6. 行为规范

（1）不准吸烟。

（2）保持实训环境的整洁。

（3）不准从高处乱扔杂物。

（4）不准随意坐在灭火器箱、地板和教室外的凳子上。

（5）非紧急情况下不得随意使用消防器材（训练除外）。

（6）不得靠在实训装置上。

（7）在实训基地、教室里不得打骂和嬉闹。

（8）使用好的清洁用具按规定放置整齐。

💡 思政课堂

DCS 控制室（图 4-17）是保障装置稳定运行的"心脏"，是指挥智能生产的"大脑"。在这里，DCS 的女工可是主力军，她们充分发挥女性认真、细心的天性，以巾帼不让须眉之志，发挥着妇女半边天的力量，为企业的发展做出了积极的贡献。裂解 DCS 的女工们，她们深知自己的每一步操作、每一个指令的发出都关乎着整个系统的安全平稳运行。她们每天面对电脑中不断滚动的数据和变化的模拟工艺管线设备图，认真记录时刻监控，通过监测点数据的变化与生产现场随时保持联系，发现问题及时反映，及时解决，保证生产稳定运行。一次，一大型化工企业女员工胡某突然发现控制数据异常，接着就袭来了报警声。她发现是泵

图 4-17　某大型企业 DCS 控制室

突然停运，情况十分危急。作为内操的她立即喊外操去现场启动备用泵，并迅速调整各参数，凭借过硬技术迅速调整各参数，避免了生产波动，避免了放火炬排放，保证了产品合

格，挽救了不必要的经济损失。像类似这样的生产异常情况处理，她们都会遇到并果断处理，默默奉献、坚守岗位，为安全生产保驾护航。DCS 岗位的女工们齐心协力，锐意进取，严谨务实，敢于创新，以高度的责任感和强烈的事业心，全心全意为企业服务。

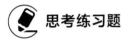 思考练习题

（一）填空

1. 工业生产中在精馏塔内将（　　　）过程和（　　　）过程有机结合起来而实现操作。而（　　）是精馏与普通精馏的本质区别。

2. 在连续精馏塔内，加料板以上的塔段称为（　　　），其作用是（　　　）；加料板以下的塔段（包括加料板）称为（　　　），其作用是（　　　）。

3. 在精馏塔的精馏段，沿塔高自上而下，液回流中轻组分浓度不断（　　　），而其温度不断（　　）。

4. 精馏过程中，冷凝出来的重组分转移到液相中去，汽化的轻组分转移到上升的气相中，这种现象称为（　　）。

5. 在精馏段，沿塔高向上温度逐渐（　　　），压力沿塔高自上而下逐层（　　　）。

6. 精馏塔内，气液两相的流动，液体靠（　　　　）自上而下地流动，气体靠（　　）自下而上地与液体成逆流流动。

参考答案：1. 多次部分汽化；多次部分冷凝；回流；2. 精馏段；提浓轻组分浓度；提馏段；增加重组分浓度；3. 降低；升高；4. 传质；5. 降低；减小；6. 自重；压差。

（二）简答题

1. 简答精馏基本原理。

2. 何谓塔的漏液现象？如何防止？

3. 简答精馏塔中再沸器的作用。

项目五
典型 DCS 技术仿真操作实训

任务一　换热器温度控制仿真实训

 学习目标

1. 熟悉换热器操作工艺流程；
2. 熟悉换热器温度控制方法；
3. 熟悉温度控制过渡过程曲线相关参数：最大偏差、超调量、周期、余差等。

一、任务分析

（1）通过课前预习相关参考资料以及项目任务书，了解换热器热交换的相关知识内容，熟悉操作流程。

（2）通过课前预习，总结列管式换热器的结构组成有哪些？换热的原理是什么？换热器如何实现温度控制，试画出温度控制系统方框图。

（3）课上实行教学做一体，选择一套换热器装置，根据项目情景，要求学生现场完成换热器温度控制仿真作业，通过本次任务实施，要求学生完成相应的学习目标，达到以下技能：

① 能正确阅读换热器温度控制工艺流程图；

② 能正确操作换热器温度控制系统中的泵、阀门、仪表等；

③ 能总结在温度控制过程中的注意事项；

④ 能独立完成换热器温度控制的仿真操作。

（4）通过小组任务的完成，增加学生的人际沟通能力，团队协作能力。

二、任务实施

（一）工艺流程说明

1. 工艺说明

本次实训以换热器温度控制为例进行操作。换热器是进行热交换操作的通用工艺设备，广泛应用于石油、化工、动力、冶金等工业部门，特别是在石油炼制和化学加工装置中，占有重要地位。

本单元设计采用管壳式换热器。换热器仿真工艺流程如图 5-1 所示。来自界外的 92℃ 冷物流（沸点 198.25℃）由泵 P101A（或 P101B）送至换热器 E101 的壳程，被流经管程的热物流加热至 145℃，并有 20％被汽化。冷物流流量由流量控制器 FIC101 控制，正常流量为 12 000kg/h。来自另一设备的 225℃热物流经泵 P102A（或 P102B）送至换热器 E101 与流经壳程冷物流进行热交换，热物流出口温度由 TIC101 控制（177℃）。

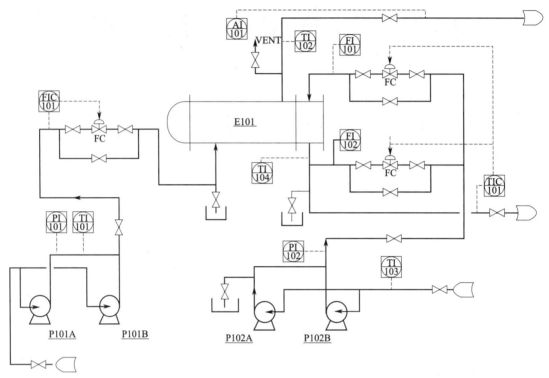

图 5-1　换热器仿真工艺流程

　　为保证热物流的流量稳定，TIC101 采用分程控制，TV101A 和 TV101B 分别调节流经 E101 和副线的流量，TIC101 输出 0→100％分别对应 TV101A 开度 0→100％、TV101B 开度 100％→0。

　　2. 本单元复杂控制方案说明

　　TIC101 的分程控制如图 5-2 所示。

　　（二）主要设备

　　P101A、P101B：冷物流进料泵。

　　P102A、P102B：热物流进料泵。

　　E101：列管式换热器。

　　（三）操作规程

　　1. 开车操作规程

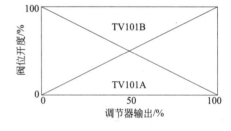

图 5-2　TIC101 分程控制

装置的开工状态：换热器处于常温常压下，各调节阀处于手动关闭状态，各手操阀处于关闭状态，可以直接进冷物流。

　　（1）启动冷物流进料泵 P101A

　　① 开换热器壳程排气阀 VD03；

　　② 开泵 P101A 的前阀 VB01；

　　③ 启动泵 P101A；

④ 当进料压力指示表 P101 指示达到 9.0atm（1atm＝101325Pa）以上，打开泵 P101A 的出口阀 VB03。

（2）冷物流 E101 进料

① 打开 FIC101 的前、后阀 VB04、VB05，手动逐渐打开大调节阀 FV101（FIC101）；

② 观察壳程排气阀 VD03 的出口，当有液体溢出时（VD03 旁边标志变绿），标志着壳程已无不凝性气体，关闭壳程排气阀 VD03，壳程排气完毕；

③ 打开冷物流出口阀（VD04），将其开度置为 50％，手动调节 FV101，使 FIC101 流量达到 12 000 kg/h 且较稳定时，将 FIC101 设定为 12 000kg/h，投自动。

（3）启动热物流入口泵 P102A

① 开管程放空阀 VD06；

② 开泵 P102A 的前阀 VB11；

③ 启动泵 P102A；

④ 当热物流进料压力表 PI102 指示大于 10 atm 时，全开泵 P102A 的出口阀 VB10。

（4）热物流进料

① 全开 TV101A 的前、后阀 VB06、VB07，TV101B 的前、后阀 VB08、VB09；

② 打开调节阀 TV101A（默认即开），给 E101 管程注液，观察 E101 管程排气阀 VD06 的出口，当有液体溢出时（VD06 旁边标志变绿），标志着管程已无不凝性气体，此时，关管程排气阀 VD06，E101 管程排气完毕；

③ 打开 E101 热物流出口阀（VD07），将其开度置为 50％，手动调节管程温度控制阀 TIC101，使其出口温度在（177±2）℃且较稳定，将 TIC101 设定在 177℃，投自动。

2. 正常操作规程

（1）正常工况操作参数

① 冷物流流量为 12 000kg/h，出口温度为 145℃，汽化率 20％；

② 热物流流量为 10 000kg/h，出口温度为 177℃。

（2）备用泵切换

① P101A 与 P101B 之间可任意切换；

② P102A 与 P102B 之间可任意切换。

3. 停车操作规程

（1）停热物料进料泵 P102B

① 关闭泵 P102A 的出口阀 VB10；

② 停泵 P102A；

③ 待 PI102 指示小于 0.1atm 时，关闭泵 P102A 入口阀 VB11。

（2）停热物料进料

① TIC101 投自动；

② 关闭 TV101A 的前、后阀 VB06、VB07；

③ 关闭 TV101B 的前、后阀 VB08、VB09；

④ 关闭 E101 热物料出口阀 VD07。

（3）停冷物料进料泵 P101A

① 关闭泵 P101A 的出口阀 VB03；

② 停泵 P101A；

③ 待 PI101 指示小于 0.1atm 时，关闭泵 P101A 入口阀 VB01。

（4）停冷物料进料

① FIC101 投手动；

② 关闭 FIC101 的前、后阀 VB04、VB05；

③ 关闭 E101 冷物料出口阀 VD04。

（5）E101 管程泄液　打开壳程泄压阀 VD02，观察壳程泄压阀 VD02 的出口，当不再有液体泄出时，关闭泄压阀 VD02。

（四）仪表

主要仪表见表 5-1。

表 5-1　换热器温度控制仿真实训主要仪表

位号	说　明	类型	正常值	量程 高限	量程 低限	工程 单位	高报	低报	高高报	低低报
FIC101	冷流入口流量控制	PID	12 000	20 000	0	kg/h	17 000	3 000	19 000	1 000
TIC101	热流出口温度控制	PID	177	300	0	℃	255	45	285	15
PI101	冷流入口压力	AI	9.0	27 000.0	0	atm	10	3	15	1
TI101	冷流入口温度	AI	92	200	0	℃	170	30	190	10
PI102	热流入口压力	AI	10.0	50	0	atm	12	3	15	1
TI102	冷流出口温度	AI	145.0	300	0	℃	17	3	19	1
TI103	热流入口温度	AI	225	400	0	℃				
TI104	热流出口温度	AI	129	300	0	℃				
FI101	流经换热器流量	AI	10 000	20 000	0	kg/h	22000.0	5000.0	25000.0	3000.0
FI102	未流经换热器流量	AI	10 000	20 000	0	kg/h				

（五）事故处理

1. 阀 FIC101 卡

事故现象：FIC101 流量减小，泵 P101 出口压力升高，冷物流出口温度升高。

处理方法：关闭 FIC101 前、后阀，打开 FIC101 的旁路阀 VD01，调节流量使其达到正常值。

2. 泵 P101A 坏

事故现象：泵 P101A 出口压力急剧下降，FIC101 流量急剧减小，冷物流出口温度升高，汽化率增大。

处理方法：关闭泵 P101A，开启泵 P101B。

3. 泵 P102A 坏

事故现象：泵 P102A 出口压力急剧下降，热物流出口温度下降，汽化率降低。

处理方法：关闭泵 P102A，开启泵 P102B。

4. 阀 TV101A 卡

事故现象：热物流经换热器换热后的温度降低，冷物流出口温度降低。

处理方法：关闭 TV101A 前、后阀，打开 TV101A 的旁路阀 VD08，调节流量使其达到正常值。关闭 TV101B 前、后阀，调节旁路阀 VD09。

5. 部分管堵

事故现象：热物流流量减小；冷物流出口温度降低，汽化率降低；热物流出口压力略升高。

处理方法：停车拆换热器清洗。

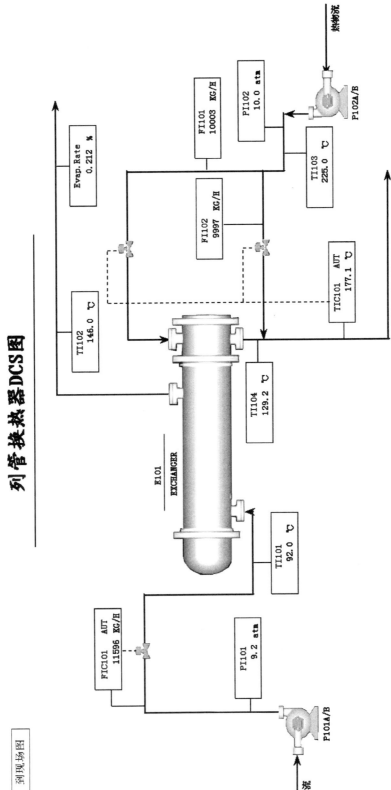

图 5-3 列管式换热器 DCS 界面

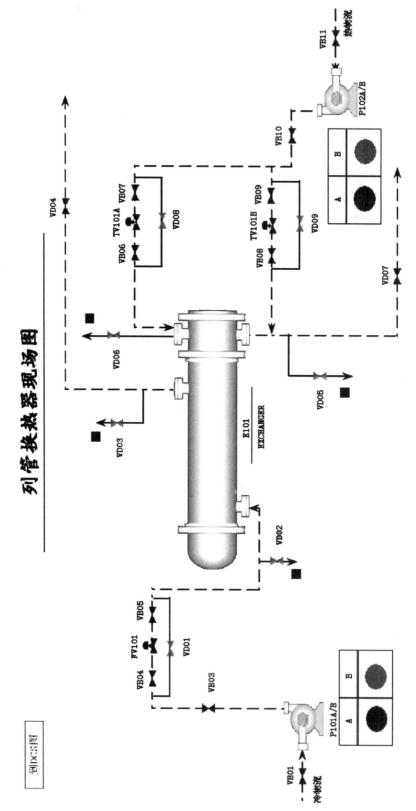

图 5-4 列管式换热器现场界面

6. 换热器结垢严重

事故现象：热物流出口温度高。

处理方法：停车拆换热器清洗。

（六）仿真界面

列管式换热器 DCS 界面见图 5-3。列管式换热器现场界面见图 5-4。

 思政课堂

2020 年 8 月 3 日 17 时 30 分左右，仙桃市西流河镇某公司甲基三丁酮肟基硅烷车间发生闪爆事故，致 6 人死亡，4 人受伤。据初步分析，导致事故的直接原因是操作工在清理分层塔内积液时，没有全面辨识风险，没有严格按停车安全规程操作。所以作为新时代大学生要时刻牢记严格遵守操作规程，筑牢安全生产红线意识。

 思考练习题

1. 冷态开车是先送冷物料，后送热物料，而停车时又要先关热物料，后关冷物料，为什么？

2. 开车时不排出不凝气会有什么后果？如何操作才能排净不凝气？

3. 为什么停车后管程和壳程都要高点排气、低点泄液？

4. 本系统调节器 TIC101 的设置合理吗？如何改进？

5. 影响间壁式换热器换热量的因素有哪些？

6. 传热有哪几种基本方式，各自的特点是什么？

7. 工业生产中常见的换热器有哪些类型？

任务二　　液位自动控制仿真实训

 学习目标

1. 熟悉液位控制系统基本控制原理；

2. 熟悉液位控制系统的带有工艺控制点的工艺流程图；

3. 熟悉液位控制系统被控对象、检测变送器、执行器、控制器等硬件设施；

4. 熟悉液位控制过渡过程曲线相关参数：最大偏差、超调量、周期、余差等。

一、任务分析

（1）通过课前预习相关参考资料以及项目任务书，了解液位控制的相关知识内容，熟悉操作流程。

（2）通过课前预习，总结液位控制系统的基本控制原理是什么？水箱的液位如何实现控制？试画出液位控制系统方框图。

（3）课上实行教学做一体，选择一套液位控制系统装置，根据项目情景，要求学生现场完成液位控制仿真作业，通过本次任务实施，要求学生完成相应的学习目标，达到以下技能：

① 能正确阅读液位控制工艺流程图；

② 能正确操作水箱液位控制系统中的泵、阀门、仪表等；

③ 能总结在液位控制过程中的注意事项；

④ 能独立完成液位控制的仿真操作。

（4）通过小组共同参与，增加学生的人际沟通能力，团队协作能力。

二、任务实施

（一）工艺流程说明

1. 工艺说明

本流程为液位控制系统，通过对三个罐的液位及压力的调节，使学生掌握简单回路及复杂回路的控制及相互关系。

缓冲罐 V101 仅一股来料，$8kgf/cm^2$（$1kgf/cm^2 = 98066.5Pa$）压力的液体通过调节阀 FIC101 向罐 V101 充液，此罐压力由调节阀 PIC101 分程控制，缓冲罐压力高于分程点（$5kgf/cm^2$）时，PV101B 自动打开泄压，压力低于分程点时，PV101B 自动关闭，PV101A 自动打开给罐充压，使 V101 压力控制在 $5kgf/cm^2$。缓冲罐 V101 液位调节器 LIC101 和流量调节阀 FIC102 串级调节，一般液位正常控制在 50% 左右，自 V101 底抽出液体通过泵 P101A 或 P101B（备用泵）打入罐 V102，该泵出口压力一般控制在 $9kgf/cm^2$，FIC102 流量正常控制在 20000kg/h。

罐 V102 有两股来料，一股为 V101 通过 FIC102 与 LIC101 串级调节后来的流量；另一股为 $8kgf/cm^2$ 压力的液体通过调节阀 LIC102 进入罐 V102，一般 V102 液位控制在 50% 左右，V102 底液抽出通过调节阀 FIC103 进入 V103，正常工况时 FIC103 的流量控制在 30000kg/h。

罐 V103 也有两股进料，一股来自于 V102 的底抽出量，另一股为 $8kgf/cm^2$ 压力的液体通过 FIC103 与 FI103 比值调节进入 V103，比值系数为 2：1，V103 底液通过 LIC103 调节阀输出，正常时罐 V103 液位控制在 50% 左右。

2. 本单元控制回路说明

本单元主要包括：单回路控制系统、分程控制系统、比值控制系统、串级控制系统。

（1）单回路控制系统　单回路控制系统又称单回路反馈控制。在所有反馈控制中，单回路反馈控制是最基本、结构最简单的一种，因此它又被称为简单控制。

单回路反馈控制由四个基本环节组成，即被控对象（简称对象）或被控过程（简称过程）、测量变送装置、控制器和控制阀。

所谓控制系统的稳定，就是对于一个已经设计并安装就绪的控制系统，通过控制器参数的调整，使得系统的过渡过程达到最为满意的质量指标要求。

本单元的单回路控制有：FIC101、LIC102、LIC103。

（2）分程控制系统　通常一台控制器的输出只控制一只控制阀。然而分程控制系统却不然，在这种控制回路中，一台控制器的输出可以同时控制两只甚至两只以上的控制阀，控制器的输出信号被分割成若干段信号，而由每一段信号控制一只控制阀。

本单元的分程控制回路有：PIC101 分程控制冲压阀 PV101A 和泄压阀 PV101B，如图 5-5 所示。

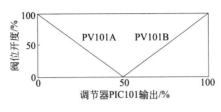

图 5-5　PIC101 分程控制

（3）比值控制系统　在化工、炼油及其他工业生产过程中，工艺上常需要两种或两种以上的物料保持一定的比例关系，比例一旦失调，将影响生产或造成事故。

实现两个或两个以上参数符合一定比例关系的控制系统，称为比值控制系统。通常将保持两种或几种物料的流量为一定比例关系的系统，称为流量比值控制系统。

比值控制系统可分为：开环比值控制系统、单闭环比值控制系统、双闭环比值控制系统、变比值控制系统、串级和比值控制组合的系统等。

FIC104 为一比值控制器。根据 FIC103 的流量，按一定的比例，相应调整 FIC103 的流量。

对于比值控制系统，首先是要明确哪种物料是主物料，然后将另一种物料按主物料来配比。本单元中，FIC1425（以 C_2 为主的烃原料）为主物料，而 FIC1427（H_2）的量随主物料（以 C_2 为主的烃原料）的量的变化而变化。

（4）串级控制系统　如果系统中不仅采用一台控制器，而且控制器间相互串联，一台控制器的输出作为另一台控制器的给定值，这样的系统称为串级控制系统。

串级控制系统具有以下特点：

① 能迅速地克服进入副回路的扰动；

② 改善主控制器的被控对象特征；

③ 有利于克服副回路内执行机构等的非线性。

在本单元中，罐 V101 的液位是由液位调节器 LIC101 和流量调节器 FIC102 串级控制的。

（二）主要设备

V101——缓冲罐；

V102——中间罐；

V103——产品罐；

P101A——缓冲罐 V101 底抽出泵；

P101B——缓冲罐 V101 底抽出备用泵。

（三）操作规程

1. 冷态开车规程

装置的开工状态为 V102 和 V103 两罐已充压完毕，保持压力在 0.2MPa，缓冲罐 V101 压力为常压状态，所有可操作阀均处于关闭状态。

（1）缓冲罐 V101 充压及液位建立

① 确认事项 V101 压力为常压。

② V101 充压及液位建立

a. 在现场图上，打开 V101 进料调节器 FIC101 的前、后手阀 V1 和 V2，开度在 100％；

b. 在 DCS 图上，打开调节阀 FIC101，阀位开度一般在 30％左右，给缓冲罐 V101 充液；

c. 待 V101 见液位后再启动压力调节阀 PIC101，阀位先开至 20％充压；

d. 待压力达到 5atm（9.8atm＝1MPa）左右时，PIC101 投自动。

（2）中间罐 V102 液位建立

① 确认事项

a. V101 液位达到 40％以上；

b. V101 压力达到 5atm 左右。

② V102 液位建立

a. 在现场图上，打开泵 P101A 的前手阀 V5，开度为 100％；

b. 启动泵 P101A；

c. 当泵出口压力达到 10kgf/cm² 时，打开泵 P101A 的后手阀 V7，开度为 100％；

d. 打开流量调节器 FIC102 前、后手阀 V9 及 V10，开度为 100％；

e. 打开流量调节器 FIC102，手动调节 FV102 开度，使泵出口压力控制在 9.0kgf/cm² 左右；

f. 打开液位调节阀 LV102 开度至 50％；

g. V101 进料流量调整器 FIC101 投自动，设定值为 20 000.0kg/h；

h. 操作平稳后调节阀 FIC102 投入自动控制并与 LIC101 串级调节 V101 液位；

i. V102 液位达到 50％左右，LIC102 投自动，设定值为 50％。

（3）产品罐 V103 液位建立

① 确认事项 V102 液位达到 50％左右。

② V103 液位建立

a. 在现场图上，打开流量调节器 FIC103 的前、后手阀 V13 及 V14；

b. 在 DCS 图上，打开 FIC103 及 FIC104，阀位开度均为 50％；

c. 当 V103 液位达到 50％时，打开液位调节阀 LIC103，开度为 50％；

d. LIC103 调节平稳后投自动，设定值为 50％。

2. 正常操作规程

正常工况下的工艺参数如下：

（1）FIC101 投自动，设定值为 20000.0kg/h；

（2）PIC101 投自动（分程控制），设定值为 5.0kgf/cm²；

（3）LIC101 投自动，设定值 50％；

（4）FIC102 投串级（LIC101 串级）；

（5）FIC103 投自动，设定值为 30000.0kg/h；

（6）FIC104 投串级（与 FIC103 比值控制），比值系统为常数 2.0；

（7）LIC102 投自动，设定值为 50％；

（8）LIC103 投自动，设定值为 50％；

（9）泵 P101A（或 P101B）出口压力 PI101 正常值为 9.0 kgf/cm^2；

（10）V102 外进料流量 FI101 正常值为 10000.0kg/h；

（11）V103 产品输出量 FI102 的流量正常值为 45000.0kg/h。

3. 停车操作规程

（1）正常停车

① 关进料线

a. 将调节阀 FIC101 改为手动操作，关闭 FIC101，再关闭现场手阀 V1 及 V2；

b. 将调节阀 LIC102 改为手动操作，关闭 LIC102，使 V102 外进料流量 FI101 为 0.0kg/h；

c. 将调节阀 FIC104 改为手动操作，关闭 FIC104。

② 将调节器改为手动控制

a. 将调节器 LIC101 改为手动调节，FIC102 解除串级改为手动控制；

b. 手动调节 FIC102，维持泵 P101A 出口压力，使 V101 液位缓慢降低；

c. 将调节器 FIC103 改为手动调节，维持 V102 液位缓慢降低；

d. 将调节器 LIC103 改为手动调节，维持 V103 液位缓慢降低。

③ V101 泄压及排放

a. 罐 V101 液位下降至 10％时，先关闭出口阀 FV102，停泵 P101A，再关入口阀 V5；

b. 打开排凝阀 V4，关 FIC102 手阀 V9 及 V10；

c. 罐 V101 液位降到 0.0 时，PIC101 置手动调节，打开 PV101，开度为 100％，放空。

④ 当罐 V102 液位为 0.0 时，关调节阀 FIC103 及现场前、后手阀 V13 及 V14。

⑤ 当罐 V103 液位为 0.0 时，关调节阀 LIC103。

（2）紧急停车　紧急停车操作规程同正常停车操作规程。

（四）仪表

主要仪表见表 5-2。

表 5-2　液位自动控制仿真实训主要仪表

位号	说　　明	类型	正常值	量程高限	量程低限	工程单位	高报	低报	高高报	低低报
FIC101	V101 进料流量控制	PID	20 000.0	40 000.0	0.0	kg/h				
FIC102	V101 出料流量控制	PID	20000.0	40000.0	0.0	kg/h				
FIC103	V102 出料流量控制	PID	30000.0	60000.0	0.0	kg/h				
FIC104	V103 进料流量控制	PID	15000.0	30000.0	0.0	kg/h				
LIC101	V101 液位控制	PID	50.0	100.0	0.0	％				
LIC102	V102 液位控制	PID	50.0	100.0	0.0	％				
LIC103	V103 液位控制	PID	50.0	100.0	0.0	％				
PIC101	V101 压力控制	PID	0.5	1.0	0.0	MPa				
FI101	V102 进料液量	AI	10000.0	20000.0	0.0	kg/h				
FI102	V103 出料液量	AI	45000.0	90000.0	0.0	kg/h				

续表

位号	说　　明	类型	正常值	量程高限	量程低限	工程单位	高报	低报	高高报	低低报
FI103	V103 进料液量	AI	15000.0	30000.0	0.0	kg/h				
PI101	P101A/B 出口压力	AI	0.9	1.0	0.0	MPa				
FI01	V102 进料流量	AI	20000.0	40000.0	0.0	kg/h	22000.0	5000.0	25000.0	3000.0
FI02	V103 出料流量	AI	45000.0	90000.0	0.0	kg/h	47000.0	43000.0	50000.0	40000.0
FY03	V102 出料流量	AI	30000.0	60000.0	0.0	kg/h	32000.0	28000.0	35000.0	25000.0
FI03	V103 进料流量	AI	15000.0	30000.0	0.0	kg/h	17000.0	13000.0	20000.0	10000.0
L101	V101 液位	AI	50.0	100.0	0.0	%	80	20	90	10
L102	V102 液位	AI	50.0	100.0	0.0	%	80	20	90	10
L103	V103 液位	AI	50.0	100.0	0.0	%	80	20	90	10
PY01	V101 压力	AI	0.5	1.0	0.0	MPa	5.5	4.5	6.0	4.0
P101	P101A/B 出口压力	AI	0.9	1.8	0.0	MPa	9.5	8.5	10.0	8.0
FY01	V101 进料流量	AI	20000.0	40000.0	0.0	kg/h	22000.0	18000.0	25000.0	15000.0
LY01	V101 液位	AI	50.0	100.0	0.0	%	80	20	90	10
LY02	V102 液位	AI	50.0	100.0	0.0	%	80	20	90	10
LY03	V103 液位	AI	50.0	100.0	0.0	%	80	20	90	10
FY02	V102 进料流量	AI	20000.0	40000.0	0.0	kg/h	22000.0	18000.0	25000.0	15000.0
FFY04	比值控制器	AI	2.0	4.0	0.0		2.5	1.5	4.0	0.0
PT01	V101 压力控制	AO	50.0	100.0	0.0	%				
LT01	V101 的液位调节器的输出	AO	50.0	100.0	0.0	%				
LT02	V102 的液位调节器的输出	AO	50.0	100.0	0.0	%				
LT03	V103 的液位调节器的输出	AO	50.0	100.0	0.0	%				

（五）事故处理

1. 泵 P101A 坏

（1）事故原因　运行泵 P101A 停。

（2）事故现象　画面泵 P101A 显示为开，但泵出口压力急剧下降。

（3）处理方法

① 关小 P101A 泵出口阀 V7；

② 打开 P101B 泵入口阀 V6；

③ 启动备用泵 P101B；

④ 打开 P101B 泵出口阀 V8；

⑤ 待 PI101 压力达到 9.0atm 时，关 V7 阀；

⑥ 关闭 P101A 泵；

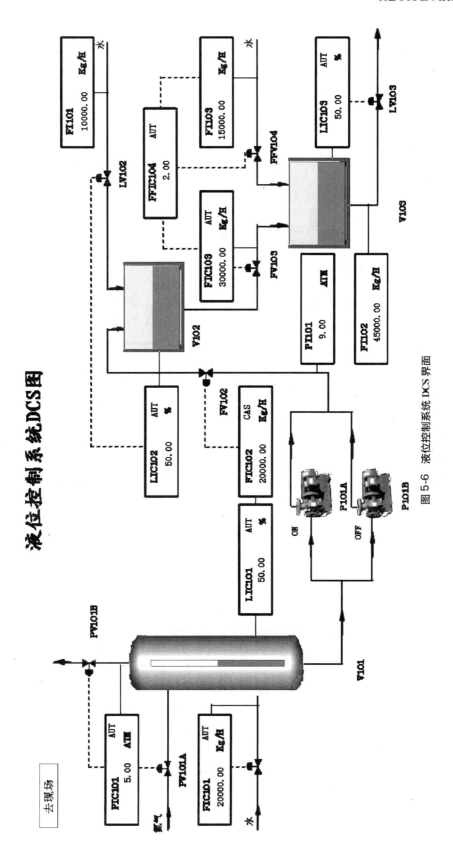

图 5-6 液位控制系统 DCS 界面

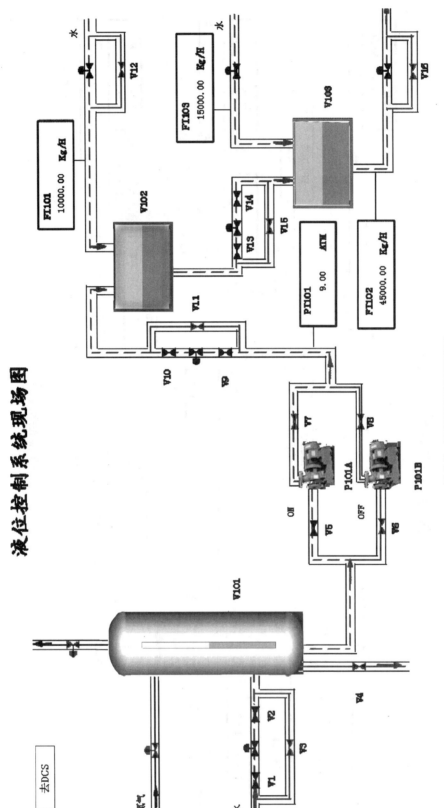

图 5-7 液位控制系统现场界面

⑦ 关闭 P101A 泵入口阀。

2. 调节阀 FIC102 阀

（1）事故原因　FIC102 调节阀卡，开度 20％不动作。

（2）事故现象　罐 V101 液位急剧上升，FIC102 流量减小。

（3）处理方法

① 调节 FIC102 旁路阀 V11 开度；

② 待 FI102 流量正常后，关闭 FIC102 前、后手阀 V9 和 V10；

③ 关闭调节阀 FIC102。

（六）仿真界面

液位控制系统 DCS 界面如图 5-6 所示。液位控制系统现场界面如图 5-7 所示。

三、相关知识: 复杂控制系统分类

根据系统的结构和所担负的任务，复杂控制系统可分为串级控制系统、均匀控制系统、比值控制系统、分程控制系统 、前馈控制系统、取代控制系统等。

（一）串级控制系统

当对象的滞后较大，干扰比较剧烈、频繁时，可考虑采用串级控制系统。

例如，为了控制管式加热炉原油出口温度，可以设置如图 5-8 所示的温度控制系统，根据原油出口温度的变化来控制燃料阀门的开度，即改变燃料量来维持原油出口温度保持在工艺所规定的数值上，这是一个简单控制系统。根据炉出口温度的变化来控制燃料阀门的开度。

在实际生产过程中，特别是当加热炉的燃料压力或燃料本身的热值有较大波动时，该简单控制系统的控制质量往往很差，原料油的出口温度波动较大，难以满足生产上的要求。

在上述控制系统中，通过引入串级控制系统，控制质量显著提高，串级控制系统有两个控制器 T_1C 和 T_2C，接收来自对象不同部位的测量信号 θ_1 和 θ_2。T_1C 的输出作为 T_2C 的给定值，而后者的输出去控制执行器以改变操纵变量。从系统的结构看，这两个控制器是串接工作的。如图 5-9 所示。

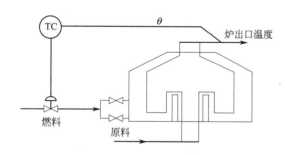

图 5-8　管式加热炉出口温度控制

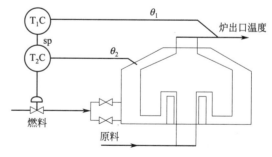

图 5-9　管式加热炉出口温度串级控制系统

1. 串级控制系统相关专业术语

（1）主变量　工艺控制指标，在串级控制系统中起主导作用的被控变量。

（2）副变量　串级控制系统中为了稳定主变量或因某种需要而引入的辅助变量。

（3）副对象　为副变量表征其特性的工艺生产设备。

（4）主控制器   按主变量的测量值与给定值而工作，其输出作为副变量给定值的那个控制器。

（5）副控制器   其给定值来自主控制器的输出，并按副变量的测量值与给定值的偏差而工作的那个控制器。

（6）主回路   由主变量的测量变送装置，主、副控制器，执行器和主、副对象构成的外回路。

（7）副回路   由副变量的测量变送装置，副控制器执行器和副对象所构成的内回路。

串级控制系统典型方框图如图 5-10 所示。

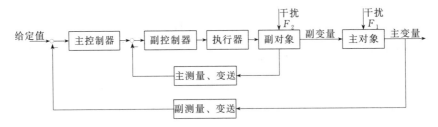

图 5-10　串级控制系统典型方框图

2. 串级控制系统的特点及应用

（1）系统的结构   串级控制系统有两个闭合回路。主回路是个定值控制系统，副回路是个随动系统。

在串级控制系统中，主变量是反映产品质量或生产过程运行情况的主要工艺参数。副变量的引入往往是为了提高主变量的控制质量，它是基于主、副变量之间具有一定的内在关系而工作的。

选择串级控制系统的副变量一般有两类情况：

一类情况是选择与主变量有一定关系的某一中间变量作为副变量；

另一类选择的副变量就是操纵变量本身，这样能及时克服它的波动，减小对主变量的影响。

在上例中，选择的副变量就是操纵变量（燃料流量）本身。这样，当干扰来自燃料压力或流量的波动时，副回路能及时加以克服，以大大减少这种干扰对主变量的影响，使锅炉出口温度的控制质量得以提高。

（2）系统的特性

① 干扰作用于副回路 f_2 引起 θ_2 变化，控制器 T_2C 及时进行控制，使其很快稳定下来：

如果干扰量小，经过副回路控制后，f_2 一般影响不到温度 θ_1；

如果干扰量大，其大部分影响为副回路所克服，波及被控变量温度 θ_1 再由主回路进一步控制，彻底消除干扰的影响，使被控变量回复到给定值。

由于副回路控制通道短，时间常数小，所以当干扰进入回路时，可以获得比单回路控制系统超前的控制作用，有效地克服燃料油压力或热值变化对锅炉出口温度的影响，从而大大提高了控制质量。

在确定副回路时，除了要考虑它的快速性外，还应该使副回路包括主要干扰，可能条件下应力求包括较多的次要干扰。

② 干扰同时作用于副回路和主对象　在干扰作用下，主、副变量的变化方向相同。

炉膛温度 θ_2↑→锅炉出口温度 θ_1↑→主控制器的输出↓测量值↑

→给定值↓→副控制器的输出↓↓→θ_1 回复设定值

主、副变量的变化方向相反，一个增加，另一个减小。

炉膛温度 θ_2↑，锅炉出口温度 θ_1↓→主控制器的输出↑

副控制器的测定值 θ_2↑，偏差为零时→副控制器输出不变

在串级控制系统中，由于引入一个闭合的副回路，不仅能迅速克服作用于副回路的干扰，而且对作用于主对象上的干扰也能加速克服过程。

副回路具有先调、粗调、快调的特点；主回路具有后调、细调、慢调的特点，并对于副回路没有完全克服掉的干扰影响能彻底加以克服。因此，在串级控制系统中，由于主、副回路相互配合、相互补充，充分发挥了控制作用，大大提高了控制质量。

（3）自适应能力　由于增加了副回路，使串级控制系统具有一定的自适应能力，可用于负荷和操作条件有较大变化的场合。

当对象的滞后和时间常数很大，干扰作用强而频繁，负荷变化大，简单控制系统满足不了要求时，使用串级控制系统是合适的，尤其是当主要干扰来自控制阀方面时，选择控制介质的流量或压力作为副变量来构成串级控制系统是很适宜的。

3. 主、副控制器控制规律的选择

目的：为了高精度地稳定主变量。主控制器通常都选用比例积分控制规律，以实现主变量的无差控制。

副变量的给定值是随主控制器的输出变化而变化的。副控制器一般采用比例控制规律。

4. 主、副控制器正反作用的选择

（1）副控制器作用方向的选择　串级控制系统中的副控制器作用方向的选择，根据工艺安全等要求，选定执行器的气开、气关形式后，按照使副控制回路成为一个负反馈系统的原则来确定。

管式加热炉温度-温度串级控制系统中的副回路：

气源中断，停止供给燃料油时，执行器选气开阀，"正"方向；

燃料量加大时，炉膛温度 θ_2（副变量）增加，副对象"正"方向；

为使副回路构成一个负反馈系统，副控制器 T_2C 选择"反"方向。

（2）主控制器作用方向的选择　当主、副变量增加（减小）时，如果由工艺分析得出，为使主、副变量减小（增加），要求控制阀的动作方向是一致的时候，主控制器应选"反"作用；反之，则应选"正"作用。

例如，对于管式加热炉串级控制系统，主变量 θ_1 或副变量 θ_2 增加时，都要求关小控制阀，减少供给的燃料量，才能使 θ_1 或 θ_2 降下来，所以此时主控制器 T_1C 应确定为反作用方向。

5. 控制器参数整定与系统投运

串级控制系统主、副控制器的参数整定的两种方法。

（1）两步整定法　按照串级控制系统主、副回路的情况，先整定副控制器，后整定主控制器的方法。

整定过程：

① 在工况稳定，主、副控制器都在纯比例作用运行的条件下，将主控制器的比例度先固定在 100% 的刻度上，逐渐减小副控制器的比例度，求取副回路在满足某种衰减比（如 4:1）过渡过程下的副控制器比例度和操作周期，分别用 δ_{2s} 和 T_{2s} 表示。

② 在副控制器比例度等于 δ_{2s} 的条件下，逐步减小主控制器的比例度，直至得到同样衰减比下的过渡过程，记下此时主控制器的比例度 δ_{1s} 和操作周期 T_{1s}。

③ 根据上面得到的 δ_{1s}、T_{1s}、δ_{2s}、T_{2s}，按相关规定计算主、副控制器的比例度、积分时间和微分时间。

④ 按"先副后主"、"先比例次积分后微分"的整定规律，将计算出的控制器参数加到控制器上。

⑤ 观察控制过程，适当调整，直到获得满意的过渡过程。

共振问题：

如果主、副对象时间常数相差不大，动态联系密切，可能会出现"共振"现象。

可适当减小副控制器比例度或积分时间，以达到减小副回路操作周期的目的。同理，可以加大主控制器的比例度或积分时间，以期增大主回路操作周期，使主、副回路的操作周期之比加大，避免"共振"。

如果主、副对象特性太接近，就不能完全靠控制器参数的改变来避免"共振"了。

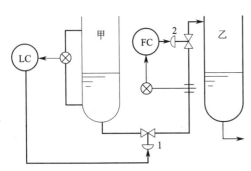

图 5-11 前后精馏塔的供求关系

1—出料阀；2—小阀

（2）一步整定法　副控制器的参数按经验直接确定，主控制器的参数按简单控制系统整定。

实践证明：这种整定方法，对于对主变量要求较高，而对副变量没有什么要求或要求不严，允许它在一定范围内变化的串级控制系统，是很有效的。

（二）其他复杂控制系统

1. 均匀控制系统

（1）均匀控制的目的

● 甲塔：为了稳定操作需保持塔釜液位稳定，必然频繁地改变塔底的排出量。

● 乙塔：从稳定操作要求出发，希望进料量尽量不变或少变。

甲、乙两塔间的供求关系出现了矛盾（图 5-11）。

为了解决前后工序供求矛盾，达到前后兼顾协调操作，使液位和流量均匀变化，组成的系统称为均匀控制系统。

（2）均匀控制的要求（见图 5-12）

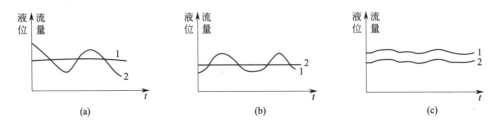

|(a)|(b)|(c)|

图 5-12 前一设备的液位和后一设备的进料量之关系

1—液位变化曲线；2—流量变化曲线

① 两个变量在控制过程中都应该是缓慢变化的。

② 前后互相联系又互相矛盾的两个变量应保持在所允许的范围内波动。

（3）均匀控制方案

① 简单均匀控制　目的：为了协调液位与排出流量之间的关系，允许它们都在各自许可的范围内作缓慢的变化（图 5-13）。

满足均匀控制要求的方法，通过控制器的参数整定来实现。

② 串级均匀控制　可在简单均匀控制方案基础上增加一个流量副回路，即构成串级均匀控制（图 5-14）。

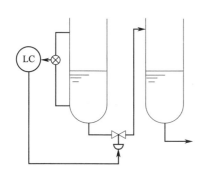
图 5-13　简单均匀控制

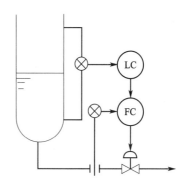
图 5-14　串级均匀控制

a. 参数整定的方法：由小到大地进行调整。串级均匀控制系统的主、副控制器一般都采用纯比例作用的。只在要求较高时，为了防止偏差过大而超过允许范围，才引入适当的积分作用。

b. **特点**：由于增加了副回路，可以及时克服由于塔内或排出端压力改变所引起的流量变化；串级均匀控制系统协调两个变量间的关系是通过控制器参数整定来实现的；在串级均匀控制系统中，参数整定的目的不是使变量尽快地回到给定值，而是要求变量在允许的范围内作缓慢的变化。

2. 比值控制系统

工业上为了保持两种或两种以上物料的比值为一定的控制叫比值控制。

比值控制系统的有关术语：主物料、主动信号；从物料、从动信号。

比值控制系统的类型如下。

（1）开环比值控制　**特点**：结构简单，只需一台纯比例控制器，其比例度可以根据比值要求来设定，主、副流量均开环；这种比值控制方案对从物料量 Q_2 本身无抗干扰能力，所以这种系统只能适用于副流量较平稳且比值要求不高的场合。

（2）单闭环比值控制　单闭环比值控制系统是为了克服开环比值控制方案的不足，在开环比值控制系统的基础上，通过增加一个副流量的闭环控制系统而组成的。

（3）变比值控制系统　要求两种物料的比值能灵活地随第三参数的需要而加以调整，这样就出现一种变比值控制系统。

3. 前馈控制系统

不论什么干扰，只要引起被控变量变化，都可以进行控制，这是反馈控制的优点。

前馈控制是一种按扰动变化大小进行控制的系统，控制作用在扰动发生的同时就产生，这就是前馈控制的主要特点。

往往用"前馈"来克服主要干扰，再用"反馈"来克服其他干扰，组成"复合"的前馈-反馈控制系统。

4. 取代控制系统

一般控制系统，都是在正常工况下工作的。当生产不正常时，通常的处理办法有两种：一种是改用手动遥控；另一种是联锁保护紧急停车，防止事故发生，即所谓硬限控制。由于硬限控制对生产和操作都不利，近年来采用了安全软限控制。

 思政课堂

我国大型工业云平台持续遭受来自境外的网络攻击，平均攻击次数 114 次/日，攻击类型包括 Web 应用攻击、命令注入攻击、漏洞利用攻击、拒绝服务、Web 漏洞利用等，其中 Web 应用攻击、命令注入攻击、漏洞利用攻击占比最高，分别是 25.4%、22.2%、16.4%。

2020 年上半年我国工业控制系统产品漏洞共计 323 个，其中高中危漏洞占比达 94.7%。漏洞影响的产品广泛应用于制造业、能源、水务、信息技术、化工、交通运输、商业设施、农业、水利工程、政府机关等行业，其中制造业、能源、水务行业产品漏洞分别是 102、98、64 个。所以，作为新时代大学生要发奋图强，努力学习科学文化知识，在各自的岗位上精益求精，哪怕在一个点上作出创新，聚沙成塔、集腋成裘，集中华儿女之智慧，终将在技术上赶上并超越国外先进国家。

（摘自：2020 年上半年我国互联网网络安全监测数据分析报告．网信江苏．2020-9-30）

 思考练习题

1. 通过本次实训，理解什么是"过程动态平衡"，掌握通过仪表画面了解液位发生变化的原因和解决的方法。

2. 请问在调节器 FIC103 和 FIC104 组成的比值控制系统中，哪一个是主动量？为什么？并指出这种比值调节属于开环控制回路还是闭环控制回路？

3. 本仿真培训单元包括串级、比值、分程三种复杂调节系统，它们的特点分别是什么？它们与简单控制系统的差别是什么？

4. 在开、停车时，为什么要特别注意维持流经调节阀 FV103 和 FV104 的液体流量比值为 2？

5. 开、停车的注意事项有哪些？

任务三　精馏塔仿真实训

 学习目标

1. 熟悉精馏塔工作原理；
2. 熟悉精馏塔控制系统带有工艺控制点的工艺流程图；

3. 熟悉精馏塔控制系统被控对象、检测变送器、执行器、控制器等硬件设施。

一、任务分析

（1）通过课前预习相关参考资料以及项目任务书，了解精馏塔工作原理等知识内容，熟悉操作流程。

（2）通过课前预习，理解精馏塔控制系统的基本控制原理是什么？精馏塔的温度是如何控制的？试画出精馏塔温度控制系统方框图。

（3）课上实行教学做一体，选择一套精馏塔控制系统装置，根据项目情景，要求学生现场完成精馏塔操作仿真作业，通过本次任务实施，要求学生完成相应的学习目标，达到以下技能：

① 能正确阅读精馏塔操作控制工艺流程图；

② 能正确操作精馏塔温度、流量、液位等控制系统中的泵、阀门、仪表等；

③ 能总结在精馏塔操作控制过程中的注意事项；

④ 能独立完成精馏塔的仿真操作。

（4）通过小组共同参与，增强学生的人际沟通能力、团队协作能力。

二、任务实施

（一）工艺流程说明

1. 工艺说明

本流程是利用精馏方法将丁烷从脱丙烷塔釜混合物中分离出来的。精馏是将液体混合物部分汽化，利用其中各组分相对挥发度不同，通过液相和气相间的质量传递来实现混合物分离的。本装置将脱丙烷塔釜混合物部分汽化，由于丁烷的沸点较低，即其挥发度较高，故丁烷易于从液相中汽化出来，再将汽化的蒸气冷凝，可得到丁烷组成高于原料的混合物，经过多次汽化、冷凝，即可达到分离混合物中丁烷的目的。

原料为 67.8℃ 的塔釜液（主要有 C_4、C_5、C_6、C_7 等），由脱丁烷塔 DA405 的第 16 块板进料（全塔共 32 块板），进料量由流量控制器 FIC101 控制。由调节器 TC101 通过调节再沸器加热蒸汽流量，来控制提馏段灵敏板温度，从而控制丁烷的分离质量。

脱丁烷塔塔釜液（主要为 C_5 以上馏分）一部分作为产品采出，一部分经再沸器 EA408A、EA408B 部分汽化为蒸气从塔底上升。塔釜的液位和塔釜产品采出量由 LC101 和 FC102 组成的串级控制器控制。再沸器采用低压蒸汽加热。塔釜蒸汽缓冲罐 FA414 液位由液位控制器 LC102 调节底部采出量控制。

塔顶的上升蒸汽（C_4 馏分和少量 C_5 馏分）经塔顶冷凝器 EA419 全部冷凝成液体，该冷凝液靠位差流入回流罐 FA408。塔顶压力 PC102 采用分程控制：在正常的压力波动下，通过调节塔顶冷凝器的冷却水量来调节压力，当压力超高时，压力报警系统发出报警信号，PC102 调节塔顶至回流罐的排气量来控制塔顶压力调节气相出料。操作压力 4.25atm（表压），高压控制器 PC101 将调节回流罐的气相排放量，来控制塔内压力稳定。冷凝器以冷却水为载热体。回流罐液位由液位控制器 LC103 调节塔顶产品采出量来维持恒定。回流罐中的液体一部分作为塔顶产品送下一工序，另一部分由回流泵（GA-412A、B）送回塔顶作为回流，回流量由回流控制器 FC104 控制。

2. 本单元复杂控制方案说明

吸收解吸单元复杂控制回路主要是串级回路的使用，在吸收塔、解吸塔和产品罐中都使用了液位与流量串级回路。

串级回路：是在简单调节系统基础上发展起来的。在结构上，串级回路调节系统有两个闭合回路。主、副调节器串联，主调节器的输出为副调节器的给定值，系统通过副调节器的输出操纵调节阀动作，实现对主参数的定值调节。所以在串级回路调节系统中，主回路是定值调节系统，副回路是随动系统。

DA405 的塔釜液位控制 LC101 和塔釜出料 FC102 构成一串级回路。

FC102.sp 随 LC101.op 的改变而变化。

PIC102 为一分程控制器，分别控制 PV102A 和 PV102B，当 PC102.op 逐渐开大时，PV102A 从 0 逐渐开大到 100；而 PV102B 从 100 逐渐关小至 0。

3. 设备一览

DA-405：脱丁烷塔。

EA-419：塔顶冷凝器。

FA-408：塔顶回流罐。

GA-412A、B：回流泵。

EA-418A、B：塔釜再沸器。

FA-414：塔釜蒸气缓冲罐。

（二）精馏单元操作规程

1. 冷态开车操作规程

本操作规程仅供参考，详细操作以评分系统为准。

装置冷态开工状态为精馏塔单元处于常温、常压氮吹扫完毕后的氮封状态，所有阀门、机泵处于关停状态。

（1）进料过程

① 开 FA-408 顶放空阀 PC101 排放不凝气，稍开 FIC101 调节阀（不超过 20%），向精馏塔进料。

② 进料后，塔内温度略升，压力升高。当压力 PC101 升至 0.5atm 时关闭 PC101 调节阀投自动，并控制塔压不超过 4.25atm（如果塔内压力大幅波动，改回手动调节稳定压力）。

（2）启动再沸器

① 当压力 PC101 升至 0.5atm 时，打开冷凝水 PC102 调节阀至 50%；塔压基本稳定在 4.25atm 后，可加大塔进料（FIC101 开至 50%左右）。

② 待塔釜液位 LC101 升至 20%以上时，开加热蒸汽入口阀 V13，再稍开 TC101 调节阀，给再沸器缓慢加热，并调节 TC101 阀开度使塔釜液位 LC101 维持在 40%～60%。待 FA-414 液位 LC102 升至 50%时，投自动，设定值为 50%。

（3）建立回流　随着塔进料增加和再沸器、冷凝高投用，塔压会有所升。回流罐逐渐积液。

① 塔压升高时，通过开大 PC102 的输出，改变塔顶冷凝器冷却水量和旁路量来控制塔压稳定。

② 当回流罐液位 LC103 升至 20％以上时，先开回流泵 GA412A\B 的入口阀 V19/V20 由灵敏板温度调节。

③ 通过 FC104 的阀开度控制回流量，维持回流罐液位不要过高，同时逐渐关闭进料，全回流操作。

（4）调整至正常

① 当各项操作指标趋近正常值时，打开进料阀 FIC101。

② 逐步调整进料量 FIC101 至正常值。

③ 通过 TC101 调节再沸器加热量使灵敏板温度 TC101 达到正常值。

④ 逐步调整回流量 FC104 至正常值。

⑤ 开 FC103 和 FC102 出料，注意塔釜、回流罐液位。

⑥ 将各控制回路投自动，各参数稳定并与工艺设计值吻合后，设产品采出串级。

2. 正常操作规程

（1）正常工况下的工艺参数

① 进料流量 FIC101 设为自动，设定值为 14056kg/h。

② 塔釜采出量 FC102 设为串级，设定值为 7349kg/h，LC101 投自动，设定值为 50％。

③ 塔顶采出量 FC103 设为串级，设定值为 6707kg/h。

④ 塔顶采出量 FC104 设为串级，设定值为 9664kg/h。

⑤ 塔顶压力 PC102 设为自动，设定值为 4.25atm，PC101 投自动，设定值为 5.0atm。

⑥ 灵敏板温度 TC101 设为自动，设定值为 89.3℃。

⑦ FA-414 液位 LC102 设为自动，设定值为 50％。

⑧ 回流罐液位 LC103 设为自动，设定值为 50％。

（2）主要工艺生产指标的调整方法

① 质量调节 本系统的质量调节采用以提馏段灵敏板温度作为参数，通过再沸器和加热蒸汽流量的调节系统，实现对塔的分离质量控制。

② 压力控制 在正常的压力情况下，由塔顶冷凝器的冷却水量来调节压力，当压力高于操作压力 4.25atm（表压）时，压力报警系统发出报警信号，同时调节器 PC101 将调节回流罐的气相出料，为了保持同气相出料的相对平衡，该系统采用压力分程调节。

③ 液位调节 塔釜液位由调节塔釜的产品采出量来维持恒定。设有高低液位报警。回流罐液位由调节塔顶产品采出量来维持恒定。设有高低液位报警。

④ 流量调节 进料量和回流量都采用单回路的流量控制；再沸器加热介质流量由灵敏板温度调节。

3. 停车操作规程

（1）降负荷

① 逐步关小 FIC101 调节阀，降低进料至正常进料量的 70％。

② 在降负荷过程中，保持灵敏板温度 TC101 的稳定性和塔压 PC102 的稳定，使精馏塔分离出合格产品。

③ 在降负荷过程中，尽量通过 FC103 排出回流罐中的液体产品，至回流罐液位 LC104 在 20％左右。

④ 在降负荷过程中，尽量通过 FC102 排出塔釜产品，使 LC101 降至 30％左右。

（2）停进料和再沸器　在负荷降至正常的 70%，且产品已大部分采出后，停进料和再沸器。

① 关 FIC101 调节阀，停精馏塔进料。

② 关 TC101 调节阀和 V13 或 V16 阀，停再沸器的加热蒸汽。

③ 关 FC102 调节阀和 FC103 调节阀，停止产品采出。

④ 打开塔釜泄液阀 V10，排不合格产品，并控制塔釜降低液位。

⑤ 手动打开 LC102 调节阀，对 FA-114 泄液。

（3）停回流

① 停进料和再沸器后回流罐中的液体全部通过回流泵打入塔，以降低塔内温度。

② 当回流罐液位至 0 时，关 FC104 调节阀，关泵出口阀 V17（或 V18），停泵 GA412A（或 GA412B），关入口阀 V19（或 V20），停回流。

③ 开泄液阀 V10 排净塔内液体。

（4）降压、降温

① 打开 PC101 调节阀，将塔压降至接近常压后，关 PC101 调节阀。

② 全塔温度降至 50℃ 左右时，关塔顶冷凝器的冷却水（PC102 的输出至 0）。

（三）仪表一览表

精馏塔仿真实训仪表一览表见表 5-3。

表 5-3　精馏塔仿真实训仪表一览表

位号	说明	类型	正常值	量程高限	量程低限	工程单位
FIC101	塔进料量控制	PID	14056.0	28000.0	0.0	kg/h
FC102	塔釜采出量控制	PID	7349.0	14698.0	0.0	kg/h
FC103	塔顶采出量控制	PID	6707.0	13414.0	0.0	kg/h
FC104	塔顶回流量控制	PID	9664.0	19000.0	0.0	kg/h
PC101	塔顶压力控制	PID	4.25	8.5	0.0	atm
PC102	塔顶压力控制	PID	4.25	8.5	0.0	atm
TC101	灵敏板温度控制	PID	89.3	190.0	0.0	℃
LC101	塔釜液位控制	PID	50.0	100.0	0.0	%
LC102	塔釜蒸气缓冲罐液位控制	PID	50.0	100.0	0.0	%
LC103	塔顶回流罐液位控制	PID	50.0	100.0	0.0	%
T1102	塔釜温度	AI	109.3	200.0	0.0	℃
T1103	进料温度	AI	67.8	100.0	0.0	℃
T1104	回流温度	AI	39.1	100.0	0.0	℃
T1105	塔顶气温度	AI	46.5	100.0	0.0	℃

（四）事故设置一览

1. 热蒸汽压力过高

原因：热蒸汽压力过高。

现象：加热蒸汽的流量增大，塔釜温度持续上升。

处理：适当减小 TC101 的阀门开度。

2. 热蒸汽压力过低

原因：热蒸汽压力过低。

现象：加热蒸汽的流量减小，塔釜温度持续下降。

处理：适当增大 TC101 的开度。

3. 冷凝水中断

原因：停冷凝水。

现象：塔顶温度上升，塔顶压力升高。

处理：① 开回流罐放空阀 PC101 保压。

② 手动关闭 FC101，停止进料。

③ 手动关闭 TC101，停加热蒸汽。

④ 手动关闭 FC103 和 FC102，停止产品采出。

⑤ 开塔釜排液阀 V10，排不合格产品。

⑥ 手动打开 LIC102，对 FA114 泄液。

⑦ 当回流罐液位为 0 时，关闭 FIC104。

⑧ 关闭回流泵出口阀 V17/V18。

⑨ 关闭回流泵 GA424A/GA424B。

⑩ 关闭回流泵入口阀 V19/V20。

⑪ 待塔釜液位为 0 时，关闭泄液 V10。

⑫ 待塔顶压力降为常压后，关闭冷凝器。

4. 停电

原因：停电。

现象：回流泵 GA412A 停止，回流中断。

处理：① 手动开回流罐放空阀 PC101 泄压。

② 手动关进料阀 FIC101。

③ 手动关出料阀 FC102 和 FC103。

④ 手动关加热蒸汽阀 TC101。

⑤ 开塔釜排液阀 V10 和回流罐泄液阀 V23，排不合格产品。

⑥ 手动打开 LIC102，对 FA114 泄液。

⑦ 当回流罐液位为 0 时，关闭 V23。

⑧ 关闭回流泵出口阀 V17/V18。

⑨ 关闭回流泵 GA424A/GA424B。

⑩ 关闭回流泵入口阀 V19/V20。

⑪ 待塔釜液位为 0 时，关闭泄液阀 V10。

⑫ 待塔顶压力降为常压后，关闭冷凝器。

5. 回流泵故障

原因：回流泵 GA-412A 泵坏。

现象：GA-412A 断电，回流中断，塔顶压力、温度上升。

处理：① 开备用泵入口阀 V20。

② 启动备用泵 GA412B。

③ 开备用泵出口阀 V18。

④ 关闭运行泵出口阀 V17。

⑤ 停运行泵 GA412A。

⑥ 关闭运行泵入口阀 V19。

6. 回流控制阀 FC104 阀卡

原因：回流控制阀 FC104 阀卡。

现象：回流量减小，塔顶温度上升，压力增大。

处理：打开旁路阀 V14，保持回流。

（五）仿真界面

精馏塔 DCS 界面见图 5-15。精馏塔现场界面见图 5-16。

 思政课堂

"很多人认为工匠只是一种机械重复的工作，其实工匠代表着一个群体的能力，一个时代的气质，它与坚定、踏实、精益求精相连。"宁波巨化化工科技有限公司贺海娇表达了自己对于"工匠"的理解。贺海娇 2012 年毕业于湖南化工职业技术学院应用化工技术专业，毕业后进入宁波巨化化工科技有限公司，在这里一做就是 8 年。目前是公司和集团在聘高级技师，公司二装置部工艺员。别人下班了，他仍旧待在车间里，下班回家没事做，他就抱着电脑学习。当时，他一个人可以干一个班组的活。2018 年底，贺海娇走上管理岗位，至今为止，他仍是所在化工车间最年轻的管理者。2018 年底，该公司成立以贺海娇名字命名的镇海区贺海娇技能大师工作室；2019 年 5 月，成立巨化集团贺海娇技能大师工作室。

（摘自：工匠精神成就更多优秀人才——记宁波巨化化工高级技师贺海娇. 东方资讯网. 2020-4-22）

 思考练习题

1. 什么叫蒸馏？在化工生产中分离什么样的混合物？蒸馏和精馏的关系是什么？

2. 精馏的主要设备有哪些？

3. 在本单元中，如果塔顶温度、压力都超过标准，可以有几种方法将系统调节稳定？

4. 当系统在一较高负荷突然出现大的波动、不稳定，为什么要将系统降到一低负荷的稳态，再重新开到高负荷？

5. 根据本单元的实际，结合"化工原理"课程讲述的原理，说明回流比的作用。

6. 若精馏塔灵敏板温度过高或过低，则意味着分离效果如何？应通过改变哪些变量来调节至正常？

7. 请分析本流程中是如何通过分程控制来调节精馏塔正常操作压力的。

8. 根据本单元的实际理解串级控制。

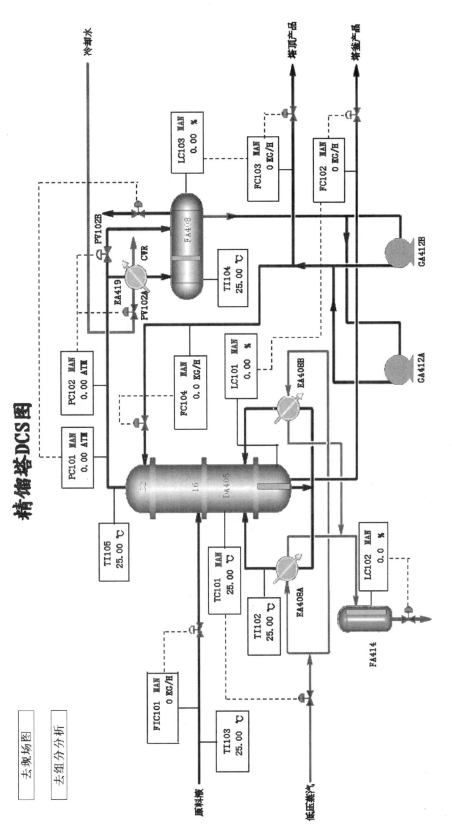

图 5-15　精馏塔 DCS 界面

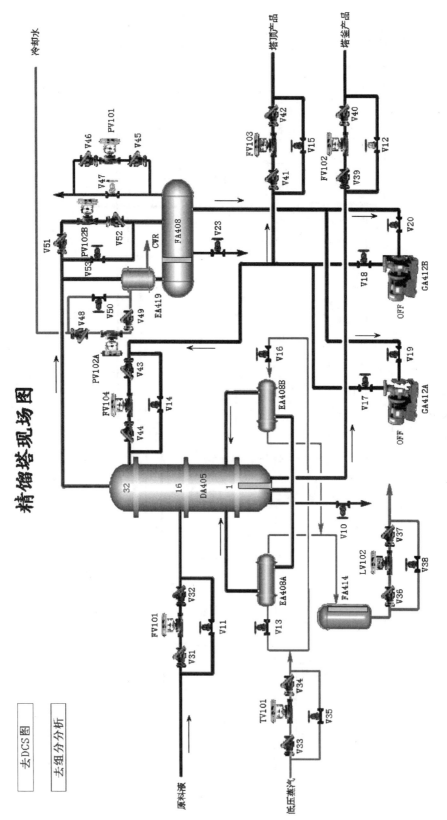

图 5-16 精馏塔观场界面

项目六

监督计算机控制系统、分布式控制系统及其组态

任务一　监督计算机控制系统及其应用系统组态

 学习目标

1. 熟悉 MCGS 组态软件的开发流程；
2. 能利用组态软件构建小规模生产装置的监控系统；
3. 熟悉监督计算机控制系统的构成。

一、任务分析

（1）通过课前预习相关参考资料以及项目任务书，了解在小规模生产装置的生产监控应用方面的优势。

（2）通过课前预习，了解 MCGS 组态软件的相关知识内容，熟悉软件的使用方法和基本开发流程。

（3）通过项目的学习，了解安装 MCGS 组态软件的系统需求以及安装流程。

（4）课上实行教学做一体，选择 MCGS 组态软件，根据项目情景，要求学生使用 MCGS 组态软件完成储槽液位控制系统的监控组态。

通过本次任务实施，要求学生完成相应的学习目标，达到以下技能：

① 熟悉监督计算机控制系统的结构，知晓其在小型装置生产监控方面的优势；

② 能正确安装 MCGS 组态软件，并能利用该软件构建生产装置的监控系统；

③ 通过项目学习，提升学生创新意识，增加学生的人际沟通与团队协作能力。

二、案例导入

图 6-1 为某储槽液位控制系统示意图。该系统是一个监督计算机控制系统，储槽、液位变送器、智能调节仪和电动调节阀分别为储槽液位控制系统的被控对象、测量变送器、控制器和执行器。智能调节仪为监督计算机控制系统下位 DDC 计算机，SCC 计算机为上位机，上位机和下位机通过串口通信进行连接。本次任务就是要利用 MCGS 组态软件搭建一个运行在 SCC 计算机上的监控系统，该系统监控画面如图 6-2 所示。监控系统功能主要有：流

程图动画显示，实时曲线显示，历史曲线显示，储槽液位超限报警，PID 控制器参数设置，修改设定值，手/自动切换，手动操纵电动阀，上位机、下位机连接状态指示等。

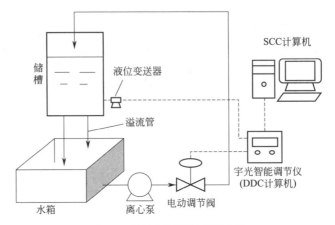

图 6-1　储槽液位控制系统示意图

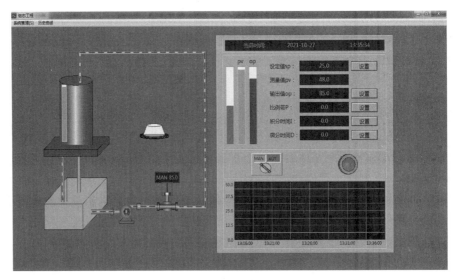

图 6-2　储槽液位监控

三、任务实施：组态操作步骤

1. 新建工程

MCGS 中用"工程"来表示组态生成的应用系统，创建一个新工程就是创建一个新的用户应用系统，打开工程就是打开一个已经存在的应用系统。工程文件的命名规则和 Windows 系统相同，MCGS 自动给工程文件名加上后缀".mcg"。每个工程都对应一个组态结果数据库文件。

在保存新工程时，可以随意更换工程文件的名称。缺省情况下，所有的工程文件都存放在 MCGS 安装目录下的 Work 子目录里，用户也可以根据自身需要指定存放工程文件的目录。

视频扫一扫

新建工程操作步骤

注意：到目前为止，MCGS组态软件是不允许工程文件的存放路径和文件名称存在空格的，否则打开工程文件的时候会提示："您指定的工程文件不存在！"。

新建工程具体操作细节，请扫描二维码观看。

2. 实时数据库组态

实时数据库是 MCGS 工程的数据交换和数据处理中心。数据对象是构成实时数据库的基本单元，建立实时数据库的过程也就是定义数据对象的过程。定义数据对象的内容主要包括：

① 指定数据变量的名称、类型、初始值和数值范围。

② 确定与数据变量存盘相关的参数，如存盘的周期、存盘的时间范围和保存期限等。

本任务涉及的数据变量、类型及其意义见表 6-1。

表 6-1   储槽液位监控系统涉及的变量

变量名	类型	注释
sp	数值型	水箱液位设定值,初值为 25,小数位 1 位
pv	数值型	水位测量值,小数位 1 位
op	数值型	目前阀门的开度,小数位 1 位
man_op	数值型	手动时阀门开度,小数位 1 位
tmp_op	数值型	设置阀门开度时,用来计算阀门开度的中间变量,小数位 1 位
txzt	开关型	上、下位机通信状态,0 表示连接上计算机,1 表示未连接上计算机
P	数值型	控制器比例带,单位为 %
I	数值型	控制器积分时间,单位为 s
D	数值型	控制器微分时间,单位为 s
yxcs	数值型	运行参数,表示仪表目前是手动还是自动,非 0 为自动,0 为手动
addr	数值型	仪表通信地址
cf	数值型	系统功能定义
sn	数值型	输入规格
dip	数值型	小数点位置
diL	数值型	下限显示
diH	数值型	上限显示
lssj	组对象	历史数据的组对象

具体的变量添加与设置过程，可扫描二维码观看操作视频。

3. 设备组态

设备窗口是 MCGS 系统的重要组成部分，在设备窗口中建立系统与外部硬件设备的连接关系，使系统能够从外部设备读取数据并控制外部设备的工作状态，实现对工业过程的实时监控。

在 MCGS 中，实现设备驱动的基本方法是：在设备窗口内配置不同类型的设备构件，并根据外部设备的类型和特征，设置相关的属性，将设备的操作方法如硬件参数配置、数据转换、设备调试等都封装在构件之中，以对象的形式与外部设备建立数据的传输通道连接。系统运行过程中，设备构件由设备窗口统一调度管理，通过通道连接，向实时数据库提供从外部设备采集到的数据，从实时数据库查询控制参数，发送给系统其它部分，进行控制运算和流程调度，实现对设备工作状态的实时检测和过程的自动控制。

本任务中，下位机是宇光的 AI808P 智能调节仪，上位机是 SCC 计算机，它们之间通过串口连接。因此需要用到"通用串口父设备""宇光 _ AI808P 仪表"两个设备构件，并正确设置它们之间的连接参数，有关串口通信各项参数的意义，请同学们查阅相关资料。

4. 运行策略组态

运行策略相关知识可参考本章"相关知识"中的"MCGS 组态软件简介"。在本任务中，需要建立 6 个用户策略，用于设置 AI808P 智能调节仪的设定值、手动调节电动调节阀、手/自动切换，设置 PID 控制器的比例带、积分时间、微分时间，相应的策略名为：setsp、setop、setrun、setP、setI、setD。具体操作步骤，请扫描二维码。

运行策略组态操作步骤

5. 工艺流程图组态

本任务的工艺流程组态分为操作界面设置、装置示意图的绘制、电动调节阀运行状态显示和管路流体流动组态。其中装置示意图的绘制主要用工具箱中的"矩形""椭圆"，工具箱元件库中"阀"的 43 号阀和 32 号阀，元件库中"泵"的 27 号泵，常用符号中的"立方体""管道""管道接头"等元素。具体操作，请扫描二维码。

流程图组态操作步骤

6. 系统日期和时间设置

MCGS 内部定义了一些数据对象，称为 MCGS 系统变量，用于读取系统内部设定的参数。在进行组态时，可直接使用这些系统变量。为了和用户自定义的数据对象相区别，系统变量的名称一律以"$"符号开头。本任务中要读取系统的日期和时间，因此要用到系统当前日期变量 $ date 和系统当前时间变量 $ time。具体操作请扫描二维码观看。

日期和时间设置步骤

7. 宇光智能调节仪参数设置及手动操作调节阀

本部分主要通过 setsp、setP、setI、setD 三个用户策略来设置宇光 AI808P 的设定值、比例带、积分时间和微分时间，并通过 setop 来手动调节阀门的开度。用到的控件有标准按钮、标签。以设置设定值的按钮为例，把标签设置为透明并放置在标准按钮上方并组合在一起，勾选标签属性选项卡中"输入输出连接"中的"按钮输入""按钮动作"，然后将"按钮输入"选项卡中的"对应数据对象的名称"设置为相应的数据对象即实时数据库中对应的变量 sp；勾选"按钮动作"选项卡中"按钮对应的功能"下方的"执行运行策略块"项，并将策略块设置为 setsp。

这样，当点击设置设定值的按钮后，将弹出一个输入框，提示输入设定值的大小，用户输入之后，系统把输入的值存放在实时数据库的变量 sp 中，之后系统执行 setsp 策略，该策略将 sp 变量的值发送至宇光智能调节仪，从而实现了设置下位机设定值的功能。其他几个参数的设置以及手动操作调节阀的实现思路基本一样，具体操作过程，请扫描二维码。

智能仪表参数设置步骤

8. 手自动切换和通信状态组态

手自动切换操作主要通过 setrun 用户策略实现，其中用到工具箱元件库中"开关"中的 6 号开关和"指示灯"中的 3 号指示灯。具体操作步骤，请扫描二维码。

手自动切换和通信状态组态步骤

9. 实时和历史曲线组态

实时曲线是在 MCGS 系统运行时，从 MCGS 实时数据库中读取数据，同时，以时间为 X 轴进行曲线绘制。X 轴的时间标注，可以按照用户组态要求，显示绝对时间或相对时间。

历史曲线是将历史存盘数据从数据库中读出，以时间为横坐标，数据值为纵坐标进行曲线绘制。同时，历史曲线也可以实现实时刷新的效果。历史曲线主要用于事后查看数据分布和状态变化趋势以及总结信号变化规律。

实时与历史
曲线组态步骤

本任务的实时曲线和历史曲线需要同时显示设定值 sp、液位测量值 pv 和阀门开度 op 的变化。具体操作细节，请扫描二维码观看。

10. 宇光智能调节仪仪表参数初始化

宇光智能调节仪是一个多功能的智能型调节仪表，可以有多种输入，比如可以连接多种类型热电偶、热电阻，也可连接标准的变送器（输入类型为 1～5V 直流电压）等，相应的也就有许多参数需要设置，比如输入类型、仪表地址、量程等。因此在系统启动时应该正确设置智能调节仪的参数，使其符合需求。

可以在"操作界面"窗口启动初始化仪表参数，因此在"操作界面"的启动脚本里添加以下语句：

（1）！SetDevice（设备 0，6，" write（0BH，33）"）

（2）！SetDevice（设备 0，6，" write（0CH，1）"）

（3）！SetDevice（设备 0，6，" write（0DH，0）"）

（4）！SetDevice（设备 0，6，" write（0EH，50）"）

仪表初始化
组态步骤

其中第 1 个语句设置智能调节仪的输入为 1～5V DC；第 2 个语句设置小数点为 1 位，第 3、第 4 条语句分别设置仪表的显示下限和上限为 0 和 50。具体操作细节，请扫描二维码观看。

四、相关知识

（一）组态与组态软件

在实施工业控制方案的过程中，经常遇到"组态"一词，组态英文是"Configuration"，其意义究竟是什么呢？在组态软件出现之前，每次要实现某一个生产监控任务，都要通过单独编写程序（如使用 BASIC，C 等编程语言）来实现。编写程序不但工作量大、周期长，而且容易犯错误，不能保证工期。

回顾组装电脑的过程，都是事先提供了各种型号的主板、机箱、电源、CPU、显示器、硬盘、光驱等，我们的工作就是用这些部件拼凑成自己需要的电脑。

与此类似，如果将监控软件的功能划分成若干小小模块，比如实时曲线的显示、历史曲线的显示、报警的显示等，并将这些小模块用编程语言事先编写好，那么每当需要对生产进行监控的时候，就可以将这些小模块像组装电脑一样组装起来构成一个功能强大的监控界面。在这里，能够提供各种功能模块的软件就叫做组态软件。

可以看出，"组态（Configure）"的含义就是"配置""设定""设置"等意思，是指用户通过类似"搭积木"的简单方式来完成自己所需的软件功能，而不需要编写计算机程序，也就是所谓的"组态"。

组态软件的出现，使得以往需要几个月的软件编写工作，通过组态几天就可以完成，大大提高了工业控制方案的实施效率。

（二） **MCGS** 组态软件的结构

当前工业组态软件有很多，其中 MCGS 是北京昆仑通态自动化软件科技有限公司研发的一套基于 Windows 平台的，用于快速构造和生成上位机监控系统的组态软件系统，在小规模生产装置的监控领域得到了广泛的应用。通过与其他相关的硬件设备结合，MCGS 可以快速、方便地开发各种用于现场采集、数据处理和控制的设备。用户只需要通过简单的模块化组态就可构造自己的应用系统，如可以灵活组态各种智能仪表、数据采集模块、无纸记录仪、无人值守的现场采集站、人机界面等专用设备。

MCGS 软件系统分为两大部分：MCGS 组态环境和 MCGS 运行环境，其软件结构如图6-3。用户在 MCGS 组态环境中完成动画设计、设备连接、编写控制流程、编制工程打印报表等全部组态工作后，生成扩展名为 .mcg 的工程文件，又称为组态结果数据库；组态好之后，实际的监控动作，如动画显示、报警输出、历史和实时曲线显示等则由运行环境来执行。

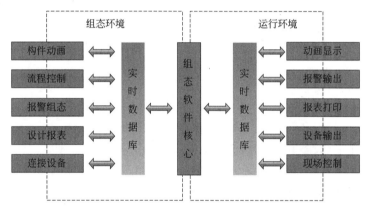

图 6-3　MCGS 组态软件结构

MCGS 组态软件所建立的工程由主控窗口、设备窗口、用户窗口、实时数据库和运行策略五部分构成，如图 6-4，每一部分分别进行组态操作，完成不同的工作，具有不同的特性。

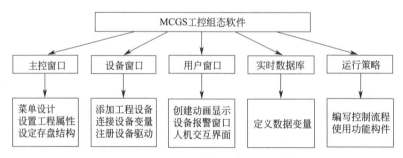

图 6-4　MCGS 的组态窗口及相应功能

（三） **MCGS** 组态软件的工作方式

从图 6-4 可以看出 MCGS 的核心是实时数据库，MCGS 的各项运行机制都与实时数据库紧密相关。

1. MCGS 设备通信的机制

MCGS 通过设备驱动程序与外部设备进行数据交换。包括数据采集和发送设备指令。设备驱动程序是由 VB 程序设计语言编写的 DLL（动态连接库）文件，设备驱动程序中包含符合各种设备通信协议的处理程序，将设备运行状态的特征数据采集进来或发送出去。MCGS 负责在运行环境中调用相应的设备驱动程序，将数据传送到工程中各个部分，完成整个系统的通信过程。每个驱动程序独占一个线程，达到互不干扰的目的。

2. MCGS 动画的运行机制

MCGS 为每一种基本图形元素定义了不同的动画属性，如：一个长方形的动画属性有可见度、大小变化、水平移动等，每一种动画属性都会产生一定的动画效果。所谓动画属性，实际上是反映图形大小、颜色、位置、可见度、闪烁性等状态的特征参数。然而，在组态环境中生成的画面都是静止的，如何在工程运行中产生动画效果呢？方法是：图形的每一种动画属性中都有一个"表达式"设定栏，在该栏中设定一个与图形状态相联系的数据变量，连接到实时数据库中，以此建立相应的对应关系，MCGS 称为动画连接。当工业现场中测控对象的状态（如：储油罐的液面高度等）发生变化时，通过设备驱动程序将变化的数据采集到实时数据库的变量中，该变量是与动画属性相关的变量，数值的变化，使图形的状态产生相应的变化（如大小变化）。现场的数据是连续被采集进来的，这样就会产生逼真的动画效果（如储油罐的液面的升高和降低）。用户也可编写程序来控制动画界面，以达到满意的效果。

3. MCGS 运行流程的控制机制

MCGS 开辟了专用的"运行策略"窗口，建立用户运行策略。MCGS 提供了丰富的功能构件，供用户选用，通过构件配置和属性设置两项组态操作，生成各种功能模块（称为"用户策略"），使系统能够按照设定的顺序和条件，操作实时数据库，实现对动画窗口的任意切换，控制系统的运行流程和设备的工作状态。所有的操作均采用面向对象的直观方式，避免了烦琐的编程工作。

"运行策略"，是用户为实现对系统运行流程自由控制所组态生成的一系列功能块的总称。运行策略的建立，使系统能够按照设定的顺序和条件，操作实时数据库，控制用户窗口的打开、关闭以及设备构件的工作状态，从而实现对系统工作过程精确控制及有序调度管理的目的。

根据运行策略的不同作用和功能，MCGS 把运行策略分为启动策略、退出策略、循环策略、用户策略、报警策略、事件策略、热键策略七种。每种策略都由一系列功能模块组成。

（1）启动策略　启动策略在 MCGS 进入运行时，首先由系统自动调用执行一次。一般在该策略中完成系统初始化功能，如：给特定的数据对象赋不同的初始值，调用硬件设备的初始化程序等，具体需要何种处理，由用户组态设置。

（2）退出策略　退出策略在 MCGS 退出运行前，由系统自动调用执行一次。一般在该策略中完成系统善后处理功能，例如，可在退出时把系统当前的运行状态记录下来，以便下次启动时恢复本次的工作状态。

（3）循环策略　在运行过程中，循环策略由系统按照设定的循环周期自动循环调用，循环体内所需执行的操作由用户设置。由于该策略块是由系统循环扫描执行，故可把大多数关于流程控制的任务放在此策略块内处理，系统按先后顺序扫描所有的策略行，如策略行的条件成立，则处理策略行中的功能块。在每个循环周期内，系统都进行一次上述处理工作。

（4）报警策略　报警策略由用户在组态时创建，当指定数据对象的某种报警状态产生时，报警策略被系统自动调用一次。

（5）事件策略　事件策略由用户在组态时创建，当对应表达式的某种事件状态产生时，事件策略被系统自动调用一次。

（6）热键策略　热键策略由用户在组态时创建，当用户按下对应的热键时执行一次。

（7）用户策略　用户策略是用户自定义的功能模块，根据需要可以定义多个，分别用来完成各自不同的任务。用户策略系统不能自动调用，需要在组态时指定调用用户策略的对象，MCGS 中可调用用户策略的地方有：

① 主控窗口的菜单命令可调用指定的用户策略。

② 在用户窗口内定义"按钮动作"动画连接时，可将图形对象与用户策略建立连接，当系统响应键盘或鼠标操作后，将执行策略块所设置的各项处理工作。

③ 选用系统提供的"标准按钮"动画构件作为用户窗口中的操作按钮时，将该构件与用户策略连接，单击此按钮或使用设定的快捷键，系统将执行该用户策略。

④ 策略构件中的"策略调用"构件，可调用其它的策略块，实现子策略块的功能。

4. MCGS 实现远程多机监控的机制

MCGS 提供了一套完善的网络机制，可通过 TCP/IP 网、Modem 网和串口网将多台计算机连接在一起，构成分布式网络测控系统，实现网络间的实时数据同步、历史数据同步和网络事件的快速传递。同时，可利用 MCGS 提供的网络功能，在工作站上直接对服务器中的数据库进行读写操作。分布式网络测控系统的每一台计算机都要安装一套 MCGS 工控组态软件。MCGS 把各种网络形式，以父设备构件和子设备构件的形式，供用户调用，并进行工作状态、端口号、工作站地址等属性参数的设置。

 思政课堂

工业组态软件是工业自动化控制领域实现人机交互的必不可少的工具。国内知名的组态软件有紫金桥（RealHistorian）、亚控组态王（KingScada）、力控（ForeControl）7.2SP1、杰控（FaMe）、北京昆仑 MCGS 等。国外比较知名的组态软件有 iFix（GE Fanuc）、Intouch（Wonderware）、WinCC（SIEMENS）等。中国拥有全世界数量最多的大学生群体，日后也将拥有世界上最大的工程师群体，因此，放眼未来，全面建成社会主义现代化强国的目标一定能够实现。

任务二　分布式控制系统（DCS）及其应用系统组态

 学习目标

1. 了解 DCS 应用系统组态的基本概念。
2. 了解 JX300-XP DCS 应用系统组态的流程。

一、任务分析

DCS 系统给用户提供的是一个通用的系统组态和运行控制平台，应用系统需要通过工程师站软件组态产生，即把通用系统提供的模块化的功能单元按一定的逻辑组合起来，形成一个完成特定要求的应用系统。本任务旨在利用浙江中控 JX300-XP DCS 系统对原油加热工艺进行 DCS 组态。为顺利完成该应用系统的组态，首先需要：

（1）课前结合项目任务书，阅读本任务的"相关知识"章节以及其他相关资料，了解 DCS 应用系统组态的基本概念、大致流程、JX-300XP DCS 的结构与组成。

通过本次任务实施，要求学生完成相应的学习目标，达到以下技能：

① 能分析原料油加热工艺流程，明确系统的控制回路、控制方案；

② 能进行简单组态并在实时监控画面中模拟运行加热炉工艺流程。

（2）通过小组共同参与，增加学生的人际沟通能力、团队协作能力。

任务实施，提升独立思考、自主学习能力以及人际沟通、团队协作能力。

二、案例引入

（一）原料油加热工艺流程

加热炉是化工生产中的一种常见设备。对于加热炉，工艺介质受热升温或同时进行汽化，其温度的高低直接影响后一工序的操作工况和产品质量。当加热炉温度过高时，会使物料在加热炉里分解，甚至会造成结焦而发生事故，因此，一般加热炉的出口温度都需要严加控制。

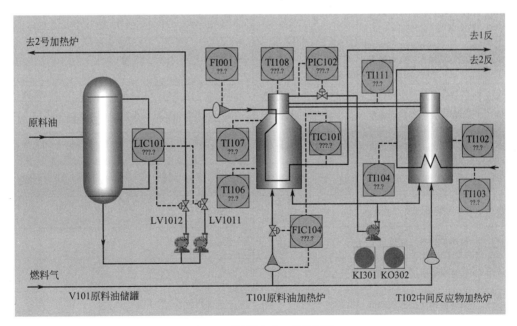

图 6-5　原料油加热工艺流程图

本任务就是给某原料油加热工艺（见图 6-5）进行 JX-300XP DCS 监控组态。该工艺将原料油从 V101 原料油储罐泵送至 T101 原料油加热炉进行加热，加热介质燃料气从底部进入 T101 和中间反应物加热炉 T102。T101 的出口温度控制精度要求较高，因此其控制方案采用了出口温度-燃料气进料流量串级控制，同时采用 PIC102 控制回路控制 T101 的烟气压力。此外原料油储罐液位调节采用分程控制，分程点为 50%，当控制输出信号小于 50% 时，LV1011 接受控制，大于 50% 时，LV1012 接受控制。

（二）项目硬件选型及组态设计

1. 测点清单

经过仔细分析，该工艺涉及的 I/O 点共有 18 个，其中模拟量 I/O 测点 16 个，数字量 I/O 测点 2 个，测点具体信息及组态要求见表 6-2。

表 6-2 I/O 点清单

位号	注释	类型	说明	信号/ON 描述	测量范围/OFF 描述	单位	报警
PI102	原料加热炉烟气压力	AI	不配电冗余	4～20mA	−100～0	Pa	90% 高报
LI101	原料油储罐液位	AI	不配电冗余	4～20mA	0～100	%	100% 高高报
FI104	加热炉燃料气流量	AI	不配电冗余	4～20mA	0～500	m³/h	下降速度10%/秒报警
FI001	加热炉原料油流量	AI	不配电累积:KM3	4～20mA	0～500	m³/h	SV:250+DV:40 报警
TI106	原料加热炉炉膛温度	AI	热电偶冗余	K	0～600	℃	上升速度10%/秒报警
TI107	原料加热炉辐射段温度	AI	热电偶冗余	K	0～1000	℃	10% 低报
TI102	反应物加热炉炉膛温度	AI	热电偶冗余	K	0～600	℃	SV:300+DV:100 报警−DV:80 报警
TI103	反应物加热炉入口温度	AI	热电偶	K	0～400	℃	SV:300+DV:30 报警−DV:20 报警
TI104	反应物加热炉出口温度	AI	热电偶	K	0～600	℃	90% 高报
TI108	原料加热炉烟囱段温度	AI	热电偶	E	0～300	℃	下降速度15%/秒报警
TI111	原料加热炉热风道温度	AI	热电偶	E	0～200	℃	上升速度15%/秒报警
TI101	原料加热炉出口温度	AI	热电阻	PT100冗余	0～600	℃	90% 高报
PV102	加热炉烟气压力调节	AO	正输出冗余	4～20mA			
FV104	加热炉燃料气流量调节	AO	正输出冗余	4～20mA			
LV1011	原料油罐液位 A 阀调节	AO	正输出冗余	4～20mA			
LV1012	原料油罐液位 B 阀调节	AO	正输出冗余	4～20mA			
KI301	泵开关指示	DI	常闭;触点型	启动	停止		
KO302	泵开关操作	DO	常开	开	关		频率大于 2 秒报警,延时 3 秒

2. 卡件选型及测点分配

I/O 清单整理好之后，就可以根据该清单选择卡件，并将各 I/O 点合理地分配到若干卡件中。关于 I/O 点的分配，一般应遵循以下工程经验。

（1）对于不同类型的热电偶信号，一般建议在有条件的情况下采用不同的卡件进行采集。本项目中，TI106、TI107、TI102、TI103、TI104 采用 K 型热电偶采集，TI108、TI111 采用 E 型热电偶采集，因此应该分配在不同卡件中。

（2）考虑到安全性，参与控制的输入点和输出点，应采用冗余配置。因此 TI101、PI102、LI101、FI104 和 PV102、FV104、LV1011、LV1012 都应冗余配置。

（3）要求冗余的点和不冗余的点不能分配在同一张卡件上。因此，虽然 TI106、TI107、TI102、TI103、TI104 都是采用 K 型热电偶采集，但 TI106、TI107、TI102 冗余配置，应放在同一块卡件中，而 TI103、TI104 非冗余配置，则应放在另外一块卡件中。同理，PI102、LI101、FI104、FI001 信号类型相同，但 PI102、LI101、FI104 要求冗余配置，FI001 非冗余配置，就不能放在同一块卡件中。

（4）考虑到信号的质量，建议配电和不配电的信号分别采用不同的卡件采集，尽量不要集中在一块卡件上。

（5）相同类型的卡件，尽量集中在一起安装在机笼中。

（6）冗余卡件在 I/O 机笼中的地址必须为偶数。

根据以上规则，结合 JX-300XP 各卡件特性，做出表 6-3 所示卡件分配方案。

表 6-3　卡件选型及测点分配方案

卡件地址	卡件型号	卡件通道							
		00	01	02	03	04	05	06	07
00	XP314(I)	TI108	TI111	备用	备用	备用	备用		
01	XP314(I)	TI103	TI104	备用	备用	备用	备用		
02	XP314(I)	TI106	TI107	TI102	备用	备用	备用		
03	XP314(I)	TI106	TI107	TI102	备用	备用	备用		
04	XP316(I)	TI101	备用	备用	备用				
05	XP316(I)	TI101	备用	备用	备用				
06	XP313(I)	PI102	LI101	FI104	备用	备用	备用		
07	XP313(I)	PI102	LI101	FI104	备用	备用	备用		
08	XP313(I)	FI001	备用	备用	备用	备用	备用		
09	XP000								
10	XP322	PV102	FV104	LV1011	LV1012				
11	XP322	PV102	FV104	LV1011	LV1012				
12	XP000								
13	XP363	KI301	备用	备用	备用	备用	备用	备用	备用
14	XP362	KO302	备用	备用	备用	备用	备用	备用	备用
15	XP000								

从测点清单可以看出，系统控制站规模不大，一个控制站（需一对冗余配置的主控卡）、一个 I/O 机笼（需一对冗余配置的数据转发卡）即可。一个 I/O 机笼中可以插放 16 块 I/O 卡件，本例中只需要 12 块卡件，剩余的 3 个空槽位需要配上空卡（即表 6-3 中的 XP000）。相应的，硬件配置上需要配一个机柜、一个电源箱机笼、两只互为冗余的电源模块。此外系统至少需配置一台操作站、工程师站。

根据实际要求，系统的配置如表 6-4 即可满足要求，主控卡采用 XP243X，相应的数据转发卡为 XP233，均冗余配置，工程师站和操作站各一个。

表 6-4　系统配置

类型	数量	IP 地址	备注
控制站	1	02	主控卡和数据转发卡均冗余配置 主控卡注释：1♯机柜 数据转发卡注释：1♯机笼
工程师站	1	129	注释：ES129
操作站	1	130	注释：OS130

三、任务实施：原料油加热炉工艺的 JX-300XP 监控组态操作

本工艺流程采用浙江中控的 JX-300XP DCS 进行监控，组态软件为 Advantrol Pro 2.65，浙江中控为该软件提供了免费的学习版。

图 6-6 为 JX-300XP 的组态流程，其中总体信息设置规定了 DCS 系统的控制站、操作站类型、个数，是否冗余配置、操作小组设置、系统用户设置等信息。设置好总体信息之后，先进行控制站组态，即图 6-6 中"主控卡设置"这一分支内容的设置。控制站组态完成之后，再进行操作站组态，包括各种画面的设置、报表组态等。

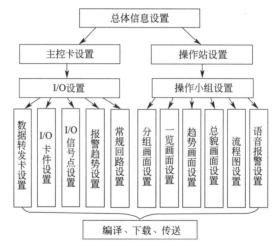

图 6-6　组态流程

1. 新建组态工程

第一步新建组态工程名为"加热炉工艺"。新建完组态工程后，系统会生成"加热炉工艺.sck"的组态文件，同时，在同一个目录下系统会自动地生成一个名为"加热炉工艺"文件夹。该文件夹内有多个子文件夹，其中几个比较重要的文件夹及其作用为：Flow——存放流程图文件；Control——存放图形化编程文件；Run——存放运行和编译相关信息；Report——存放报表文件；Security——存放用户权限相关信息；FlowPopup——存放弹出式流程图文件。具体操作步骤，请扫描二维码观看。

新建组件工程

2. 总体信息设置

JX-300XP 中可以设置多个操作小组，设置操作小组的意义在于不同的操作小组可观察、设置、修改不同的标准画面、流程图、报表等。所有这些操作站组态内容并不是每个操作站都需要查看，在组态时选定操作小组后，在各操作站组态画面中设定该操作站关心的内容，这些内容可以在不同的操作小组中重复选择。

完善的用户管理系统在 DCS 中非常重要，对用户设定不同的级别和操作权限，可追溯、分析用户的操作行为，保障系统安全。JX-300XP 中，一个用户关联一个角色，用户的所有权限都来自于其关联的角色，角色的权限细分为：功能权限、数据权限、特殊位号、自定义权限、操作小组权限。可设置的角色等级分成 8 级，分别为：操作员－、操作员、操作员＋、工程师－、工程师、工程师＋、特权－、特权。只有超级用户 admin 才能进行用户授权设置，其他用户均无权修改权限，工程师及工程师以上级别的用户可以修改自己的密码。admin 的用户等级为特权＋，权限最大，默认密码为 supcondcs。

本次任务设置两个操作小组，分别为工程师组和操作组。系统配置、用户授权设置如表6-4、表 6-5 所示。

表 6-5　用户授权设置

角色等级	角色名称	用户名	用户密码	相应权限	
特权	特权	系统维护	1111	系统默认权限	所有操作小组
工程师＋	工程师正	工程师	1111	系统默认权限	所有操作小组
操作员	操作员	操作员	1234	系统默认权限	操作组

具体操作可扫描二维码观看。

3. 控制站 I/O 组态

（1）模拟量输入信号的设置　对于模拟量输入信号，控制站根据信号特征及用户设定的要求做一定输入处理。处理流程如图 6-7 所示。

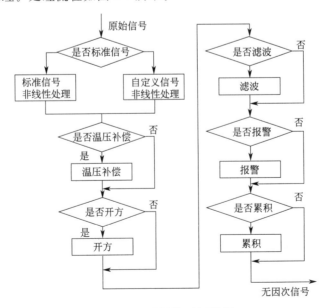

图 6-7　控制站信号处理流程

　　图 6-8 为组态时模拟量输入参数组态界面。其中，"折线表"对应图 6-7 的"自定义信号非线性处理"，控制站调用用户为该信号定义的折线表处理方案即可进行非线性处理。

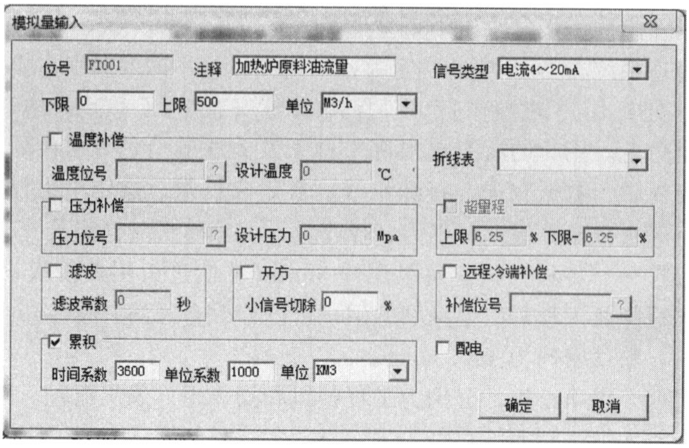

图 6-8　模拟量输入参数设置对话框

　　"温度补偿""压力补偿""开方"对应于图 6-7 中温压补偿、开方操作，一般用于对流量计（如孔板流量计）送来的流量信号进行补偿或校正，使得流量测量更加精确。

　　当信号点所取信号是累积量时，比如累积流量，则可选中"累积"复选框，在时间系数项、单位系数项中填入相应系数，计算方法见后；在单位项中填入所需累积单位，软件提供部分常用单位，亦可根据需要自定义单位。时间系数与单位系数的计算方法如下：

　　工程单位：单位 1/时间 1

　　累积单位：单位 2

　　时间系数＝ 时间 1/秒

　　单位系数＝ 单位 2/单位 1

　　"滤波"项可降低信号的高频噪声，滤波系数越小，滤波结果越平稳，但是灵敏度越低；滤波系数越大，灵敏度越高，但是滤波结果越不稳定。

　　"超量程项"当主控卡为 XP243X 时无效；当信号点所取信号为热电偶信号时，如需要对测点进行现场冷端补偿，则可选中远程冷端补偿复选框，将打开后面的补偿位号项，点中补偿位号项后面的 ? 按钮，此时会弹出位号选择对话框，从中选择补偿所需温度信号的位号"远程冷端补偿"项。

　　"配电"项意为是否由卡件对与其相连的变送器提供电源，如是则应勾选，否则变送器应单独另配电源。

　　模拟量输入信号的报警可选择以百分数还是工程实际值设置报警值，其类型有：超限报警、偏差报警、变化率报警三种。

　　① 超限报警设置　其中"优先级"：设置报警的优先级，分为 0～9 共 10 级，0 级最高，9 级最低。

　　死区：对于高限和高高限报警，当位号值大于等于报警限值时，产生相应报警；当位号值小于（报警限值--死区值）时，报警消除。对于低限和低低限报警，当位号值小于等于限值时将产生相应的报警，当位号值大于（限值＋死区值）时报警消除。

② 偏差报警设置

高偏：设置高偏报警的高偏值。当位号值大于等于（跟踪值＋高偏值）时将产生高偏报警；当位号值小于（跟踪值＋高偏值－死区值）时高偏报警消除。

低偏：设置低偏报警的低偏值。当位号值小于等于（跟踪值－低偏值）时将产生低偏报警，当位号值大于（跟踪值－低偏值＋死区值）时低偏报警消除。

跟踪值：设置偏差报警的跟踪值。

跟踪位号：设置偏差报警的跟踪位号。

延时：设置报警生效的持续时间。当报警发生持续超过延时设定的时间值后，报警进入记录与显示。若报警发生没有持续到延时设定的时间值就已消除，则该条报警视为无效，不予记录与显示。

③ 变化率报警设置

上升：设置超速上升报警的变化率。当位号值上升变化率（位号的秒变化值）大于等于设定的上升变化率时将产生变化率报警，反之报警消除

下降：设置超速下降报警的变化率。当位号值下降变化率（位号的秒变化值）大于等于设定的下降变化率时将产生变化率报警，反之报警消除。

延时：设置报警生效的持续时间。当报警发生持续超过延时设定的时间值后，报警进入记录与显示。若报警发生没有持续到延时设定的时间值就已消除，则该条报警视为无效，不予记录与显示。

以上三种报警都有弹出式报警功能，是指当满足弹出属性的报警产生后，在监控的屏幕中间会弹出报警提示窗，样式与光字牌报警列表相仿，包括确认和设置等功能。设置方法即将需要设置弹出式报警位号的报警属性中该项打上勾。

（2）模拟量输出信号的设置　对于模拟量输出信号，主要有"输出特性"和"信号类型"两个参数需要设置。"输出特性"指的是控制器的作用方式，如控制器为正作用则"输出特性"应为正作用，否则应选"反作用"。

"信号类型"项选择Ⅲ型时为4～20mA DC；Ⅱ型则为0～10mA DC，Ⅱ型当前基本已经不再使用。

（3）数字量信号的设置　开入/开出信号都是数字信号，两种信号点的设置组态基本一致。

"状态"：打勾表示为常开；

端子：打勾表示该点为有源；

开/关状态表述（ON/OFF状态描述、ON/OFF颜色）：此功能组共包含四项，分别对开关量信号的开（ON）/ 关（OFF）状态进行描述和颜色定义。

开关量的报警有状态报警和频率报警两种。

① 状态报警

ON报警/OFF报警：选择是ON状态报警还是OFF状态报警。

延时：设置报警生效的持续时间。当报警发生持续超过延时设定的时间值后，报警进入记录与显示。若报警发生没有持续到延时设定的时间值就已消除，则该条报警视为无效，不予记录与显示。

优先级：设置报警优先级。优先级分成0～10级。

② 频率报警

最小跳变周期：设定脉冲最小周期值（即最大脉冲频率），当脉冲周期小于此设定值时将产生报警。设定值应大于 10。

延时：用于设置延时时间。当报警产生时，在延迟的时间内没有消失则进行报警，否则不进行报警。

优先级：设置报警优先级。优先级分成（0～10）级。

两种类型报警弹出都是指当满足弹出属性的报警产生后，在监控的屏幕中间会弹出报警提示窗，样式与光字牌报警列表相仿，包括确认和设置等功能。设置方法即将需要设置弹出式报警位号的报警属性中该项打上勾。

本项目的控制站组态操作，请扫描二维码观看。

I/O 组态操作视频

4. 控制方案组态

I/O 组态完毕以后，接下来需要考虑系统中有无一些需要控制的信号和要求，如有，需要用控制方案组态来实现。控制方案的组态分为：常规控制方案组态和自定义控制方案组态。

组态软件提供了一些常规的控制方案，对一般要求的常规控制，基本都能满足要求。这些控制方案易于组态，操作方便，且实际运用中控制运行可靠、稳定，因此对于无特殊要求的常规控制，建议采用系统提供的控制方案，而不必用户自定义。本任务的控制回路见表6-6，均可利用常规控制方案组态完成。

本工艺中，T101 的出口温度控制方案采用了出口温度-燃料气进料流量串级控制，同时采用 PIC102 控制回路控制 T101 的烟气压力。原料油储罐液位调节采用分程控制，分程点为 50%，当控制输出信号小于 50% 时，LV1011 接受控制，大于 50% 时，LV1012 接受控制，为接力型开-开分程控制。

控制方案组态操作

表 6-6　控制方案设置信息

序号	控制方案注释、回路注释		回路位号	控制方案	PV	MV
00	原料油罐液位控制		LIC101	单回路分程	LI101	LV1011 LV1012
01	加热炉烟气压力控制		PIC102	单回路	PI102	PV102
02	加热炉出口 温度控制	加热炉燃料流量控制	FIC104	串级内环	FI104	FV104
		加热炉出口温度控制	TIC101	串级外环	TI101	

具体组态操作，可扫描二维码观看。

5. 区域设置

区域设置是对系统进行区域划分，将其划分为组和区。包括创建、删除分组分区以及修改分组描述与分区名称缩写。其中 0 组及各组的 0 区不能被删除，删除数据组的同时将删除其下属的数据分区。

数据分区包含一部分相关数据的共有特性：报警，可操可见，数据组主要将数据分流过滤，使操作站只关心相关数据，减少负荷。同时，数据组的划分可实现服务器－客户端的模式。本项目需要实现 2 个数据组，5 个数据分区，见表6-7。

表 6-7　数据分组分区

数据分组	数据分区	位号
工程师	温度	所有温度输入信号
	压力	所有压力输入信号
	流量	所有流量输入信号
	液位	所有液位输入信号
	开关量	所有开关量输入输出信号
操作员		

数据分组分区具体操作，请扫描二维码观看。

6. 光字牌设置

光字牌用于显示光字牌所表示的数据区的报警信息。根据数据位号分区情况，在实时监控画面中将同一数据分区内的位号所产生的报警集中显示。通过闪烁的方式及时提醒操作人员某个区域发生报警。本任务的光字牌如表 6-8 所示，具体操作请扫描二维码观看。

光字牌设置

表 6-8　光字牌组态信息

序号	操作小组名称	光字牌名称及对应分区
00	工程师组	温度:对应温度数据分区 压力:对应压力数据分区 流量:对应流量数据分区 液位:对应液位数据分区 开关量:对应开关量数据分区
01	操作组	

7. 分组、一览、趋势画面设置

分组画面组态是对实时监控状态下分组画面里的仪表盘的位号进行设置；一览画面在实时监控状态下可以同时显示多个位号的实时值及描述；趋势画面组态用于完成实时监控趋势画面的设置。这三个操作画面都是系统的标准画面。本项目的分组画面、一览画面和趋势画面组态信息分别参见表 6-9～表 6-11。

分组、一览与趋势设置

表 6-9　分组画面组态信息

页码	页标题	内容
1	常规回路	PIC102、FIC104、TIC101
2	开关量	KI301、KO302
3	原料加热炉参数	PI102、FI104、TI106、TI107、TI108、TI111、TI101

表 6-10　一览画面组态信息

页码	页标题	内容
1	数据一览	PI102、FI104、TI106、TI107、TI108、TI111、TI101

表 6-11　趋势画面组态信息

页码	页标题	内容	趋势设置中的坐标显示方式
1	温度	TI101、TI102、TI103、TI104、TI106、TI107、TI108、TI111	百分比
2	压力	PI102	百分比
3	流量	FI001、FI104	工程量
4	液位	LI101	工程量

趋势画面组态时要求每页趋势跨度时间为 0 天 0 小时 2 分 0 秒，要求每行显示位号 4 个，每个位号显示位号描述、位号名、量程。上述三个画面的组态操作，请扫描二维码观看。

8. 流程图画面设置

流程图绘制操作

流程图组态是对实时监控状态下流程图画面里的流程图进行设置。流程图画面是标准画面之一。本项目要求创建一个名称为"原料加热炉流程图"的流程图文件，其文件类型为".dsg"，并绘制图 6-6 所示的原料油加热工艺流程图。具体操作过程，请扫描二维码观看。

9. 报表设置

在工业控制系统中，报表是一种十分重要且常用的数据记录工具。它一般用来记录重要的系统数据和现场数据，以供工程技术人员进行系统状态检查或工艺分析。

传统的工业控制中，报表由操作工记录完成。对于 JX-300XP 系统，数据报表的生成则可以根据一定的配置由 SCFormEx 软件自动生成，制作完成的报表文件应保存在系统组态文件夹下的 Report 子文件夹中。

本项目中要求完成表 6-12 所示的报表，要求每个整点记录一次数据（例 8：00：00、9：00：00），记录数据为 TI106、TI107、TI108、TI101，报表中的数据记录到其真实值后面一位小数，采用重置记录，时间格式为××：××：××，每天 8：00 和 18：00 点输出报表。报表名称及页标题均为班报表，字体均采用宋体，四号字。

表 6-12　原料加热工艺报表格式

原料加热炉报表（班报表）								
班_组_ 组长_ 记录员_ _ 年_月_日								
时间								
内容	描述	数据						
TI106	……							
TI107	……							
TI108	……							
TI101	……							

报表的制作大致分为下面两个部分。

（1）静态表格格式的设置　制作报表的第一步就是制作报表格式。可以通过报表软件提供的各种表格制作工具、文字工具和图形工具等，达到报表的实用和美观效果。

（2）报表数据的组态　报表数据组态主要通过报表制作界面的"数据"菜单及填充功能来完成。组态包括事件定义、时间引用、位号引用、报表输出、填充五项，主要是通过对报表事件的组态，将报表与 SCKey 组态的 I/O 位号、二次变量以及监控软件 AdvanTrol 等相关联，使报表充分适应现代工业生产的实时控制需要。

报表组态操作

① 事件定义用于设置数据记录、报表产生的条件，系统一旦发现事件信息被满足，即记录数据或触发产生报表。SCFormEx 软件内置了许多事件函数，事件定义中使用事件函数设置数据记录条件或设置报表产生及打印的条件，系统一旦发现组态信息被满足，即触发数据记录或产生并且打印报表。表达式所表达的事件结果必须为布尔值。用户填写完表达式后，回车予以确认。

② 时间引用用于设置一定事件发生时的时间信息。时间量记录了某事件发生的时刻，

在进行各种相关位号状态、数值等记录时，时间量是重要的辅助信息。

③ 在位号量组态中，用户必须对报表中需要引用的位号进行组态，以便能在事件发生时记录各个位号的状态和数值。

④ 报表输出用于定义报表输出的周期、精度以及记录方式和输出条件等。

⑤ 填充是用来产生一串相关联的数据，如位号、数值、日期等。

10. 总貌画面设置

系统总貌画面是各个实时监控操作画面的总目录，主要用于显示过程信息，或作为索引画面，进入相应的操作画面。本项目需要设置的总貌画面信息如表 6-13 所示。

总貌画面设置
视频扫一扫

表 6-13　总貌画面组态信息

页码	页标题	内容
1	索引画面 （待画面完成后添加）	索引：原料加热炉操作小组流程图、分组画面、趋势画面、一览画面的所有页面
2	原料加热炉参数	所有原料加热炉相关 I/O 数据实时状态

具体的设置操作，可扫描二维码观看。

四、相关知识：　DCS 的基本特征

1. DCS 是一个分层次的网络化系统

最简单的 DCS 也包括现场控制站、操作员站和工程师站。现场控制站位于最下层，叫做现场控制层，该层实现对现场工艺参数的自动控制；操作员站和工程师站分别实现对生产过程的监控和工艺组态等功能，位于现场控制站的上层，一般称为监控层，两层之间通过网络连接。

此外，正如前述，也可以再增加一层管理层，通过网络与监控层和现场控制层相连，以实现企业的综合自动化。

2. DCS 具有分散控制、集中操作管理的特点

DCS 对回路的控制是分散在 n 个控制站中的，一个控制站控制若干个回路，从而降低控制站失效带来的大事故；而所有的生产数据则可以通过网络集中到少数几台操作员站中，这样可以方便生产操作人员监控生产，提高操作效率，减少工艺操作人员。正因为 DCS 具有集中操作管理、分散控制的特点，所以虽然 DCS 是 Distributed Control System（分布式控制系统）的缩写，国内工业控制界依然更习惯称之为集散控制系统。

3. 热冗余技术是 DCS 高可靠性的基本保障

高可靠性是现代化化工生产的生命线，DCS 之所以在当前成为化工生产最重要的控制系统，除了将回路分散在若干个控制站中以外，最重要的是其采用了热冗余技术。系统的所有卡件、网络等组成部分都可以实现热冗余配置，这样在卡件出现故障时，备用卡件可以无扰动地顶替故障卡件的工作，并在不停机的情况下，更换故障卡件。

 思政课堂

自动化产业是国民经济中工业生产装置的大脑和神经中枢，虽然其在工业生产总值中的

比重很小，却能撬动整个国民经济的发展。在美国，自动化产业占 GDP 的 4％，但它影响和带动了 66％ 的总产值。"以信息化带动工业化"，恰当的解释是"以信息化促进自动化，以自动化带动工业化"。如果一个企业没有采用先进的自动化技术，其产品的质量和产量将无法保证，通过信息化实现产品升级、高效管理也将成为空谈，企业将无法参与现代市场竞争。因此，没有强大的民族自动化产业，就不可能有发达的民族工业，同时民族工业的战略安全也得不到保障。

在这样的背景下，当时年仅 30 岁、刚刚从日本京都大学博士毕业回国的褚健教授与金建祥教授等几名血气方刚的年轻教师一起，以 20 万元起家，在不足 80 平方米的两间教室里创立了浙江大学工业自动化公司（浙大中控的前身）。

浙大中控总是认真地做好每一次招投标工作。浙江大学副校长、中控集团董事长褚健说："只要中控一介入，外商的标的价格就会大幅度下降。哪怕不能中标，只要参与，就是对民族工业的贡献。"多年的辛苦，终于换来了在自动化系统名扬全国的品牌——"浙大中控"和"中控"，也换来了在国际同行中有一定影响力的品牌——"SUPCON"。

在南京举办的第二届世界智能制造大会上，褚健老师亲自发布了中控面向未来的工业操作系统——supOS。褚老师形象地为 supOS 做了比喻：它就是工业领域的安卓系统，华为、小米做国产手机安卓，那么，中控就做国产工业的安卓，它的出现，将彻底改变传统工业的运营方式。

（摘自：褚健：一位科学家的创业史．经济网．2021-12-14）

项目七
复杂生产工艺流程分析DCS仿真操作

任务一　带控制点乙醛氧化制醋酸生产工艺流程图分析

 学习目标

1. 熟悉乙醛氧化制醋酸生产工艺；
2. 熟悉乙醛氧化制醋酸带有控制点的工艺流程图。

一、任务分析

（1）通过课前预习相关参考资料以及项目任务书，了解乙醛氧化制醋酸生产工艺相关知识内容，熟悉工艺流程。

（2）通过课前预习，总结乙醛氧化制醋酸生产工艺流程有哪些为工艺控制点，工艺控制如何实现。

（3）课上实行教学做一体，选择一套乙醛氧化制醋酸装置，根据项目情景，要求学生现场完成乙醛氧化制醋酸带有控制点的工艺流程图的分析与绘制，通过本任务实施，要求学生完成相应的学习目标，达到以下技能：

① 能总结乙醛氧化制醋酸生产工艺；

② 能正确分析、绘制带有控制点的乙醛氧化制醋酸工艺流程图；

③ 能总结乙醛氧化制醋酸的主要工艺控制点。

（4）通过小组共同参与，增加学生的人际沟通能力，团队协作能力。

二、任务实施

乙醛氧化制醋酸工艺流程图如图 7-1～图 7-3 所示。

1. 各项工艺操作指标分析

各项工艺操作指标分析见表 7-1。

表 7-1　各项工艺操作指标分析

序号	名称	仪表信号	单位	控制指标	备注
1	T101 压力	PIC109A/B	MPa	0.19 ±0.01	
2	T102 压力	PIC112A/B	MPa	0.1 ±0.02	
3	T101 底温度	TI103A	℃	77 ±1	

序号	名称	仪表信号	单位	控制指标	备注
4	T101 中温度	TI103B	℃	73 ±2	
5	T101 上部液相温度	TI103C	℃	68 ±3	
6	T101 气相温度	TI103E	℃	与上部液相温差大于 13℃	
7	E102 出口温度	TIC104A/B	℃	60 ±2	
8	T102 底温度	TI106A	℃	83 ±2	
9	T102 温度	TI106B	℃	85～70	
10	T102 温度	TI106C	℃	85～70	
11	T102 温度	TI106D	℃	85～70	
12	T102 温度	TI106E	℃	85～70	
13	T102 温度	TI106F	℃	85～70	
14	T102 温度	TI106G	℃	85～70	
15	T102 气相温度	TI106H	℃	与上部液相温差大于 15℃	
16	T101 液位	LIC101	%	35 ±15	
17	T102 液位	LIC102	%	35 ±15	
18	T101 加氮量	FIC101	m³/h	150 ±50	
19	T102 加氮量	FIC105	m³/h	75 ±25	

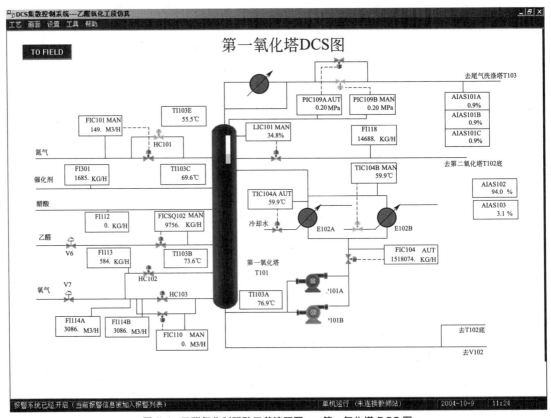

图 7-1　乙醛氧化制醋酸工艺流程图——第一氧化塔 DCS 图

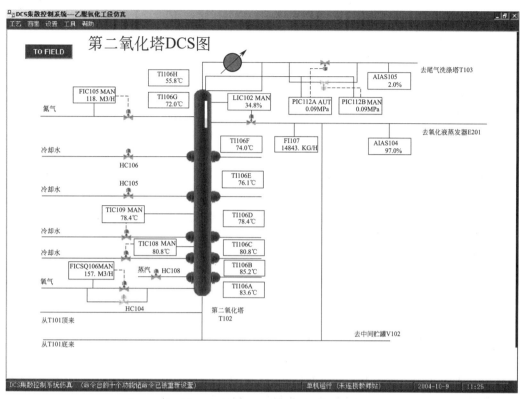

图 7-2　乙醛氧化制醋酸工艺流程图——第二氧化塔 DCS 图

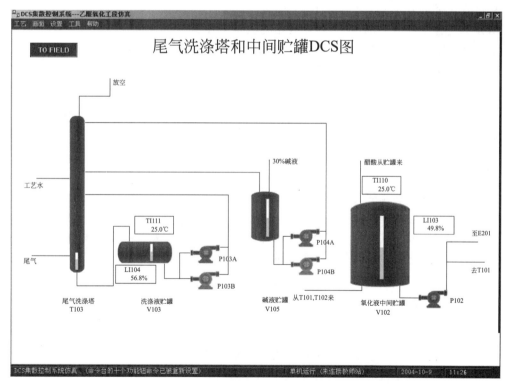

图 7-3　乙醛氧化制醋酸工艺流程图——尾气洗涤塔和中间贮罐 DCS 图

2. 主要控制对象分析

（1）第一氧化塔　塔顶压力 0.18~0.2MPa（表），由 PIC109A/B 控制。

循环比（循环量与出料量之比）为 110~120 之间，由循环泵进出口跨线截止阀控制，由 FIC104 控制，液位 35%±15%，由 LIC101 控制。

满负荷进醛量为 9.77t 乙醛/h，由 FICSQ102 控制，根据经验最低投料负荷为 66%，一般不许低于 60% 负荷，投氧不许低于 1500m³/h。

满负荷进氧量设计为 2684m³/h（标准状态）由 FRCSQ103 来控制。进氧、进醛配比为氧：醛=0.35~0.4（质量），根据分析氧化液中含醛量，对氧配比进行调节。氧化液中含醛量一般控制为 $(3~4)×10^{-2}$（质量）。

上下进氧口进氧的配比约为 3.2：6.8（1：2）。

塔顶气相温度控制与上部液相温差大于 13℃，主要由充氮量控制。

塔顶气相中的含氧量小于 $5×10^{-2}$（<5%），主要由充氮量控制。

塔顶充氮量根据经验一般不小于 80m³/h，由 FIC101 调节阀控制。

循环液（氧化液）出口温度 TI103F 为 60℃±2℃，由 TIC104 控制 E102 的冷却水量来控制。

塔底液相温度 TI103A 为 77℃±1℃，由氧化液循环量和循环液温度来控制。

（2）第二氧化塔（T102）　塔顶压力为 0.1MPa±0.05MPa，由 PIC112A/B 控制。

液位 35%±15%，由 LIC102 控制。

进氧量：0~160m³/h，由 FICSQ106 控制。根据氧化液含醛量调节。

氧化液含醛量为 $0.3×10^{-2}$ 以下。

塔顶尾气含氧量小于 $5×10^{-2}$，主要由充氮量来控制。

塔顶气相温度 TI106H 控制与上部液相温差大于 15℃，主要由氮气量来控制。

塔中液相温度主要由各节换热器的冷却水量来控制。

塔顶 N_2 流量根据经验一般不小于 60m³/h（标准状态）为好，由 FIC105 控制。

（3）洗涤液罐　V103 液位控制 10%~75%，含酸大于 $80×10^{-2}$ 就送往蒸馏系统处理。送完后，加盐水至液位 35%。

三、相关知识

（一）乙醛氧化制醋酸生产方法及工艺路线

生产方法及反应机理如下。

乙醛首先氧化成过氧醋酸，而过氧醋酸很不稳定，在醋酸锰的催化下发生分解，同时使另一分子的乙醛氧化，生成两分子醋酸。氧化反应是放热反应。

$$CH_3CHO+O_2 \longrightarrow CH_3COOOH$$
$$CH_3COOOH+CH_3CHO \longrightarrow 2CH_3COOH$$

在氧化塔内，还有一系列的氧化反应。

乙醛氧化制醋酸的反应机理一般认为可以用自由基的链锁反应机理来进行解释，常温下乙醛就可以自动地以很慢的速度吸收空气中的氧而被氧化生成过氧醋酸，过氧醋酸以很慢的速度分解生成自由基。

自由基引发一系列的反应生成醋酸。但过氧醋酸是一个极不安定的化合物，积累到一定程度就会分解而引起爆炸。因此，该反应必须在催化剂存在下才能顺利进行。催化剂的作用是将乙醛氧化时生成的过氧醋酸及时分解成醋酸，而防止过氧醋酸的积累、分解和爆炸。

（二）工艺流程简述

1. 装置流程简述

醋酸氧化精制工段总流程图如图 7-4 所示。本装置反应系统采用双塔串联氧化流程，乙醛和氧气首先在全返混型的反应器——第一氧化塔 T101 中反应（催化剂溶液直接进入 T101 内），然后到第二氧化塔 T102 中再加氧气进一步反应，不再加催化剂。一塔反应热由外冷却器移走，二塔反应热由内冷却器移除，反应系统生成的粗醋酸进入蒸馏回收系统，制取成品醋酸。

蒸馏采用先脱高沸物，后脱低沸物的流程。

粗醋酸经氧化液蒸发器 E201 脱除催化剂，在高沸塔 T201 中脱除高沸物，然后在低沸塔 T202 中脱除低沸物，再经过成品醋酸蒸发器 E206 脱除铁等金属离子，得到产品醋酸。

从低沸塔 T202 顶出来的低沸物去脱水塔 T203 回收醋酸，含量 99% 的醋酸又返回精馏系统，塔 T203 中部抽出副产物混酸，T203 塔顶出料去甲酯塔 T204。甲酯塔塔顶产出甲酯，塔釜排出废水去中和池处理。

2. 氧化系统流程简述

乙醛和氧气按配比流量进入第一氧化塔（T101），氧气分两个入口入塔，上口和下口通氧量比约为 1:2，氮气通入塔顶气相部分，以稀释气相中氧和乙醛。

乙醛与催化剂全部进入第一氧化塔，第二氧化塔不再补充。氧化反应的反应热由氧化液冷却器（E102）移去，氧化液从塔下部用循环泵（P101）抽出，经过冷却器（E102）循环回塔中，循环比（循环量:出料量）约 110~120。冷却器出口氧化液温度为 60℃，塔中最高温度为 75~78℃，塔顶气相压力 0.2MPa（表），出第一氧化塔的氧化液中醋酸浓度在 $(92\sim94)\times10^{-2}$，从塔上部溢流去第二氧化塔（T102）。

第二氧化塔为内冷式，塔底部补充氧气，塔顶也加入保安氮气，塔顶压力 0.1MPa（表），塔中最高温度约 85℃，出第二氧化塔的氧化液中醋酸含量为 $(97\sim98)\times10^{-2}$。

第一氧化塔和第二氧化塔的液位显示设在塔上部，显示塔上部的部分液位。

出氧化塔的氧化液一般直接去蒸馏系统，也可以放到氧化液中间贮罐（V102）暂存。中间贮罐的作用是：正常操作情况下做氧化液缓冲罐，停车或事故时存氧化液，醋酸成品不合格需要重新蒸馏时，由成品泵（P402）送来中间贮存，然后用泵（P102）送蒸馏系统回炼。

两台氧化塔的尾气分别经循环水冷却的冷却器（E101）中冷却，凝液主要是醋酸，带少量乙醛，回到塔顶，尾气最后经过尾气洗涤塔（T103）吸收残余乙醛和醋酸后放空，洗涤塔采用下部为新鲜工艺水，上部为碱液，分别用泵（P103、P104）循环。洗涤液温度常温，洗涤液含醋酸达到一定浓度后（70%~80%），送往精馏系统回收醋酸，碱洗段定期排放至中和池。

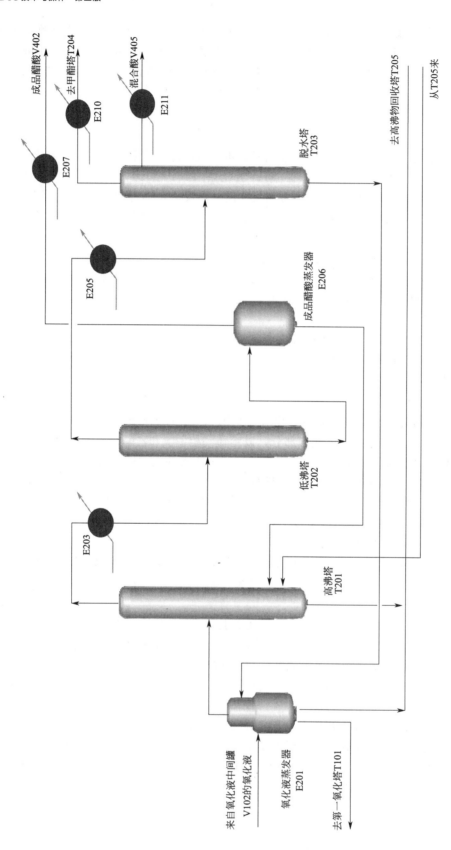

图 7-4 醋酸氧化精制工段总流程图

任务二　氧化工段开停车操作

 学习目标

1. 熟悉氧化工段开停车操作过程；
2. 熟悉乙醛氧化制醋酸生产工艺。

一、任务分析

（1）通过课前预习相关参考资料以及项目任务书，了解乙醛氧化制醋酸开停车操作相关知识内容，熟悉工艺流程。

（2）通过课前预习，总结乙醛氧化制醋酸开停车操作有哪些注意事项，工艺控制如何实现。

（3）课上实行教学做一体，选择一套乙醛氧化制醋酸装置，根据项目情景，要求学生现场完成乙醛氧化制醋酸开停车操作，通过本任务实施，要求学生完成相应的学习目标，达到以下技能：

① 能总结乙醛氧化制醋酸生产工艺；

② 能正确进行乙醛氧化制醋酸开停车操作；

③ 能总结乙醛氧化制醋酸的主要工艺控制点。

（4）通过小组共同参与，增强学生的人际沟通能力、团队协作能力。

二、任务实施

（一）乙醛氧化制醋酸冷态开车/装置开工

1. 开工应具备的条件

（1）检修过的设备和新增的管线，必须经过吹扫、气密、试压、置换合格（若是氧气系统，还要脱酯处理）。

（2）电气、仪表、计算机、联锁、报警系统全部调试完毕，调校合格、准确好用。

（3）机电、仪表、计算机、化验分析具备开工条件，值班人员在岗。

（4）备有足够的开工用原料和催化剂。

2. 引公用工程

3. N_2 吹扫、置换气密

4. 系统水运试车

5. 酸洗反应系统

（1）从罐区 V402 用泵 P402（开阀 V57）将酸送入 V102 中，而后由泵 P102 向第一氧化塔 T101 进酸，T101 见液位（约为 2%）后停泵 P402，P102 停止进酸；

（2）开氧化液循环泵 P101 循环清洗 T101；

（3）用 N_2 将 T101 中的酸经塔底压送至第二氧化塔 T102，见液位后关来料阀停止进酸；

（4）将 T101 和 T102 中的酸全部退料到 V102 中，供精馏开车；

（5）重新由 V102 向 T101 进酸，T101 液位达 30% 后向精馏系统正常出料，建立全系统酸运大循环。

6. 全系统大循环和精馏系统闭路循环

（1）氧化系统酸洗合格后，要进行全系统大循环：

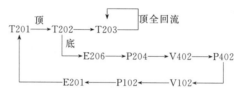

（2）在氧化塔配制氧化液和开车时，精馏系统需闭路循环。脱水塔 T203 全回流操作，成品醋酸泵 P204 向成品醋酸储罐 V402 出料，P402 将 V402 中的酸送到氧化液中间罐 V102，由氧化液输送泵 P102 送往氧化液蒸发器 E201 构成下列循环（属另一工段）：

```
                  顶  ┌──────────┐→顶全回流
T201 →T202 →T203 ─┘
                  底
                  └→E206 →P204 →V402 →P402
        ┌──────────────────────────────┘
        └→E201 ←P102 ←V102 ←
```

等待氧化开车正常后逐渐向外出料。

7. 第一氧化塔配制氧化液

当 T101 中加醋酸 30% 后，向其中加醛和催化剂，同时打开 P101 泵打循环，开 E102A 通蒸汽为氧化液循环液通蒸汽加热，循环流量保持在 700m³/h（通氧前），氧化液温度保持在 70～76℃，直到使浓度符合要求。

8. 第一氧化塔投氧开车

（1）开车前联锁投入自动。

（2）投氧前氧化液温度保持在 70～76℃，氧化液循环量 FIC104 控制在 700m³/h。

（3）控制 FIC101 N_2 流量为 120m³/h。

（4）按如下方式通氧。

① 用 FIC110 小投氧阀进行初始投氧，氧量小于 100m³/h 开始投。

首先特别注意两个参数的变化：

LIC101 液位上涨情况；

尾气含氧量 AIAS101 三块表是否上升。

其次，随时注意塔底液相温度、尾气温度和塔顶压力等工艺参数的变化。

如果液位上涨停止然后下降，同时尾气含氧稳定，说明初始引发较理想，逐渐提高投氧量。

② 当 FIC110 小调节阀投氧量达到 320m³/h（标准状态，余同）时，启动 HC103 调节阀，在 HC103 增大投氧量的同时减小 FIC110 小调节阀投氧量，HC103 投氧量达到 620m³/h 时，小投氧阀减小到关闭。继续由 HC103 投氧直到正常。

③ HC103 投氧量达到 1000m³/h 后，可开启 HC102 上部通氧，投氧量 310m³/h 直到

正常。

原则要求：投氧在 $0\sim400m^3/h$ 之内，投氧要慢。如果吸收状态好，要多次小量增加氧量。$400\sim1000m^3/h$ 之内，如果反应状态好要加大投氧幅度，特别注意尾气的变化及时加大 N_2 量。

④ T101 塔液位过高时要及时向 T102 塔出一下料。当投氧到 $400m^3/h$ 时，将循环量逐渐加大到 $850m^3/h$；当投氧到 $1000m^3/h$ 时，将循环量加大到 $1000m^3/h$。循环量要根据投氧量和反应状态的好坏逐渐加大。

（5）调节方式

① 将 T101 塔顶保安 N_2 开到 $120m^3/h$，氧化液循环量 FIC-104 调节为 $500\sim700m^3/h$，塔顶 PIC109A/B 控制为正常值 0.2MPa。将氧化液冷却器（E102A/B）中的一台 E102B 改为投用状态，关闭调节阀 TIC104B 备用。另一台（E102A）关闭其冷却水通入蒸汽给氧化液加热，使氧化液温度稳定在 $75\sim76℃$。调节 T101 塔液位为 $25\%\pm5\%$，关闭出料调节阀 LIC101，按投氧方式以最小量投氧，同时观察液位、气液相温度及塔顶、尾气中含氧量变化情况。当液位升高至 60% 以上时需向 T102 塔出料降低一下液位。当尾气含氧量上升时要加大 FIC101 氮气量，若继续上升氧含量达到 5×10^{-2}（体积）打开 HC101 旁路氮气，并停止提氧。若液位下降一定量后处于稳定，尾气含氧量下降为正常值后，氮气调回 $120m^3/h$，含氧仍小于 5×10^{-2} 并有回降趋势，液相温度上升快，气相温度上升慢，有稳定趋势，此时小量增加通氧量，同时观察各项指标。若正常，继续适当增加通氧量，直至正常。

待液相温度上升至 84℃ 时关闭 E102A 加热蒸汽。

当投氧量达到 $1000m^3/h$ 以上时，且反应状态稳定或液相温度达到 90℃ 时，开始投冷却水。开 TIC104B，注意开水速度应缓慢，注意观察气液相温度的变化趋势，当温度稳定后再提投氧量。投水要根据塔内温度勤调，不可忽大忽小。在投氧量增加的同时，要对氧化液循环量做适当调节。

② 投氧正常后，取 T101 氧化液进行分析，调整各项参数，稳定一段时间后，根据投氧量按比例投醛，投催化剂。液位控制为 $35\%\pm5\%$ 向 T102 出料。

③ 在投氧后，来不及反应或吸收不好，液位升高不下降或尾气含氧增高到 5×10^{-2} 时，关小氧气，增大氮气量后，液位继续上升或含氧继续上升到 8×10^{-2} 联锁停车，继续加大氮气量，关闭氧气调节阀。取样分析氧化液成分，确认无问题时，再次投氧开车。

9. 第二氧化塔投氧

（1）待 T102 塔见液位后，向塔底冷却器内通蒸汽保持氧化液温度在 80℃，控制液位 $35\%\pm5\%$，并向蒸馏系统出料。取 T102 塔氧化液分析。

（2）T102 塔顶压力 PIC112 控制在 0.1MPa，塔顶氮气 FIC105 保持在 $90m^3/h$。由 T102 塔底部进氧口，以最小的通氧量投氧，注意尾气含氧量。在各项指标不超标的情况下，通氧量逐渐加大到正常值。当氧化液温度升高时，表示反应在进行。停蒸汽开冷却水 HC105，HC106，TIC108，TIC109 使操作逐步稳定。

10. 吸收塔投用

（1）打开 V49，向塔中加工艺水湿塔。

（2）开阀 V50，向 V105 中备工艺水。

（3）开阀 V48，向 V103 中备料（碱液）。

（4）在氧化塔投氧前开 P103A/B 向 T103 中投用工艺水。

（5）投氧后开 P105A/B 向 T103 中投用吸收碱液。

（6）如工艺水中醋酸含量达到 80％时，开阀 V51 向精馏系统排放工艺水。

11. 氧化塔出料

当氧化液符合要求时，开阀 V44 向氧化液蒸发器 E201 出料。用 LIC102 控制出料量。

（二）正常停车

1. 氧化系统停车

（1）将 FIC102 切至手动，关闭 FIC102，停醛。

（2）调节 HC103 逐步将进氧量下调至 1000m³/h。注意观察反应状况，一旦发现 LIC101 液位迅速上升或气相温度上升等现象，说明醛已吃尽，立即关闭 HC103、FICSQ106，关闭 T101、T102 进氧阀。

（3）开启 T101、T102 塔底排料阀，逐步退料到 V102 罐中，送精馏处理。停 P101 泵，将氧化系统退空。

2. 精馏系统停车

（1）当 E201 液位降至 20％时，关闭 E201 蒸汽。当 T201 液位降至 20％以下，关闭 T201 蒸汽，关 T201 回流，将 V201 内物料全部打入 T202 后停 P201 泵，将 V202、E201、T201 内物料由 P202 泵全部送往 T205 内，再排向 V406 罐。关闭 T201 底排。

（2）待物料蒸干后，停 T202 加热蒸汽，关闭 LIC205 及 T202 回流，停 E206 喷淋 FIC214。将 V203 内物料全部打入 T203 塔后，停 P203 泵。

（3）将 E206 蒸干后，停加热蒸汽，将 V204 内成品酸全部打入 V402 后停 P204 泵，并关闭全部阀门。

（4）停 T203 加热蒸汽，关其回流，将 V205 内物料全部打入 T204 塔后，停 P205 泵，将 V206 内混酸全部打入 V405 后停 P206。T203 塔内物料由再沸器倒淋装桶。

（5）停 T204 加热蒸汽，关其回流，将 V207 内物料全部打入 V404 后停 P207 泵。T204 塔内废水排向废水罐。

（6）停 T205 加热蒸汽，将 V209 内物料由 P209 泵打入 T205，然后全部排向 V406 罐。

（7）蒸馏系统的物料全部退出后，进行水蒸馏。

（三）事故停车和紧急停车

1. 事故停车

主要是指装置在运行过程中出现的仪表和设备上的故障而引起的被迫停车。采取的措施如下。

（1）首先关掉 FIC102、FIC103、FIC106 三个进物料阀。然后关闭进氧进醛线上的塔壁阀。

（2）根据事故的起因控制进氮量的多少，以保证尾气中含氧小于 5×10^{-2}（体积）。

（3）逐步关小冷却水直到塔内温度降为 60℃，关闭冷却水阀 TIC104A/B。

（4）第二氧化塔关冷却水（由下而上逐个关掉）并保温 60℃。

2. 紧急停车

生产过程中，如遇突发的停电、停仪表风、停循环水、停蒸汽等而不能正常生产时，应做紧急停车处理。

（1）紧急停电　仪表供电可通过蓄电池逆变获得，供电时间 30min；所有机泵不能自动供电。

① 氧化系统　正常来说，紧急停电 P101 泵自动联锁停车。

a. 马上关闭进氧进醛塔壁阀。

b. 及时检查尾气含氧及进氧进醛阀门是否自动联锁关闭。

② 精馏系统　此时所有机泵停运。

a. 首先减小各塔的加热蒸汽量。

b. 关闭各机泵出口阀，关闭各塔进出物料阀。

c. 视情况对物料做具体处理。

③ 罐区系统

a. 氧化系统紧急停车后，应首先关闭乙醛球罐底出料阀及时将两球罐保压。

b. 成品进料及时切换至不合格成品罐 V403。

（2）紧急停循环水　停水后立即做紧急停车处理。停循环水时 PI508 压力在 0.25MPa 联锁动作（目前未投用）。FIC102、FIC103、FIC106 三电磁阀自动关闭。

氧化系统停车步骤同事故停车。注意氧化塔温度不能超得太高，加大氧化液循环量。

精馏系统：

① 先停各塔加热蒸汽，同时向塔内充氮，保持塔内正压；

② 待各塔温度下降时，停回流泵，关闭各进出物料阀。

（3）紧急停蒸汽　同事故停车。

（4）紧急停仪表风　所有气动薄膜调节阀将无法正常启动，应做紧急停车处理。

① 氧化系统　应按紧急停车按钮，手动电磁阀关闭 FIC102、FIC103、FIC106 三个进醛进氧阀。然后关闭醛氧线塔壁阀，塔压力及流量等的控制要通过现场手动副线进行调整控制。

其他步骤同事故停车。

② 精馏系统　所有蒸汽流量及塔罐液位的控制要通过现场手动进行操作。

停车步骤同上述（1）中的②。

任务三　醋酸氧化精制工段仿真操作

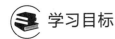 学习目标

1. 学习醋酸氧化精制工段的工艺原理。

2. 熟悉醋酸整个工艺流程，掌握醋酸精制工段操作。

3. 熟练掌握醋酸精制工段的冷态开车和正常停车操作，对紧急停车及事故分析方针操作应有所了解。

4. 熟悉故障处理方法。

一、任务分析

（1）通过课前预习相关参考资料以及项目任务书，了解乙醛氧化制醋酸故障处理操作相关知识内容，熟悉工艺流程。

（2）通过课前预习，总结乙醛氧化制醋酸故障处理操作有哪些注意事项。

（3）课上实行教学做一体，选择一套乙醛氧化制醋酸装置，根据项目情景，要求学生现场完成乙醛氧化制醋酸精制工段仿真操作，通过本次任务实施，要求学生完成相应的学习目标，达到以下技能：

① 能总结乙醛氧化制醋酸生产工艺；

② 能正确进行乙醛氧化制醋酸故障处理操作；

③ 能总结乙醛氧化制醋酸的主要工艺控制点。

（4）通过小组共同参与，增强学生的人际沟通能力、团队协作能力。

二、任务实施

（一）工艺流程简述

从氧化塔来的氧化液进入氧化液蒸发器（E201），醋酸等以气相去高沸塔（T201），蒸发温度 120～130℃。蒸发器上部装有四块大孔筛板，用以回收醋酸喷淋，减少蒸发气体中夹带催化剂和胶状聚合物等，以免堵塞管道和蒸馏塔塔板。醋酸锰和多聚物等不挥发物质留在蒸发器底部，定期排入高沸物贮罐（V202），目前一部分去催化剂系统循环使用。

高沸塔常压蒸馏，塔釜液为含醋酸 90×10^{-2} 以上的高沸混合物，排入高沸物贮罐，去收回塔（T205）。塔顶蒸出醋酸和全部低沸组分（乙醛、酯类、水、甲酸等）。回流比为 1:1，醋酸和低沸物去低沸塔（T202）分离。

低沸塔为常压蒸馏，回流比 15:1，塔顶蒸出低沸物和部分醋酸，含酸约 70%～80%，去脱水塔（T203）。

低沸塔釜的醋酸已经分离了高沸物和低沸物，为避免铁离子和其他杂质影响质量。在成品醋酸蒸发器（E206）中再进行一次蒸发，经冷却后成为成品，送进成品贮罐（V402）。

脱水塔同样为常压蒸馏，回流比 20:1，塔顶蒸出水和酸、醛、酯类，其中含酸小于 5×10^{-2}，去甲酯回收塔（T204）回收甲酯。塔中部甲酸的浓集区侧线抽出甲酸、醋酸和水的混合酸，由侧线液泵（P206）送至混酸贮罐（V405）。塔釜为回收酸，进入回收贮罐（V209）。

脱水塔顶蒸出的水和酸、醛、酯进入甲酯塔回收甲酯，甲酯塔常压蒸馏，回流比 8.4:1。塔顶蒸出含 86.2×10^{-2}（质量）的醋酸甲酯，由 P207 泵送往甲酯罐（V404）底。含酸废水放入中和池，然后去污水处理场。现正常情况下进一回收罐，装桶外送。含大量酸的高沸物由高沸物送泵（P202）送至高沸物回收塔（T205）回收醋酸，常压操作，回流比 1:1。回收醋酸由泵（P211）送至高沸塔 T201，部分回流到（T205）塔釜留下的残渣排入高沸物贮罐（V406）装桶外销。

氧化液蒸发器（E201）、高沸塔（T201）、低沸塔（T202）、成品醋酸蒸发器（E206）的 DCS 界面如图 7-5～图 7-8 所示。

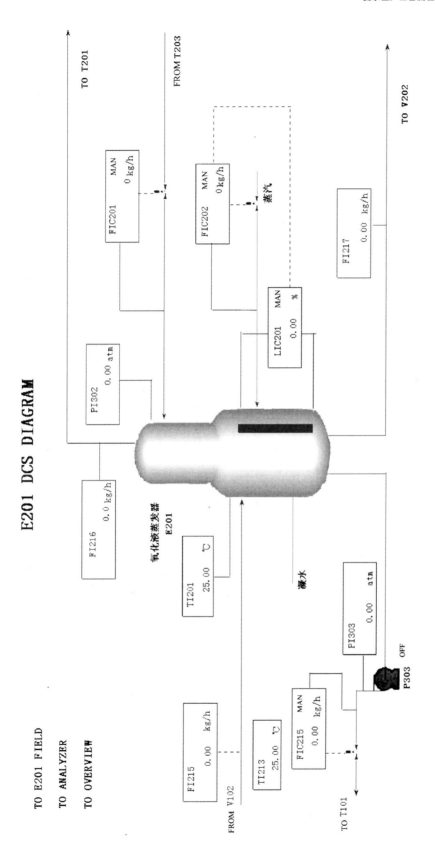

图 7-5　氧化液蒸发器（E201）DCS 界面

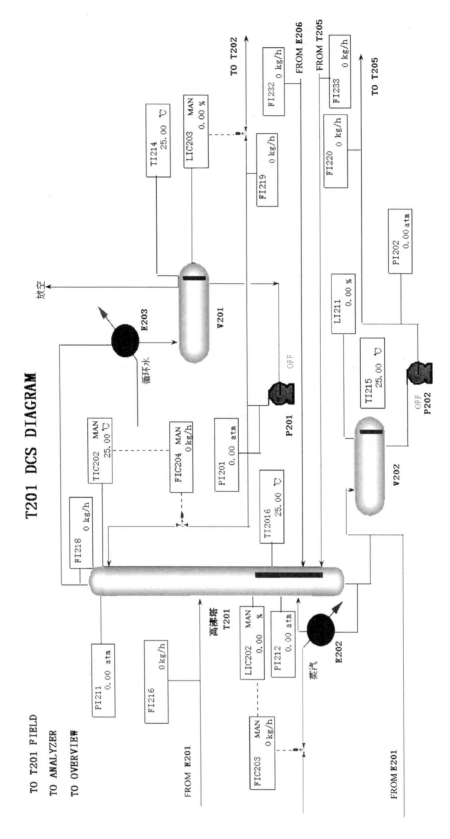

图 7-6 高沸塔（T201）DCS 界面

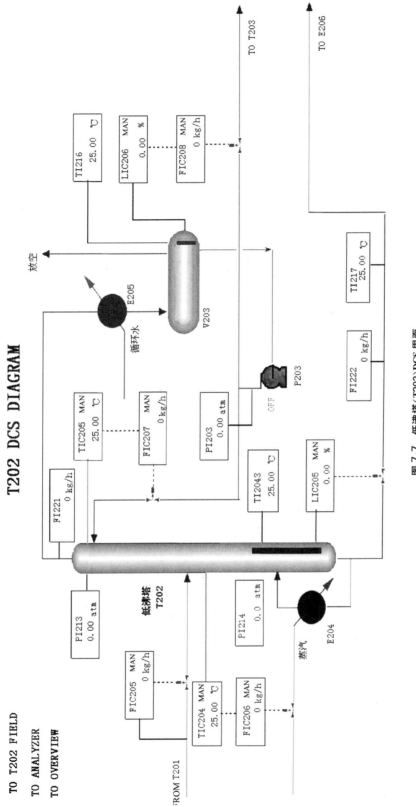

图 7-7　低沸塔（T202）DCS 界面

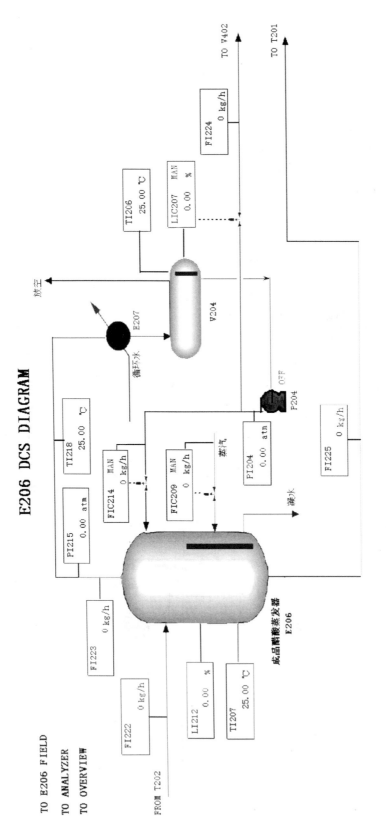

图 7-8　成品醋酸蒸发器（E206）DCS 界面

（二）工艺参数运行指标

1. 工艺指标

工艺指标见表 7-2。

表 7-2　工艺指标

序号	名称	仪表信号	单位	控制指标	备注
1	V101 氧气压力	PIC106	MPa	0.6±0.05	
2	V502 氮气压力	PIC515	MPa	0.50±0.05	
3	T101 压力	PIC109A/B	MPa	0.19±0.01	
4	T102 压力	PIC112A/B	MPa	0.1±0.02	
5	T101 底温度	TR103-1	℃	77±1	
6	T101 中温度	TR103-2	℃	73±2	
7	T101 上部液相温度	TR103-3	℃	68±3	
8	T101 气相温度	TR103-5	℃		与上部液相温差大于 13℃
9	E102 出口温度	TIC104 A/B	℃	60±2	
10	T102 底温度	TR106-1	℃	83±2	
11	T102 各点温度	TR10-1-7	℃	85~70	2≥1>3>4>5>6>7
12	T102 气相温度	TR106-3	℃		与上部液相温差大于 15℃
13	T101、T102 尾气含氧		10^{-2}	<5	（体积）
14	T101、T102 出料过氧酸		10^{-2}	<0.4	（质量）
15	T101 出料含醋酸		10^{-2}	92.0~95.0	（质量）
16	T101 出料含醛		10^{-2}	2.0~4.0	（质量）
17	氧化液含锰		10^{-2}	0.10~0.20	（质量）
18	T102 出料含醋酸		10^{-2}	>97	（质量）
19	T102 出料含醛		10^{-2}	<0.3	（质量）
20	T102 出料含甲酸		10^{-2}	<0.3	（质量）
21	T101 液位	LIC101	%	40±10	现为 35±15
22	T102 液位	LIC102	%	35±15	
23	T101 加氮量	FIC101	m^3/h(标准状态)	150±50	
24	T102 加氮量	FIC105	m^3/h(标准状态)	75±25	
25	原料配比			$1NM_3O_2$：(3.5~4.0) CH_3CHO	
26	界区内蒸汽压力	PIC503	MPa	0.55±0.05	
27	E201 压力	PI202	MPa	0.05±0.01	
28	E-206 出口压力		MPa	0±0.01	
29	E201 温度	TR201	℃	122±3	
30	T201 顶温度	TR201-4	℃	115±3	
31	T201 底温度	TR201-6	℃	131±3	
32	T202 顶温度	TR204-1	℃	109±2	
33	T202 底温度	TR204-3	℃	131±2	

序号	名称	仪表信号	单位	控制指标	备注
34	T203 顶温度	TR207-4	℃	82±2	
35	T203 侧线温度	TR207-4	℃	100±2	
36	T203 底温度	TR207-3	℃	130±2	
37	T204 顶温度	TR211-1	℃	63±5	
38	T204 底温度	TR211-3	℃	105±5	
39	T205 顶温度	TR211-4	℃	120±2	
40	T205 底温度	TR211-6	℃	135±5	
41	T202 釜出料含酸		10^{-2}	＞99.5	（质量）
42	T203 顶出料含酸		10^{-2}	＜8.0	（质量）
43	T204 顶出料含酯		10^{-2}	＞70.0	（质量）
44	各塔,中间罐的液位		10^{-2}	30～70	
45	V401A/B 压力	PI401A/B	MPa	0.4±0.2	
46	V401A/B 液位	LI401A/B	10^{-2}	50±25	
47	V402 温度	TI402A-E	℃	35±15	
48	V402 液位	LI402A-E	10^{-2}	10～80	
49	V401A/B 温度	TI401A/B	℃	＜35	

2. 分析项目

分析项目见表 7-3。

表 7-3　分析项目

序号	名　称	单位	控制指标	备注
1	P209 回收醋酸	％	＞98.5	
2	T203 侧采含醋酸	％	50～70	
3	T204 顶采出料含乙醛	％	12.75	
4	T204 顶采出料含醋酸甲酯	％	86.21	
5	成品醋酸泵 P204 出口含醋酸	％	＞99.5	

（三）冷态开车

1. 引公用工程

2. N₂ 吹扫、置换气密

3. 系统水运试车

4. 酸洗反应系统

5. 精馏系统开车

（1）进酸前各台换热器均投入循环水；

（2）开各塔加热蒸汽，预热到 45℃开始由 V102 向氧化液蒸发器 E201 进酸，当 E201 液位达 30％时，开大加热蒸汽，出料到高沸塔 T201；

（3）当 T201 液位达 30％时，开大加热蒸汽，当高沸塔凝液罐 V201 液位达 30％时启动高沸塔回流泵 P201 建立回流，稳定各控制参数并向低沸塔 T202 出料；

（4）当 T202 液位达 30％时，开大加热蒸汽，当低沸塔凝液罐 V203 液位达 30％时，启动低沸物回流泵 P203 建立回流，并适当向脱水塔 T203 出料；

（5）当 T202 塔各操作指标稳定后，向成品醋酸蒸发器 E206 出料，开大加热蒸汽，当醋酸储罐 V204 液位达 30％时启动成品醋酸泵 P204 建立 E206 喷淋，产品合格后向罐区出料；

（6）当 T203 液位达 30％后，开大加热蒸汽，当脱水塔凝液罐 V205 液位达 30％时启动脱水塔回流泵 P205 全回流操作，关闭侧线采出及出料。塔顶要在 82℃±2℃时向外出料。

侧线在 110℃±2℃时取样分析出料。

6. 全系统大循环和精馏系统闭路循环

（1）氧化系统酸洗合格后，要进行全系统大循环：

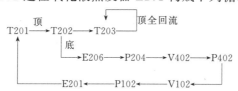

（2）在氧化塔配制氧化液和开车时，精馏系统需闭路循环。脱水塔 T203 全回流操作，成品醋酸泵 P204 向成品醋酸储罐 V402 出料，P402 将 V402 中的酸送到氧化液中间罐 V102，由氧化液输送泵 P102 送往氧化液蒸发器 E201 构成下列循环（属另一工段）：

等待氧化开车正常后逐渐向外出料。

7. 第一氧化塔投氧开车

8. 第二氧化塔投氧

9. 系统正常运行

（四）正常停车

1. 氧化系统停车

2. 精馏系统停车

将氧化液全部吃净后，精馏系统开始停车。

（1）当 E201 液位降至 20％时，关闭 E201 蒸汽。当 T201 液位降至 20％以下，关闭 T201 蒸汽，关 T201 回流，将 V201 内物料全部打入 T202 后停 P201 泵，将 V202、E201、T201 内物料由 P202 泵全部送往 T205 内，再排向 V406 罐。关闭 T201 底排。

（2）待物料蒸干后，停 T202 加热蒸汽，关闭 LIC205 及 T202 回流，停 E206 喷淋 FIC214，将 V203 内物料全部打入 T203 塔后，停 P203 泵。

（3）将 E206 蒸干后，停加热蒸汽，将 V204 内成品酸全部打入 V402 后停 P204 泵，并关闭全部阀门。

（4）停 T203 加热蒸汽，关其回流，将 V205 内物料全部打入 T204 塔后，停 P205 泵，将 V206 内混酸全部打入 V405 后停 P206。T203 塔内物料由再沸器倒淋装桶。

（5）停 T204 加热蒸汽，关其回流，将 V207 内物料全部打入 V404 后停 P207 泵。T204 塔内废水排向废水罐。

（6）停 T205 加热蒸汽，将 V209 内物料由 P209 泵打入 T205，然后全部排向 V406 罐。

（7）蒸馏系统的物料全部退出后，进行水蒸馏。

3. 催化剂系统停车

4. 罐区系统停车

5. 水运清洗

6. 停部分公用工程：循环水、蒸汽

7. 氮气吹扫

（五）紧急停车

1. 事故停车

主要是指装置在运行过程中出现的仪表和设备上的故障而引起的被迫停车。采取的措施如下。

（1）首先关掉 FIC102、FIC103、FIC106 三个进物料电磁阀。然后关闭进氧进醛线上的塔壁阀。

（2）根据事故的起因控制进氮量的多少，以保证尾气中含氧小于 5×10^{-2}（体积）。

（3）逐步关小冷却水直到塔内温度降为 60℃，关闭冷却水 TIC104A/B。

（4）第二氧化塔关冷却水（由下而上逐个关掉）并保温 60℃。

精馏系统视事故情况决定单塔停车或是全线停车，停车方案参照上述（四）中的"2. 精馏系统停车"。

2. 紧急停车

生产过程中，如遇突发的停电、停仪表风、停循环水、停蒸汽等而不能正常生产时，应做紧急停车处理。

（1）紧急停电　仪表供电可通过蓄电池逆变获得，供电时间 30min；所有机泵不能自动供电。

① 氧化系统　正常来说，紧急停电 P101 泵自动联锁停车。

a. 马上关闭进氧进醛塔壁阀。

b. 及时检查尾气含氧及进氧进醛阀门是否自动联锁关闭。

② 精馏系统　此时所有机泵停运。

a. 首先减小各塔的加热蒸汽量。

b. 关闭各机泵出口阀，关闭各塔进出物料阀。

c. 视情况对物料做具体处理。

③ 罐区系统

a. 氧化系统紧急停车后，应首先关闭乙醛球罐底出料阀，及时将两球罐保压。

b. 成品进料及时切换至不合格成品罐 V403。

（2）紧急停循环水　停水后立即做紧急停车处理。停循环水时 PI508 压力在 0.25MPa 联锁动作（目前未投用）。FIC102、FIC103、FIC106 三电磁阀自动关闭。

① 氧化系统停车步骤同事故停车。注意氧化塔温度不能超得太高，加大氧化液循环量。

② 精馏系统

a. 先停各塔加热蒸汽，同时向塔内充氮，保持塔内正压；

b. 待各塔温度下降时，停回流泵，关闭各进出物料阀。

（3）紧急停蒸汽　同事故停车。

（4）紧急停仪表风　所有气动薄膜调节阀将无法正常启动，应做紧急停车处理。

① 氧化系统　应按紧急停车按钮，手动电磁阀关闭 FIC102、FIC103、FIC106 三个进醛进氧阀。然后关闭醛氧线塔壁阀，塔压力及流量等的控制要通过现场手动副线进行调整控制。

其他步骤同事故停车。

② 精馏系统　所有蒸汽流量及塔罐液位的控制要通过现场手动进行操作。

停车步骤参见正常停车的精馏系统停车。

（六）产品质量与操作参数的关系

1. 氧化系统

（1）氧化液含锰控制在 $(0.10\sim0.20)\times10\%$（质量）。

（2）T102 塔氧化液含醛小于 $0.3\times10\%$（质量）。

氧化液含醛过高易造成产品氧化值降低或不合格。

2. 精馏系统

（1）T201 塔底温度，131℃±3℃。

底温过高会使成品氧化值降低或色度不合格。

（2）T202 塔顶温度 109℃±2℃。

塔顶温度过低会使成品纯度降低。

（3）E206 底排量连续 10kg/h。

不排会使成品中的金属离子含量高和色度不合格。

（4）T203 塔侧线采出温度 110℃±2℃，采出量 105kg/h。

如不正常采出则会使成品中的甲酸含量升高。

3. 转化率

催化剂活性较好，T101 塔中产生的副产物较少，产品的转化率较高。

收率：T205 塔底排高沸量少，含酸较低。

T203 塔顶出料含酸较少（小于 8％）、侧线混酸采出较少均会使产品收率提高。

（七）精馏岗位操作法

1. 开、停车操作

见装置开车步骤及装置停车步骤。

2. 正常操作

（1）E201 蒸发器

① 釜液（循环锰），连续排出约 0.6t/h，去 V306（排出量与加到氧化塔的量相同）。釜液每周抽一次，由 P202 泵抽出 2.5t，送 T205 塔回收处理。

② 釜液位控制为 55％～75％，由 FRC202 调节蒸汽加入量来控制。

③ 喷淋量控制为 950kg/h，由 FRC201 调节阀来控制。

④ 蒸发器温度控制为 122℃±3℃，E201 液位 LIC201 与蒸汽 FRC202 是串级调节。

（2）T201 高沸塔

① 塔温控制为 131℃±3℃，由 FRC203，调节加入蒸汽量、排放釜料量等来实现。

② 釜液位控制为 35％～65％，由 FRC203 调节加入蒸汽量来控制。

③ 塔顶温度控制 115℃±3℃，由 FRC204 调节回流量来控制。回流比一般为 1：1。

④ V202 液位控制为 20％～80％。

⑤ V201 液位控制为 35％～70％。T201 塔顶出料由 LIC203 控制，指示由 FI205 观察。

⑥ V201 罐中的回流液温度由 TIC202 来控制，一般为 70℃。

⑦ T201 塔顶温度控制与回流 FRC204 是串级调节。底液位 LIC202 与加热蒸汽 FRC203 是串级调节。

⑧ T201 底排影响成品中的氧化值和色度。

（3）T202 低沸塔

① 釜温控制为 131℃±2℃，由 FRC206 调节加热蒸汽量等来控制。

② 顶温控制为 109℃±2℃，由 FRC207 调节回流量来控制。回流比一般为 15：1。

③ 釜液位控制为 35％～70％，由 FRC206 调节加热蒸汽量，LIC205 调节底出料量等来控制。

④ V203 罐中的回流液温度由 TIC205 控制，一般为 70℃，T202 顶出料由 LIC206 控制，指示由 FI208 观察。

⑤ T202 塔顶温度控制与回流 FRC207 是串级调节。底温度控制与加热蒸汽 FRC206 是串级调节。

⑥ T202 塔的顶温度影响着成品的纯度和甲酸含量。

（4）E206 成品醋酸蒸发器

① 釜液位控制为 20％～60％，由 FRC209 调节加热蒸汽和 LIC205 调节进料量来控制。

② 喷淋量控制为 960kg/h，由 FRC214 控制。

③ V204 液位控制 35％～70％，由 LIC207 调节出料量等来控制。

④ E206 底排除去醋酸中的重金属化合物后至 V208 罐中，V208 罐液位由 LIC214 出料控制。

⑤ E206 底排影响着成品的色度及重金属含量。

（5）T203 脱水塔

① 釜液位控制为 35％～70％，由 FRC210 调节加热蒸汽量和 LIC208 调节出料量等来实现。

② 釜温控制为 130℃±2℃，由 FRC210 调节加热蒸汽量等来实现。

侧线采出根据温度（108℃±2℃）及分析结果来决定采出量。

顶温控制为 812℃，由 FRC211 调节出料量等来实现，回流比为 20：1。

V205 液位控制为 35％～70％。

V206 液位控制为 30％～70％。

T203 塔顶回流由 LIC210 来控制，指示由 FI216 观察，T203 塔的底温度及侧线混酸的采出量直接影响着成品中的甲酸含量。

（6）T204 甲酯塔

① 釜液位控制为 40％～70％，由 FRC212 调节加入蒸汽量和 LIC211 调节底排量等来调节。

② 釜温控制为 105℃±5℃，由 FRC212 调节加入蒸汽量等来控制。

③ 顶温控制为 63℃±5℃，由 FRC213 调节回流量等来控制。回流比为 8.4：1。

④ V207 液位控制为 35%～70%。

出料由 LIC212 控制，送向罐区 V404 罐中。

T204 塔底排废水进入废水收集罐进行处理。

（7）T205 高沸物回收塔

① 釜液位控制为 40%～70%，由 FRC217 调节加热蒸汽和底出料控制。

② 釜温控制为 135℃±5℃，由调节加入蒸汽和底出料等来控制。

③ 顶温控制为 120℃±2℃，由 FRC215 调节回流量等来控制。回流比为 1∶1。

④ V209 液位 LIC214 控制为 35%～70%，它与 FIC201 是串级调节。T205 底排高沸物排向罐区 V406 罐中。

（八）事故处理

事故一：T101 塔进醛流量计严重波动，液位波动，顶压突然上升，尾气含氧增加。

原因：T101 进塔醛球罐中物料用完。

处理：关小氧气阀及冷却水同时关掉进醛线，及时切换球罐补加乙醛直至恢复反应正常。严重时可停车（采用）。

事故二：T102 塔中含醛高，氧气吸收不好，易出现跑氧。

原因：催化剂循环时间过长。催化剂中混入高沸物，催化剂循环时间较长时，含量较低。

处理：补加新催化剂，更新。增加催化剂用量。

事故三：T101 塔顶压力逐渐升高并报警，反应液出料及温度正常。

原因：尾气排放不畅，放空调节阀失控或损坏。

处理：手控调节阀旁路降压，改换 PIC109B 调整。

在保证塔顶含氧量小于 $5×10^{-2}$ 的情况下，减少充 N_2，而后采取其他措施。

事故四：T102 塔压力逐渐升高，反应液出料及温度正常，T101 塔出料不畅。

原因：T102 塔尾气排放不畅，T102 塔放空调节阀失控或损坏。

处理：将 T101 塔出料改向 E201 出料。

手控调节阀旁路降压。

在保证塔顶含氧量小于 $5×10^{-2}$ 的情况下，减少充 N_2，而后采取其他措施。

事故五：T101 塔内温度波动大，其他方面都正常。

原因：冷却水阀调节失灵。

处理：手动调节，并通知仪表检查。切换为 TIC104B 调节。

事故六：T101 塔液面波动较大，无法自控。

原因：循环泵引起。

球罐或 N_2 压力引起。

处理：开另一台循环泵。

事故七：T101 塔或 T102 塔尾气含 O_2 量超限。

原因：氧醛进料配比失调，催化剂失活。

处理：调节好氧气和乙醛配比。

分析催化剂含量并切换使用新催化剂。

附录

全国职业院校化工生产技术（化工总控工）技能竞赛要求及评分细则

附录一　管道系统安装

一、总体要求

如附图 1-1 所示，该系统主要由换热器、泵、管道、管件、阀门、仪表等构成。选手进行管路安装和水压密封试验、开停车、流量调节、泵的切换等操作等。

（一）要求参赛选手在规定时间内完成一个冷却水输送的管线安装。

（二）管线安装起止点：起点为**水箱出口截止阀与过滤器连接处，终点为换热器进水口截止阀连接处。**

（三）学生参照流程图安装管路，其中阀门、仪表、管子、管件等均由参赛选手自己按领料清单指定的规格、数量到货架处选择。

（四）管路安装方式及质量要求：管线采用法兰连接或螺纹连接，采用手动试压泵对泵出口到换热器进口截止阀之间的管路进行耐压试验，泵出口管路设计压力为 200kPa（表压）。

二、技能要求

要求参赛选手在规定时间内完成管线的拆装，具体要求如下：

（一）能根据提供的流体输送示意流程图，准确列出所要求的安装管线所需的管件、仪表、阀门等清单，并能按清单要求正确领回物件（管线由管段、管件、阀门等组成；管件有弯头、三通等；阀门有球阀、截止阀、止回阀、安全阀等；仪表有压力表、真空表、流量计等）；

（二）能准确列出组装管线所需的工具和易耗品等清单；

（三）能进行管线的组装；

（四）能进行管道的试压、试运行、流量计的切换等操作；

（五）能进行管线的拆除；

（六）能做到管线拆装过程中的安全规范。

三、拆装说明

（一）参赛各队提前抽签确定拆装批次和装置号，一个批次同时有八队进行比赛。

（二）比赛开始，选手拿到领料单后，裁判开始计时，选手根据流程图填写领料清单和工具清单，填写结束，裁判记下填写清单时间 T_1；裁判收回清单检查后，示意允许领取物件并计时 T_2，选手推小车到物架和工具柜处一次性领取物件，回到现场后，及时示意裁判记下领件时间 T_3。领料时间（即管路拆装准备时间）$\Delta T_1 = T_1 + (T_3 - T_2)$。

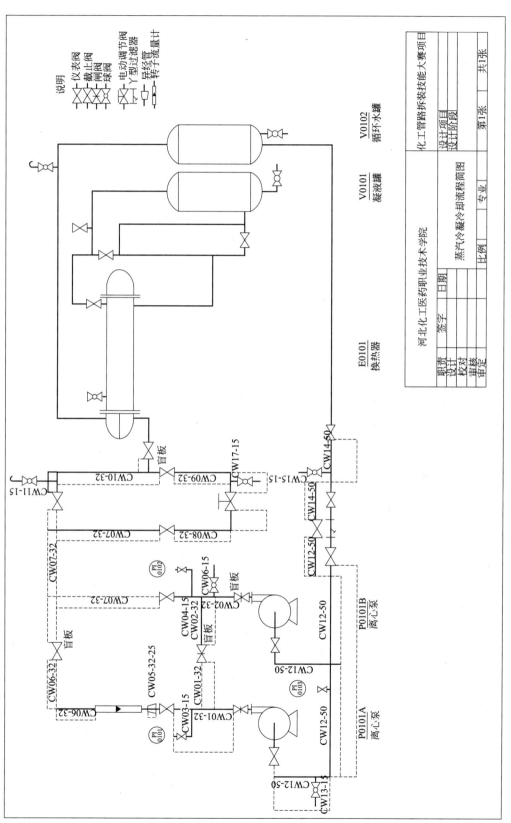

附图 1-1 蒸汽冷凝冷却流程简图

（三）在划定的范围内进行管线组装，初步安装结束后，举手示意裁判计时 T_4，裁判进行初步安装检查后，发现有阀门、管件、压力表和盲板装错，要求返修，返修时间 $\Delta T_{返1}$ 计入初步安装时间。初步安装时间 $\Delta T_2 = (T_4 - T_3) + \Delta T_{返1}$。

（四）到裁判处填写水压试验压力 PT、稳压时间 t_1、试验压力降至设计压力的停压时间 t_2。

（五）裁判示意可试压并记下开始时间 T_5。试压过程包括：试压泵与试压注水口之间的连接，向试压管段注水、排气等。当试压泵压力表升至试验压力并稳定，参赛者认为被试压管段中没有漏点时，举手向裁判示意开始稳压，裁判计时 T_6。裁判检查水压试验情况后，若需返修，返修时间 $\Delta T_{返2}$ 计入试压时间。水压试验时间 $\Delta T_3 = (T_6 - T_5) + \Delta T_{返2}$（考虑比赛时间有限，停压环节不考虑）。

（六）裁判检查情况完毕，示意选手继续完成安装并记下时间 T_7，选手卸压、排液、抽盲板并完成安装后同时示意裁判计时 T_8。完成安装任务时间 $\Delta T_4 = T_8 - T_7$。

（七）学生进行开泵试运行，调整流量计至规定流量，向裁判示意，经裁判同意后，学生进行泵的切换操作，并稳定液体流量，向裁判示意，裁判对整个管线进行检查并记下情况。

（八）运行完成后，经裁判同意，学生进行停车操作，由裁判允许选手进行管路排液，并计时 T_9，排液结束后，选手可进行下一步管线拆除。拆除的物件可放置在小车上，拆除完毕后，要清理现场（包括将小车推出现场，清扫现场），现场清理完毕后，举手示意裁判停止计时 T_{10}。拆除时间 $\Delta T_5 = T_{10} - T_9$。此后可归还物件，每归还一个物件要给裁判检查一下，并要按原来位置放在货架和工具柜内。

（九）裁判整体检查后，记下情况并进行整体评定。

（十）总体拆装时间不能超过 3h，裁判长终止比赛后，没有完成拆装的选手退场，裁判员根据完成情况评分。

四、管路拆装考核评分细则

管路拆装考核评分细则见附表 1-1。

五、管路拆装考核评分细则说明

（一）管路拆装准备时间：比赛开始，选手拿到管路拆装清单开始计时。选手根据流程图，在管路拆装清单中填写所需的管件、阀门、仪表及工具，填写结束并交到裁判处，裁判记下填写清单时间 T_1；裁判收回清单检查后，示意允许领取物件并计时 T_2，选手可按裁判提供的领料单推小车到物架和工具柜处一次性领取物件，领取物件回到现场开始进行管路初装时，选手示意裁判记下时间 T_3。管路拆装准备时间 $\Delta T_1 = T_1 + (T_3 - T_2)$。

（二）填写清单和领取物件记分：裁判根据选手填写的清单与领料单进行比对并按评分表要求扣分；裁判要随选手到货架和工具柜处，物件领取的对与错以选手将物件放在小车上为准，物品摆放应该分类。

（三）阀门流量计装反只数，压力表、真空表有无装错：截止阀、止回阀、流量计、过滤器均具有方向性。

（四）阀门与管子之间可拆性连接时，阀门是否在关闭状态下安装：以法兰和螺纹连接时应处于关闭状态。

（五）每对法兰连接是否用同一种规格螺栓安装，方向是否一致，否则扣分。

附表 1-1　管路拆装考核评分细则

学生_____，_____，_____　　实验装置号_____　　考核时间_____　　考核成绩_____

项目	考核内容	记录	备注	分值	得分
管线拆装前的准备（9分）	填写清单时间 $T_1=$　　，领件开始时间（裁判示意）$T_2=$　　，领件回到现场时间（选手举手示意）$T_3=$　　，拆装准备时间 $\Delta T_1=T_1+(T_3-T_2)=$				
	(1)填写总清单时间 T_1（领料单到裁判手中为准）			2	
	(2)拆装总清单填写正确与否			2	
	(3)领件时间 $T_3-T_2=$			3	
	(4)领管子、管件、仪表及工具是否有错			2	
管线初步安装及检查（30分）	T_4（初装结束，选手示意）=　　，$\Delta T_{返1}=$　　，初步安装时间 $\Delta T_2=(T_4-T_3)+\Delta T_{返1}=$				
	(5)管件、阀门、仪表有无装错			8	
	(6)阀门与管道可拆性连接时，阀门是否在关闭状态下安装			2	
	(7)每对法兰连接是否用同一规格螺栓安装，方向是否一致			3	
	(8)每只螺栓加垫圈不超过一个			2	
	(9)安装不锈钢管道时，有无用铁质工具敲击，垫片是否装错			1	
	(10)法兰安装不平行、偏心			2	
	(11)初步安装时间 ΔT_2			12	
泵出口管线压力试验及检查（18分）	T_5（水压试验开始，裁判示意）=　　，T_6（选手举手示意）=　　，$\Delta T_{返2}=$　　，水压试验时间 $\Delta T_3=(T_6-T_5)+\Delta T_{返2}=$				
	(12)盲板安装是否到位			3	
	(13)试验压力_____kPa，试验压力下稳压时间_____min。			4	
	(14)试压前是否排净空气			2	
	(15)试压是否合格，若不合格返修过程是否正确			4	
	(16)水压试验时间 ΔT_3			5	
管线安装运行检查（20分）	T_7（完成安装开始，裁判示意）=　　，T_8（完成安装结束，选手示意）=　　，完成安装时间 $\Delta T_4=T_8-T_7$				
	(17)试压结束后，是否排尽液体			1	
	(18)是否完成管道安装			3	
	(19)运行情况检查			12	
	(20)安装完成阶段时间 ΔT_4			4	
管线的拆除和现场清理（10分）	T_9（拆除前开始排液，裁判示意）=　　，T_{10}（整个完成，选手示意）=　　，拆除时间 $\Delta T_5=T_{10}-T_9=$				
	(21)管内液体是否尽量放尽			2	
	(22)拆除后，是否对照清单，完好归还和放好仪表、管件、工具等			2	
	(23)拆除结束后是否清扫现场			2	
	(24)拆除时间 ΔT_5			4	
文明安全操作（7分）	(25)整个拆装过程中选手穿戴是否规范，是否越限			1	
	(26)撞头，伤害到别人或自己等不安全操作次数，物品坠落、违规使用工具等			4	
	(27)是否服从裁判管理			2	
操作质量（6分）	(28)拆装总时间 $\Delta T=\Delta T_1+\Delta T_2+\Delta T_3+\Delta T_4+\Delta T_5$			2	
	(29)管路拆装过程的合理性			4	

裁判签名：_____

（六）每只螺栓加垫圈不得超过一个，凡超过一个扣分。

（七）安装不锈钢管道时不得用铁质工具敲击，法兰之间垫片是否装错，是否只装一个，装错、装多扣分。

（八）初步安装时间 $\Delta T_2 = T_4 - T_3 + \Delta T_{返1}$，$T_3$ 为领件到指定的划线范围内进行安装时间，初步安装后，示意裁判计时 T_4；初步检查后，有阀门、压力表装反而无法进行以下水压实验或运行时，要求选手返修，返修时间 $\Delta T_{返1}$ 计入初步安装时间。

（九）盲板没有安装扣分。

（十）与仪表是否隔离：压力表连接阀门应关闭。

（十一）实验压力为 350kPa（表压），稳压时间为 5min（实验压力允许波动为 ±20％）。

（十二）试压时，阀门开关是否正确，试压前是否排尽空气：试压时先要注水，注水时要开最高处排气阀排尽空气，而后关闭排气阀（试压完成后排液，要打开排气阀等）。试压开始要举手示意以利裁判计时 T_5，否则扣分。

（十三）试压是否合格，试压不合格的返修过程是否正确：液压试验应缓慢升压，达到试验压力后开始稳压，稳压开始时向裁判示意，裁判计时 T_6，完成规定的稳压时间后，再向裁判示意，以示结束，裁判检查有无漏点，以及选手有无带压返修。

（十四）水压试验时间 ΔT_3：$\Delta T_3 = (T_6 - T_5) + \Delta T_{返2}$，试压返修时间 $\Delta T_{返2}$ 也计入试压时间内。

（十五）试压结束后，是否排尽液体：排液过程中有连续水流线流到地上扣分。

（十六）是否完成管道安装：试压装置没拆除，盲板没拆除扣分，完成安装后多出管件扣分（漏装）。

（十七）管线中基本要素所缺数：缺少基本要素，过程中要求再领物件扣分。

（十八）运行检查：学生进行开泵运行，裁判对整个管路进行检查，学生完成整个操作程序后，裁判对运行操作次序和管路运行情况再次进行检查。

（十九）完成安装任务时间 ΔT_4：$\Delta T_4 = T_8 - T_7$，T_7 为水压试验裁判检查完毕，示意选手开始完成安装计时；T_8 为选手排液并完成安装并示意裁判计时。

（二十）拆除后是否对照清单完好归还仪表、管件、工具等：现场不准有遗留物，垫片、垫圈不准遗留在法兰和螺栓上，生料带应尽量拆除，遗留、少或损坏扣分。选手归还物件时必须在裁判的检查下在领料单上做上记号"√"。

（二十一）拆除过程漏到地面上的水及结束后是否清扫：拆除过程中，无法排尽的管段需要用小桶接水。如没有用小桶接水造成漏到地上扣分。未清扫和清扫不干净扣分。

（二十二）拆除时间 ΔT_5：$\Delta T_5 = T_{10} - T_9$，$T_9$ 为试运行结束后裁判示意选手开始排液计时；T_{10} 为选手完成整个拆装后（包括还物件、清扫现场），示意裁判停止计时。

（二十三）拆装过程中选手是否越限：选手需在划定范围内进行操作，无论领取物件、加工管件和打扫卫生均不允许进入其他选手的划定范围，以保证不影响其他选手的操作和安全。

（二十四）撞头、伤害到别人或自己等不安全次数：如扳手打到人、没戴安全帽，扳手、螺栓、螺母以及管段、管件和其他工具掉地等。

（二十五）是否服从裁判管理：选手对裁判要求不服从，扣分有异议均扣分。

（二十六）拆装总时间 ΔT：$\Delta T = \Delta T_1 + \Delta T_2 + \Delta T_3 + \Delta T_4 + \Delta T_5$；超过 180min 终止比赛。

（二十七）管路拆装过程是否符合安全操作：①泵进口和出口管线可同时安装和拆除，

安装顺序是否由下到上，拆除顺序是否由上到下；②拆装工具使用是否合理，拆装螺纹连接处时，旋紧旋松丝扣的方向是否正确；③管路的垂直度和平行度是否符合要求。

管路拆装所需管件清单见附表 1-2。

附表 1-2 管路拆装操作所需管件清单

学生姓名：_____、_____、_____、_____

序号	名称	规格	数量

附录二 精馏操作技术

一、精馏操作竞赛目的与基本要求

（一）竞赛目的

考查选手化工总控工必备的精馏操作技术。精馏操作技术要参见附图 2-1。

考查选手化工总控工必备的职业道德素养及团队合作精神。

（二）竞赛要求

1. 掌握精馏装置的构成、物料流程及操作控制点（阀门）。

2. 在规定时间内完成开车准备、开车、总控操作和停车操作，操作方式为手动操作（即现场操作及在 DSC 界面上进行手动控制）。

3. 控制再沸器液位、进料温度、塔顶压力、塔压差、回流量、采出量等工艺参数，维持精馏操作正常运行。

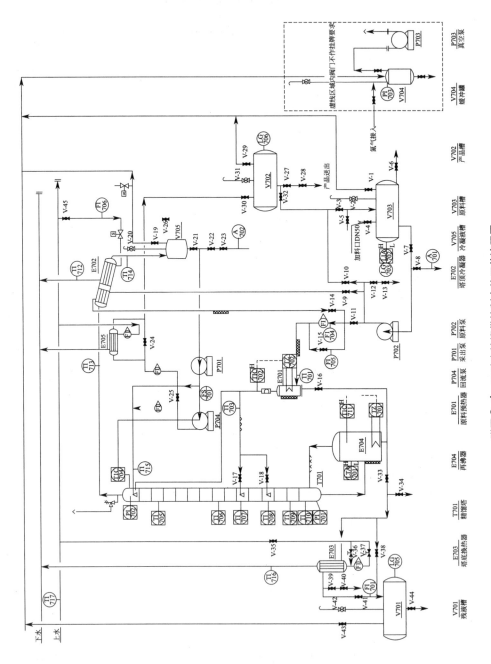

附图 2-1　乙醇水精馏带控制点的工艺流程图

开车前及停车后阀门状态（深色，状态为关；浅色，状态为开。操作过程中阀门状态不作考核要求。）

4. 正确判断运行状态，分析不正常现象的原因，采取相应措施，排除干扰，恢复正常运行。

5. 优化操作控制，合理控制产能、质量、消耗等指标。

（三）赛前条件

1. 精馏原料为 [（10%～15%）±0.2%]（质量分数）的乙醇水溶液（室温）。

2. 原料罐中原料加满，原料预热器预热并清空、精馏塔塔体已全回流预热，其他管路系统已尽可能清空。

3. 原料预热器、塔釜再沸器无物料，需选手根据考核细则自行加料至合适液位。

4. 进料状态为常压，进料温度尽可能控制在泡点温度（自行控制），进料量为≤60L/h，操作时进料位置自选，但需在进料前于 DCS 操作面板上选择进料板后再进行进料操作。

5. DCS 系统中的评分表经裁判员清零、复位且所有数据显示为零，复位键呈绿色。

6. 设备供水至进水总管，选手需打开水表前进水总阀及回水总阀。

7. 电已接至控制台。

8. 所有工具、量具、标志牌、器具均已置于适当位置备用。

（四）赛场规则

1. 选手须在规定时间到检录处报到、检录，抽签确定竞赛工位；若未按时报到、检录者，视为自动放弃参赛资格。

2. 检录后选手在候赛处候赛，提前 10min 进现场，熟悉装置流程；并自备并携带记录笔、计算器进入赛场。

3. 选手进入精馏赛场，须统一着工作服、戴安全帽，禁止穿钉子鞋和高跟鞋，禁止携带火柴、打火机等火种和禁止携带手机等易产生静电的物体，严禁在比赛现场抽烟。

4. 竞赛选手应分工确定本工位主、副操作岗位，并严格按照安全操作规程协作操控装置，确保装置安全运行。

5. 选手开机操作前检查确定工艺阀门时，要挂红牌或绿牌以表示阀门初起开关状态，考核结束后恢复至初始状态；对电磁阀、取样阀、阻火器不作挂牌要求。

6. 竞赛选手须独立操控装置，安全运行；除设备、调控仪表故障外，不得就运行情况和操作事项询问或请示裁判，裁判也不得就运行或操作情况，示意或暗示选手。

7. 竞赛期间，每组选手的取样分析次数不得超过 3 次（不包括结束时的成品分析），样品分析检验由气谱分析员操作；选手取样并填写送检单、送检并等候检验报告；检验报告须气谱分析员确认后，再交给本工位的主操；残余样品应倒入样品回收桶，不得随意倒洒。

8. 竞赛结束，选手须检查装置是否处于安全停车状态、设备是否完好，并清整维护现场，在操作记录上签字后，将操作记录、样品送检、分析检验报告单等交给裁判，现场确认裁判输入评分表的数据后，经裁判允许即可退场。

9. 竞赛不得超过规定总用时（90min），若竞赛操作进行至 80min 后，选手仍未进行停车操作阶段，经裁判长允许，裁判有权命令选手实施停车操作程序，竞赛结果选手自负。

10. 赛中若突遇停电、停水等突发事件，应采取紧急停车操作，冷静处置，并按要求及时启动竞赛现场突发事件应急处理预案。

二、精馏安全操作规程

（一）开车前准备操作规程

1. 检查总电源、仪表盘电源，查看电压表、温度显示、实时监控仪。

2. 检查并确定工艺流程中各阀门状态（见阀门状态表），调整至准备开车状态并挂牌标识。

3. 记录电表初始度数，记录 DCS 操作界面原料罐液位，填入工艺记录卡。

4. 检查并清空回流罐、产品罐中积液。

5. 查有无供水，并记录水表初始值，填入工艺记录卡。

6. 规范操作进料泵（离心泵）；将原料经预热器加入再沸器至合适液位，点击评分表中的"确认"、"清零"、"复位"键并至"复位"键变成绿色后，切换至 DCS 控制界面并点击"考核开始"。

（二）开车操作规程

1. 规范启动精馏塔再沸器加热系统，升温。

2. 开启冷却水上水总阀及精馏塔顶冷凝器冷凝水进口阀，规范调节冷凝水流量；关闭放空阀，适时打开系统放空，排放不凝气体，并维持塔顶压力稳定。

3. 规范操作产品泵（齿轮泵），并通过回流转子流量计进行全回流操作。

4. 控制回流罐液位及回流量，控制系统稳定性（评分系统自动扣分），必要时可取样分析，但操作过程中气相色谱测试累计不得超过 3 次。

5. 选择合适的进料位置（在 DCS 操作面板上选择后，选择相应的进料阀门，过程中不得更改进料位置），进料流量≤60L/h。开启进料后 5min 内 TICA712（预热器出口温度）必须超过 75℃，同时须防止预热器过压操作。

（三）正常运行规程

1. 规范操作回流泵（齿轮泵），经塔顶产品罐冷却器，将塔顶馏出液冷却至 50℃以下后收集塔顶产品。

2. 启动塔釜残液冷却器，将塔釜残液冷却至 50℃以下后，收集塔釜残液。

（四）停车操作规程

1. 精馏操作考核 80min 完毕，停进料泵（离心泵），关闭相应管线上阀门。

2. 规范停止预热器加热及再沸器电加热。

3. 及时点击 DCS 操作界面的"考核结束"，停回流泵（齿轮泵）。

4. 将塔顶馏出液送入产品槽，停塔顶冷凝水，停产品泵（齿轮泵）。

5. 停止塔釜残液采出，停塔釜冷却水，关闭上水阀、回水阀，并正确记录水表读数、电表读数。

6. 各阀门恢复初始开车前的状态。

7. 记录 DCS 操作面板原料储罐液位，收集并称量产品罐中馏出液，取样交裁判计时结束。气相色谱分析最终产品含量，本次分析不计入过程分析次数。

（五）安全注意事项

严禁出现如下情景：

1. 发生人为的操作安全事故（如再沸器现场液位低于 5cm）。

2. 预热器干烧（预热器上方视镜无液体＋现场温度计超过 80℃＋预热器正在加热＋无进料）。

3. 操作不当及超压导致的严重泄漏、伤人等情况。

三、操作评分细则

（一）评分细则的说明

精馏操作竞赛的考核项目由三部分组成：精馏操作技术指标（85％）、规范操作（11％）

和安全文明操作（4％）。其中精馏操作技术指标得分由电脑根据工艺指标的合理性、装置稳定时间、产品产量、产品质量、原材料消耗等内容自动评分，当实验结束时按下实验结束键，系统自动停止对各个实时指标的考核，计算得出最后选手精馏操作技术指标的得分。

（二）精馏单元操作评分项目及评分细则表（见附表2-1）

附表 2-1　精馏操作评分规则

考核项目	评分项		评 分 规 则	分值
技术指标评分	工艺指标合理性	进料温度	进料温度与进料板温度差不超过7℃，超出持续20s系统将自动扣0.2分/次	10
		再沸器液位	再沸器液位维持在90～110mm，超出持续20s系统将自动扣0.2分/次	
		塔顶压力	塔顶压力需控制在0.5kPa内，超出持续20s系统将自动扣0.2分/次	
		塔压差	塔压差需控制在5kPa内，超出持续20s系统将自动扣0.2分/次	
		产品温度	塔顶馏出液产品温度控制在45℃以下，超出持续20s系统将自动扣0.5分/次	
		回流稳定投运	塔顶回流液流量投自动稳定运行1200s以上，时间每缺少300s扣0.5分	
	调节系统稳定的时间（非线性）		以操作者按下"考核开始"键为起始信号，终止信号由电脑根据操作者的实际塔顶温度经自动判断，然后由系统设定的扣分标准进行自动记分	10
	产品浓度评分（非线性）		产品罐中最终产品浓度85％（零分）～92％（满分）[①]（GC法测定）	20
	产量评分（线性记分）		产品罐中最终纯产品质量5kg（零分）～15kg（满分）[②]（电子秤称量）	20
	原料损耗量（非线性）		读取原料贮槽液位（mm），按工艺记录卡提供的公式计算原料消耗量输入电脑	15
	电耗评分（非线性记分）		读取装置用电总量（精确至0.1kW·h），由裁判输入电脑	5
	水耗评分（非线性记分）		读取装置用水总量（机械表或数显表，精确至0.001m³），由裁判输入到电脑	5
规范操作评分	开车准备（3分）		（1）裁判长宣布考核开始。检查总电源、仪表盘，电压表、监控仪	13
			（2）检查工艺流程中各阀门状态（见阀门状态表），调整至准备开车状态并挂牌标识	
			（3）记录电表初始值，记录原料罐液位（mm），填入工艺记录卡	
			（4）检查并清空回流罐、产品罐中积液	
			（5）查有无供水，并记录水表初始值，填入工艺记录卡	
			（6）规范操作进料泵（离心泵），将原料通过塔板加入再沸器至合适液位；依次点击评分表中的"确认""清零""复位"键并至"复位"键变成绿色后，切换至DCS控制界面并点击"考核开始"。注意：点击考核开始后至结束不得离开流程界面操作	
	开车操作（3分）		（1）规范启动精馏塔再沸器和预热器加热系统，升温	
			（2）开启冷却水上水总阀及精馏塔顶冷凝器冷却水进口阀，调节冷却水流量	
			（3）规范操作产品泵（齿轮泵），通过转子流量计进行全回流操作	
			（4）适时规范地打开回流泵（齿轮泵）以适当的流量进行回流	
			（5）选择合适的进料位置，以流量≤60L/h进料操作	
			（6）开启进料后5分钟内TICA712（预热器出口温度）必须超过75℃	
	正常运行和采出取样测试次数（≤2次）（4分）		（1）塔顶馏出液经产品冷却器冷却后收集	
			（2）打开残液泵排金残液，将塔釜残液冷却至50℃以下后收集	
			（3）适时将回流投放自动控制	

考核项目	评分项	评 分 规 则	分值
规范操作评分	正常停车(共 3 分)	(1)精馏操作考核 80 分钟完毕,停进料泵(离心泵),关闭相应管线上阀门	13
		(2)规范停止预热器电加热及再沸器电加热	
		(3)停回流泵(齿轮泵),及时点击 DCS 操作界面的"考核结束"	
		(4)将塔顶馏出液送入产品槽,停产品泵(齿轮泵)	
		(5)停止塔釜残液采出,停残液泵	
		(6)关塔顶冷凝器冷却水,关上水总阀,回水总阀,记录水表、电表读数	
		(7)各阀门恢复初始开车前的状态	
		(8)记录 DCS 操作面板原料储罐液位,收集并称量产品罐中馏出液,取样交裁判计时结束。气相色谱分析最终产品含量	
文明操作评分		(1)穿戴符合安全生产与文明操作要求(正确佩戴安全帽、穿平底鞋)	2
		(2)保持现场环境整齐、清洁、有序(料液无洒液、操作结束后打扫卫生)	
		(3)正确操作设备、使用工具(分析取样工具正确使用、卫生洁具摆放整齐、工具按原位摆放整齐)	
		(4)文明礼貌,服从裁判,尊重工作人员	
		(5)记录及时(每 5 分钟记录一次)、完整、规范,否则发现一次扣 0.5 分,记录结果弄虚作假扣全部文明操作分 2.0 分	
安全操作		(1)如发生人为的操作安全事故(如再沸器现场液位低于 5cm)/预热器干烧(预热器上方视镜无液体、现场温度计超过 80℃,预热器正在加热、无进料)、设备人为损坏、操作不当导致的严重泄漏、伤人、作弊获得高产量扣除操作分 15 分;如发现连续精馏过程中,预热器在加热同时上方视镜无液体(持续时间达一分钟记一次)按 1 分/次扣分;	
		(2)全回流初始阶段,产品泵出现打空(连续气泡)且不立即处理,按 1 分/次扣分	

① 如果产品浓度为 85% 记零分,92% 记满分,处于两个浓度范围之间的按比例折算得分。

② 如果纯产品质量为 5kg 记零分,15kg 记满分,处于两个质量范围之间的按比例折算得分。

附录三　流体输送(现场操作)

一、装置布局及工艺流程图

流体输送装置整体布局图及工艺流程图简图如附图 3-1、附图 3-2 所示。

二、操作规程

(一)向高位槽进行流体输送

1. 开车准备

(1) 开离心泵进口阀。

(2) 检查相关阀门开关情况,主要包括:①离心泵进口阀打开;②离心泵出口阀关闭;③通往高位槽玻璃转子流量计阀门关闭;④高位槽出口阀关闭,高位槽溢流阀打开;⑤通往合成器的流量计阀门以及电动调节阀关闭;⑥其余阀均关闭。

(3) 检查离心泵进、出口压力表阀门是否处于开的状态。

2. 开车操作规程

(1) 启动离心泵;

(2) 开离心泵出口阀;

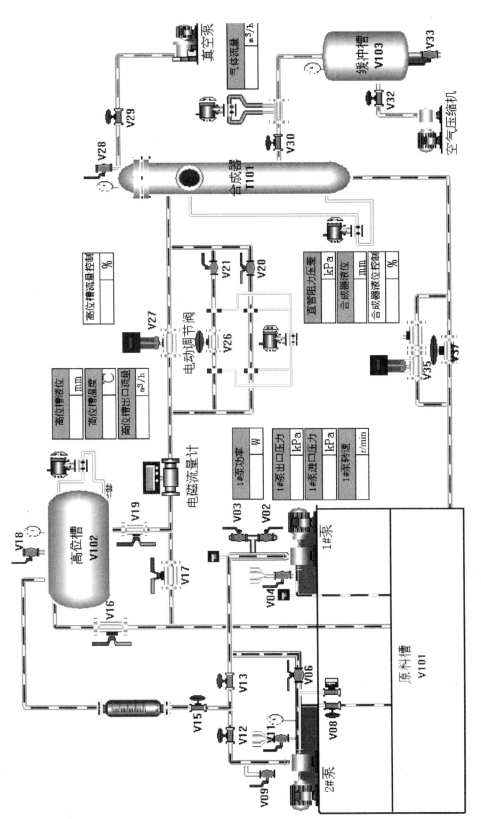

附图 3-1　流体输送装置整体布局图

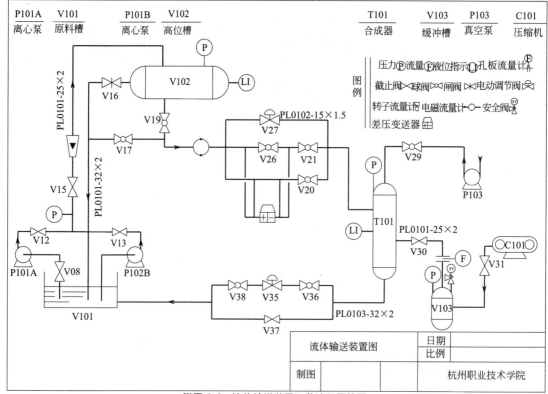

附图 3-2　流体输送装置工艺流程图简图

（3）开玻璃转子流量计阀门，调整流量为一固定值。

3．停车操作规程

（1）关闭玻璃转子流量计调节阀门；

（2）关闭离心泵出口阀；

（3）停离心泵。

（二）向合成器进行流体输送

1．开车准备

（1）开离心泵进口阀。

（2）检查相关阀门开关情况。

包括：①离心泵进口阀打开；②离心泵出口阀关闭；③通往高位槽玻璃转子流量计阀门关闭；④高位槽出口阀打开，高位槽溢流阀打开；⑤通往合成器的电磁流量计阀门、电磁流量计开关、电动调节阀打开；⑥其余阀均关闭。

（3）检查离心泵进、出口压力表阀门是否处于开的状态。

2．开车操作规程

（1）启动离心泵；

（2）开离心泵出口阀；

（3）开玻璃转子流量计调节阀，调整流量为一固定值。

3．停车操作规程

（1）关闭玻璃转子流量计调节阀门；

（2）关闭离心泵出口阀；

（3）停离心泵；

（4）关闭合成器进口阀；

（5）关闭电磁流量计开关；

（6）关闭电动调节阀。

三、流体输送操作评分细则

流体输送操作评分细则见附表 3-1、附表 3-2。

附表 3-1 流体输送操作（向高位槽输送）评分细则

小组号：_____小组成员及学号：_____

操作时间：_____ 指导老师：_____

操作阶段	操作内容	标准分值	评分标准	得分
流程叙述	准确叙述操作过程规范，包括各个阶段的操作及阀门开关情况	10	准确叙述操作过程，各个阶段的阀门开关情况 叙述过程流畅(2分)；叙述顺序按照为开车准备、开车、停车的顺序进行 叙述操作过程准确(8分)；每错一处扣 0.5 分，最低分为零分	
开车准备	检查进出口、压力表的阀门开关情况	12	①开离心泵进口阀(1分)；②离心泵出口阀关闭(1分)；③通往高位槽玻璃转子流量计阀门关闭(2分)；④高位槽出口阀关闭，高位槽溢流阀打开(2分)；⑤通往合成器的流量计阀门以及电动调节阀关闭(2分)；⑥其余阀均关闭(2分)；⑦离心泵进口压力表阀门开(1分)；⑧离心泵出口压力表阀门开(1分)	
开车	开车顺序以及各阀门的开关	8	①启动离心泵(2分)；②开离心泵出口阀(2分)；③开玻璃转子流量计阀门，调整流量为一固定值(4分)	
停车	开车顺序以及各阀门的开关	10	①关闭玻璃转子流量计调节阀门(5分)；②关闭离心泵出口阀(2.5分)；③停离心泵(2.5分)	
整过程	操作过程的态度	10	操作过程态度端正、严肃认真,无嬉笑、打闹等情况	

附表 3-2 流体输送操作（向合成器输送）评分细则

小组号：_____小组成员及学号：_____

操作时间：_____ 指导老师：_____

操作阶段	操作内容	标准分值	评分标准	得分
流程叙述	准确叙述操作过程规范，包括各个阶段的操作及阀门开关情况	10	准确叙述操作过程,各个阶段的阀门开关情况 叙述过程流畅(2分)；叙述顺序按照为开车准备、开车、停车的顺序进行 叙述操作过程准确(8分)；每错一处扣 0.5 分，最低分为零分	
开车准备	检查进出口、压力表的阀门开关情况	12	①开离心泵进口阀(1分)；②离心泵出口阀关闭(1分)；③通往高位槽玻璃转子流量计阀门关闭(2分)；④高位槽出口阀打开，高位槽溢流阀打开(2分)；⑤通往合成器的电磁流量计阀门、电磁流量计开关、电动调节阀打开(2分)；⑥其余阀均关闭(2分)；⑦离心泵进口压力表阀门开(1分)；⑧离心泵出口压力表阀门开(1分)	
开车	开车顺序以及各阀门的开关	8	①启动离心泵(2分)；②开离心泵出口阀(2分)；③开玻璃转子流量计调节阀，调整流量为一固定值(4分)	
停车	开车顺序以及各阀门的开关	10	①关闭玻璃转子流量计调节阀门(2分)；②关闭离心泵出口阀(2分)；③停离心泵(2分)；④关闭合成器进口阀(2分)；⑤关闭电磁流量计开关(1分)；⑥关闭电动调节阀(1分)	
整过程	操作过程的态度	10	操作过程态度端正、严肃认真、无嬉笑、打闹等情况	

附录四　化工 DCS 仿真操作

（一）换热器单元仿真操作

（二）精馏塔单元仿真操作

（三）管式加热炉单元仿真操作

（四）乙醛氧化制醋酸氧化工段开停车仿真操作

（五）醋酸氧化精制工段仿真操作

（六）合成氨合成工段仿真操作

（七）丙烯酸甲酯生产工艺仿真操作

评分细则（略）

参 考 文 献

［1］ 赵广阔．流量仪表的现状与发展趋势［J］．当代化工研究，2017，(6)．

［2］ 俞金寿．过程自动化仪表．3版．北京：化学工业出版社，2015．

［3］ 杨丽明，张光新．化工自动化及仪表．北京：化学工业出版社，2016．

［4］ 张宏建，蒙建波．自动检测技术与装置．2版．北京：化学工业出版社，2010．

［5］ 张宝芬，张毅，曹丽．自动检测技术及仪表控制系统．3版．北京：化学工业出版社，2012．

［6］ 厉玉鸣．化工仪表及自动化．6版．北京：化学工业出版社，2019．

［7］ 蔡夕忠．化工仪表．2版．北京：化学工业出版社，2010．

［8］ 乐建波．化工仪表及自动化．4版．北京：化学工业出版社，2016．

［9］ 尹美娟．化工仪表自动化．2版．北京：科学出版社，2016．

［10］ 武平丽．过程控制及自动化仪表．3版．北京：化学工业出版社，2020．

［11］ 陆德民．石油化工自动控制设计手册．4版．北京：化学工业出版社，2020．

［12］ 黄卫清，方嘉声，等．化工仪表及自动化在线教学及课程思政探索．广东化工，2020，47 (13)：210-211．

［13］ 高德毅，宗爱东．从思政课程到课程思政：从战略高度构建高校思想政治教育课程体系．中国高等教育，2017 (1)：43-46．

［14］ 邓小玲，王春晓，等．课程思政视域下高职石油化工技术专业学生职业素养培育研究［J］．化工设计通讯，2021，47 (10)：108-109．

［15］ 孙文娟，方向红，陈桂娟．"化工过程与设备"课程思政建设的探讨［J］．安徽化工，2021，47 (5)：110-112．